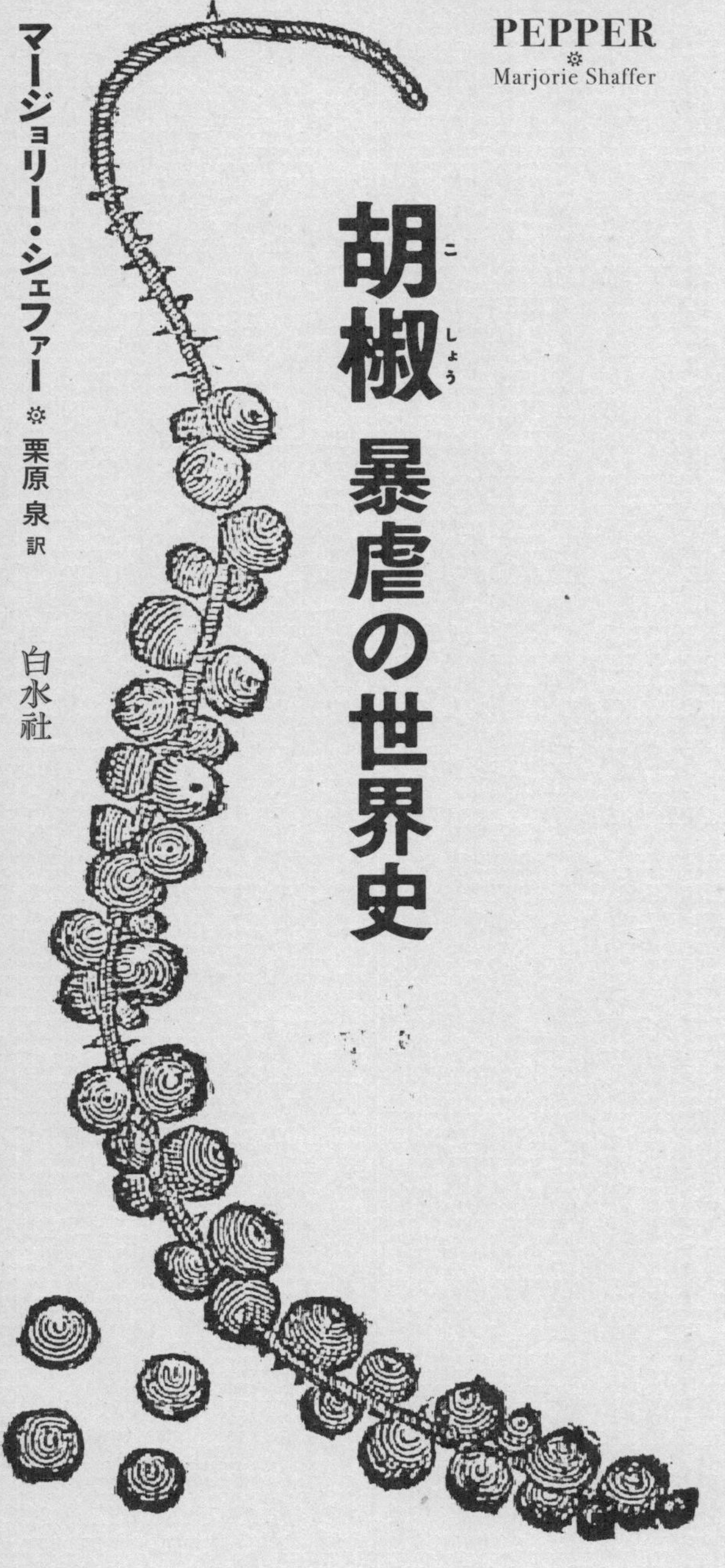

PEPPER

Marjorie Shaffer

胡椒(こしょう) 暴虐の世界史

マージョリー・シェファー

栗原泉 訳

白水社

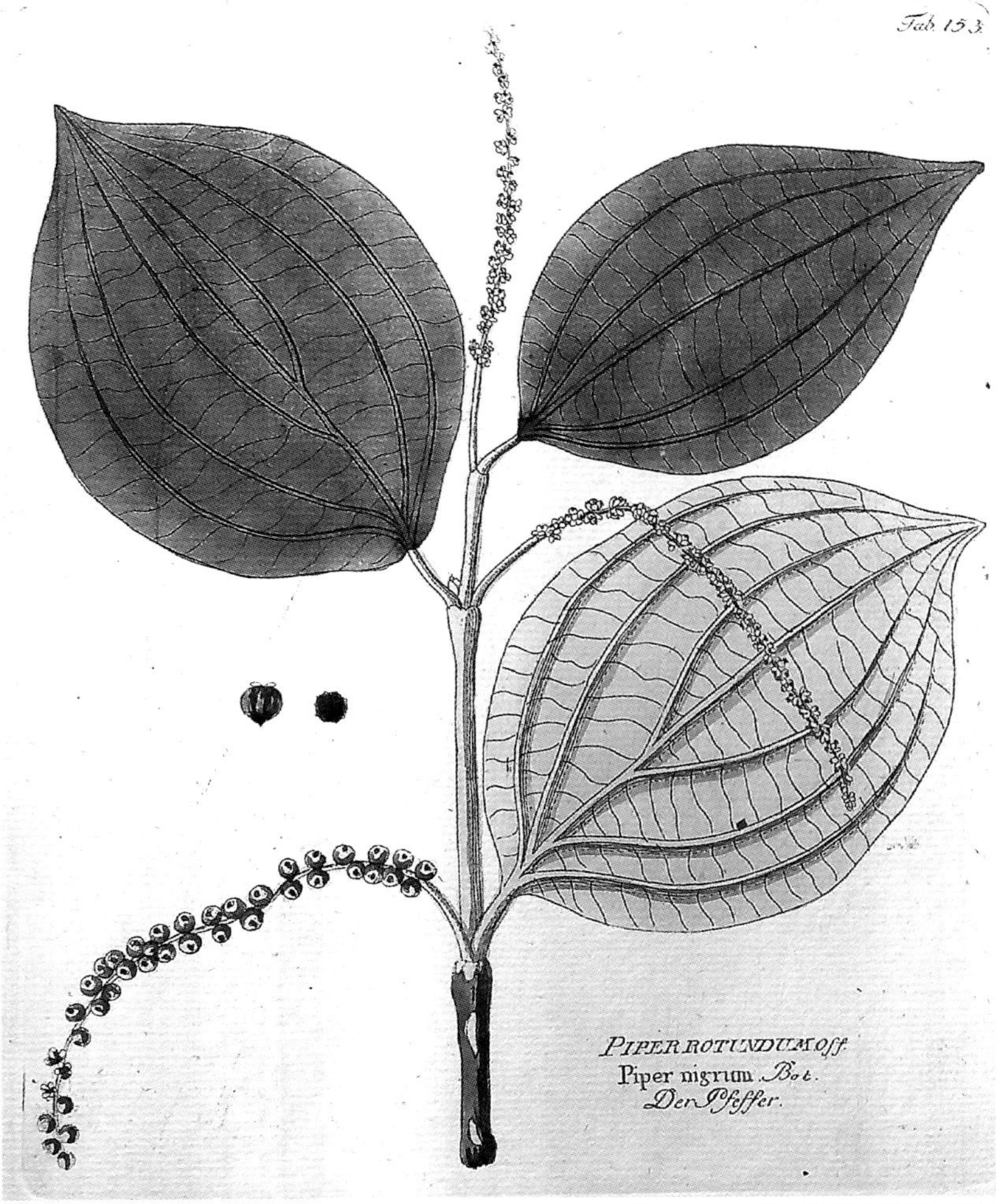

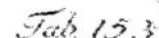

PIPER ROTUNDUM Off.
Piper nigrum Bot.
Der Pfeffer.

上…胡椒。19世紀、オーストリア人医師フェルディナンド・ベルンハルト・フィーツが編纂した薬用・食用植物の百科事典（全11巻）から。著名な彫版師イグナーツ・アルベルティによる1000点を超える手彩色の銅版画の一つ。
The LuEsther T. Mertz Library of the New York Botanical Garden, Bronx, New York

下…キンマ（*Piper betle*）の葉。パーンとも呼ばれる。スリランカ中部キャンディ市の市場で売られていたもの。
Margot Granitsas/Photo Researchers, Inc.

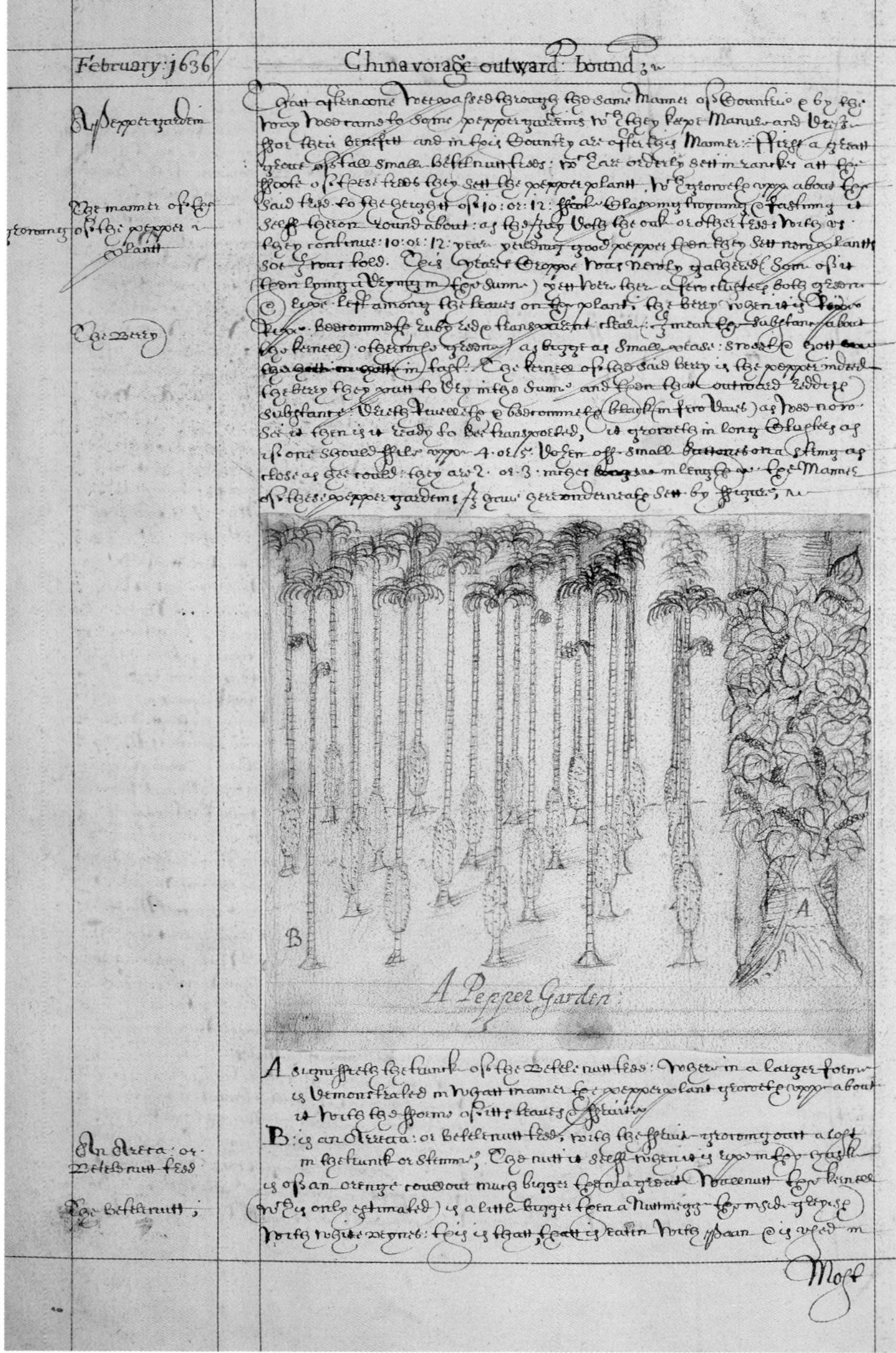

インド北西部スーラトの胡椒農園の図。ピーター・マンディが描いた。Bodleian Library提供。

古代ローマ人が好んだヒハツ(*Piper longum*)。Geoff Kidd/Photo Researchers, Inc.

ジャワ胡椒(*Piper cubeb*)。Geoff Kidd/Photo Researchers, Inc.

メレグエタ唐辛子(*Afromomum melegueta*)。西アフリカ原産のこのスパイスは「パラダイスの粒」と呼ばれ、14〜15世紀ヨーロッパで広く使われた。Geoff Kidd/Photo Researchers, Inc.

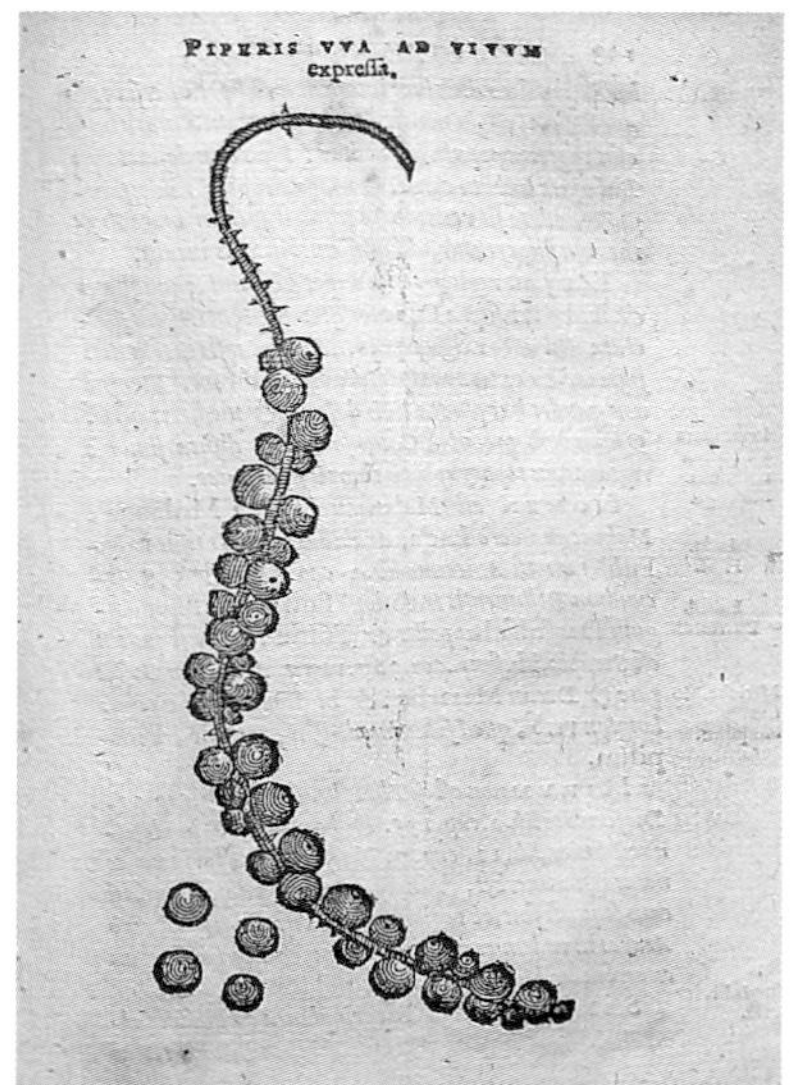

右上…オールスパイス（*Pimenta dioica*）。新大陸原産の数少ないスパイスである。コロンブスはこれを胡椒だと思っていた。
TH Foto-Werbung / Photo Researchers, Inc.

左上…黒胡椒の実。ガルシア・ダ・オルタの名著『インド薬草・薬物対話集』のシャルル・ド・レクリューズによるラテン語訳本（初版）から。ポルトガル語で書かれた原作は1563年にゴアで出版された。
The LuEsther T. Mertz Library of the New York Botanical Garden, Bronx, New York

下…黒胡椒（*Piper nigrum*）Scimat / Photo Researchers, Inc.

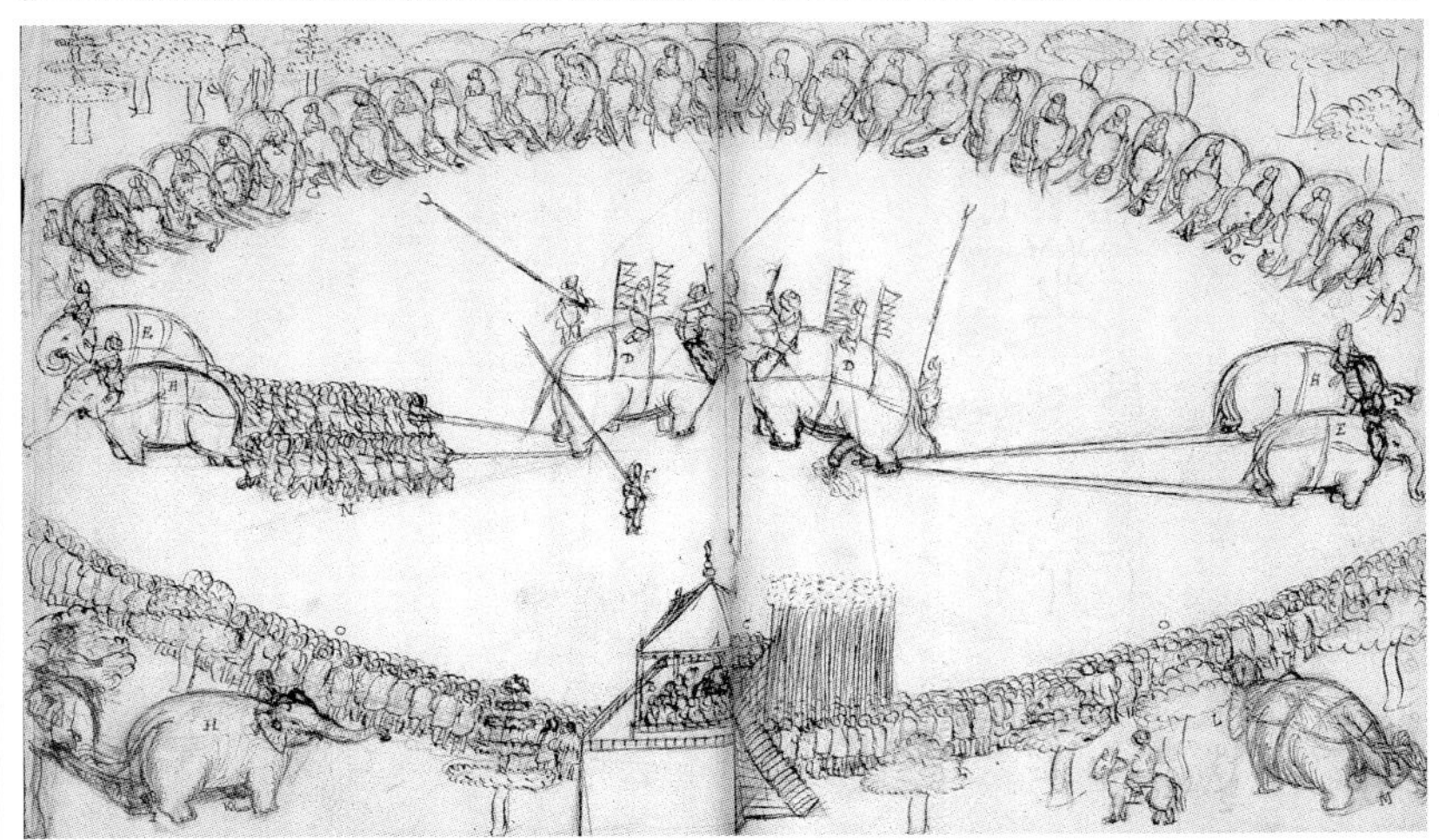

上…商品を秤にかけるインドのキンマ売り。1822年刊行された手彩色の版画。
Image Asset Management Ltd./SuperStock

下…象を闘わせる競技。バンダ・アチェでピーター・マンディが描いた。Bodleian Library提供

リンスホーテン著『東方案内記』(1598年)の図版。インドの豊かな植物相を描いている。右奥のヤシの木に胡椒(peeper)の蔓がからみついていることに注目。
The Huntington Library提供

1904年、ドイツで製作された木版画「胡椒の地」。農家で栽培された胡椒が、筏に積まれて川を下り、待機する船へと運ばれる様子を描く。胡椒の葉や実の図案が美しい飾りとなっている。左右の端にあるのは、支柱にからみつく胡椒の蔓。
Photo: AKG-IMAGES

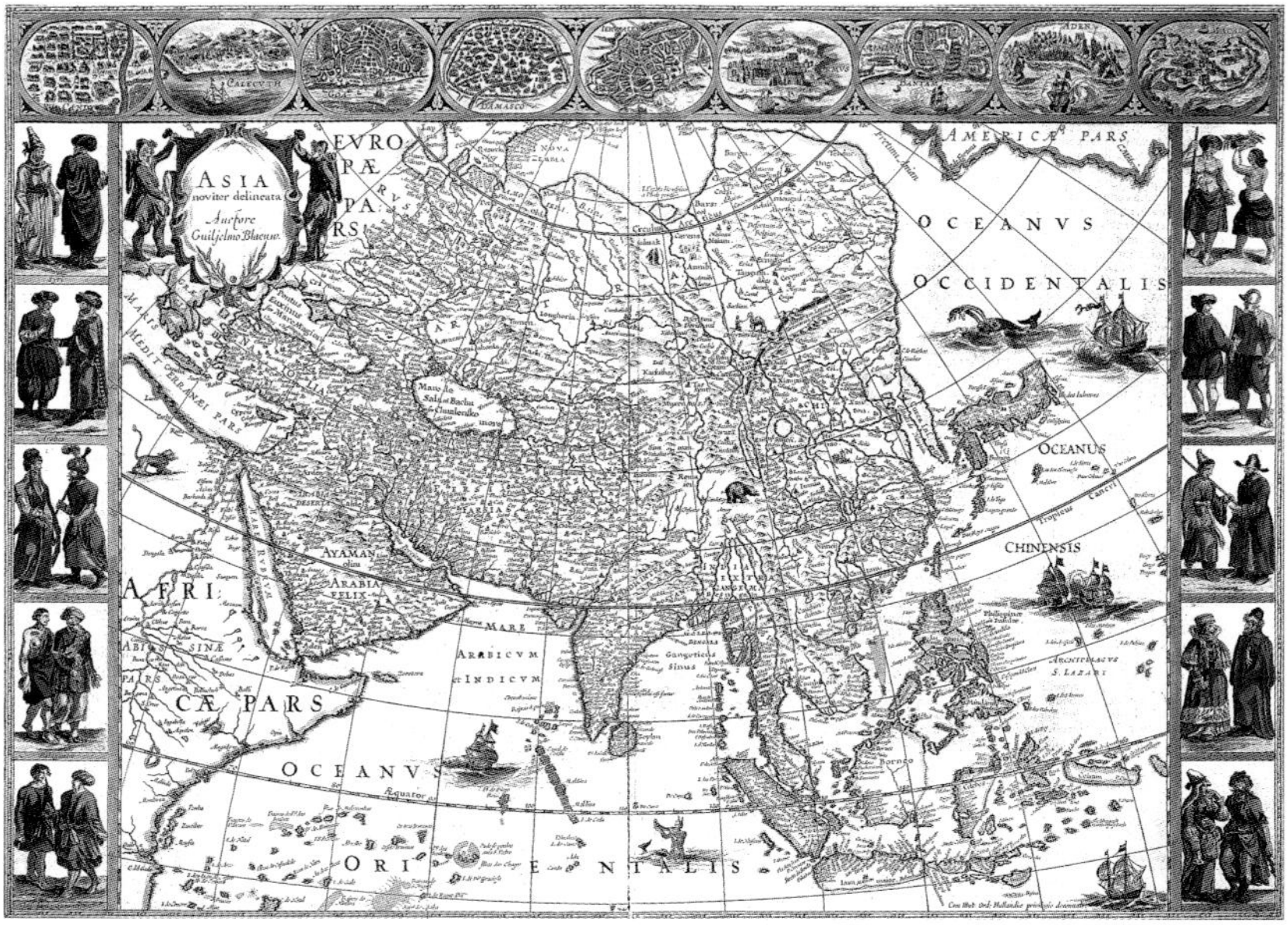

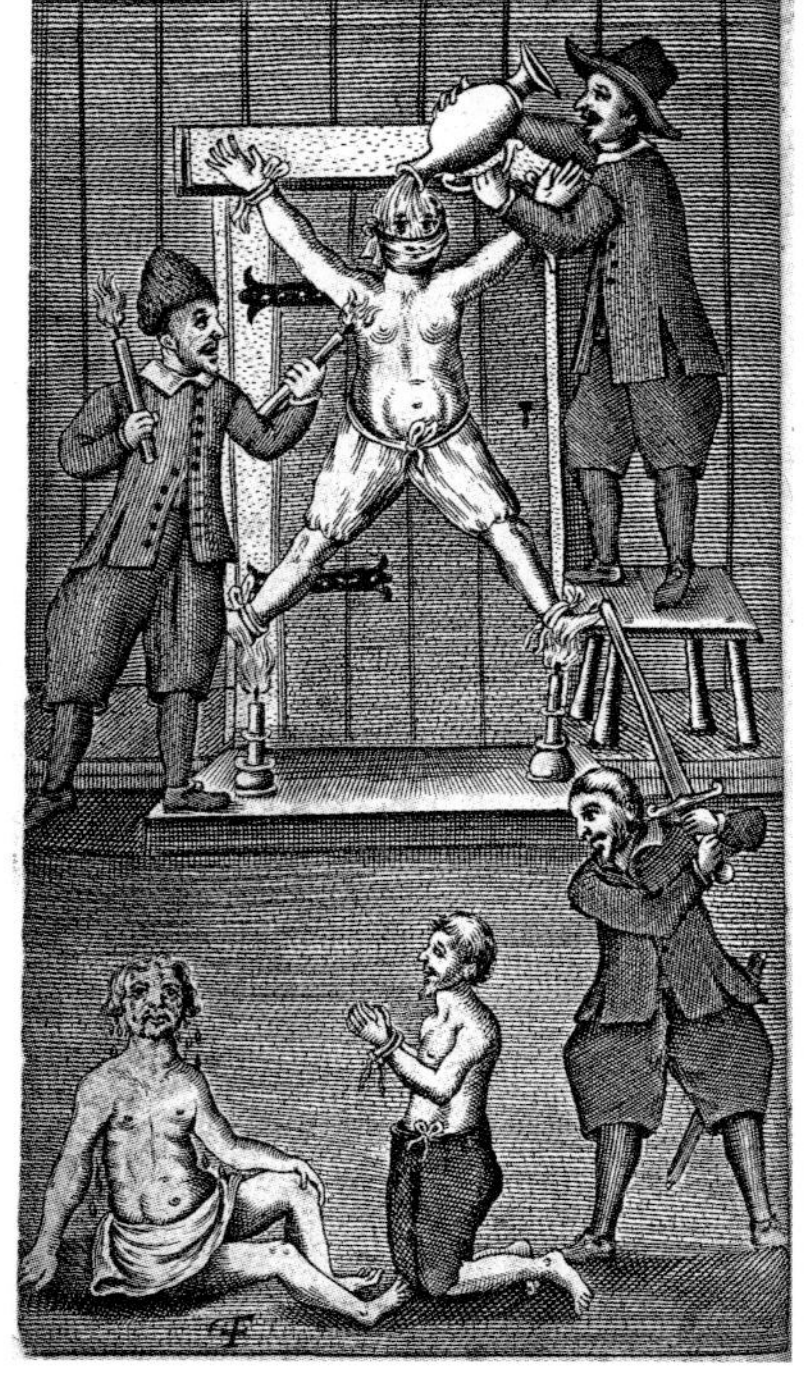

上…17世紀オランダの著名な地図製作者ヨハンネス・ファン・クーレンが作ったインド洋、インド、東インド諸島の地図(1680年刊行)。インドやインドネシアにある胡椒・香辛料の積み出し港が数多く描かれているが、これらはオランダ東インド会社の広範なアジア交易ネットワークの一部であった。British Library, London, UK/©British Library Board / The Bridgeman Art Library

下…1623年、アンボンでイギリス人10人が拷問を受け、斬首された事件を報じる小冊子の挿絵。The Huntington Library提供

胡椒（こしょう） 暴虐の世界史

PEPPER

A History of the World's Most Influential Spice

Japanese translation rights arranged with St. Martin's Press, LLC., New York
through Tuttle-Mori Agency, Inc., Tokyo

Maps by Alison Muńzoz

母へ、
そして亡き父へ

胡椒　暴虐の世界史※目次

装幀 ☼ 小林剛（UNA）

凡例

・原著者による注は、本文中の該当箇所に（1）（2）と番号を振り、「原注」として巻末にまとめた。
・訳者による注と引用した邦訳文献は〔　〕で記した。
・引用者による補足は［　］で記した。
・引用文中の中略は（…）で記した。

はじめに

口に入れた途端、味蕾に一撃を加え、意識をピリリと刺激する胡椒。何千年にもわたって数限りない料理に使われてきたこの香味料は、口の中ではじけ、喉の奥をくすぐって得意げにはっきりと名乗りを上げる。挽いたばかりの黒胡椒の豊潤な香りは、コクのある赤ワインに負けず劣らず魅惑的だ。今日、わたしたちは世界各地で育ち、それぞれ独特の風味のある黒胡椒を味わうことができる。

スパイスラックに黒胡椒がないなんて考えられないだろう。黒胡椒は料理の世界の「カメレオンマン」のような存在で、ありとあらゆる料理にいつの間に溶け込み、育った地によって、ときに刺激的な、ときに素朴な風味を作り出す。胡椒を入れなければ大抵の料理は味気ないものになるだろう。缶入りの粉末胡椒や、家で挽いて使う色とりどりの胡椒の実の瓶詰めは、今日では、どの食料品店でも買うことができる商品だ。世界中どこのレストランでも、テーブルの上に胡椒シェーカーが置いてあるだろう。

胡椒はほとんど世界中で使われているスパイスだが、西欧の人たちはそれがどんな植物から採れるのかを知らないことが多い。木に生えると誤解している人もいる。だが、インド南西部のケーララ州で育った人なら、胡椒をすぐに見分けられる。なにしろこの地域で胡椒は、アメリカ東部で夏になると芝生にはびこるタンポポと同じく、ごくありふれた植物なのだ。黒胡椒はつる植物で熱帯にしか自生しない。熱帯以外の地ではどうしても育たないというこの事実こそ、胡椒が世界史にこれほど大きな影響を与えた理由の一つである。

植物としての胡椒をわたしが初めて見たのは、コネティカット大学ストールズ校の温室で、奇妙な形の色とりどりの熱帯植物に見とれながら歩き回っていたときだった。一週間前には温室の別の棟で「死体の花」が開花したそうだ。インドネシア原産で、タイタン・ロケットのようにまっすぐ空に向かって伸びるこの花は、開花時にひどい悪臭を放つというから、居合わせなくてわたしはラッキーだった。「死体の花」と呼ばれるのは、その悪臭のせいだ（この花の学名は「巨人(タイタン)の奇妙なペニス」を意味する*Amorphophallus titanium*(アモルフォファルス・ティタヌム)）（和名はショクダイオオコンニャク）。それに比べれば、胡椒はちっぽけな、ごく地味な植物だ。だが、ごく平凡な有機物質で、誰もが使うこの香辛料が近代という交易の時代の幕を開け、そこから植民地主義と帝国主義という二本の邪悪な枝が伸び出たのだった。まったく、見かけは当てにならないものだ。

当初わたしは、十七世紀から十八世紀にかけて中国の宮廷で精巧な機械時計の修理者として重用されたイエズス会の宣教師たちのことを本に書こうと思い、専門書や論文を何年もかけて調べ、この魅力溢れる人たちの実像を追った。だが、研究の方向性が見えてくるにつれ、アジアへと渡ったヨーロッパ人の動きそのものに興味を持つようになった。かれらはどのようにしてアジアにたどり着いたのか。そもそも、なぜアジアへ行ったのか――こうした疑問は、やがてわたしを黒胡椒へと導いてくれた。東洋へ渡ったヨーロッパ人の初期の足跡をたどると、どうしてもスパイスに行き着くのだ。

結局わたしはイエズス会のことはひとまず棚上げして、スパイスに的を絞ることにした。まったく新しい世界に足を踏み入れたのだ。道案内をしてくれたのは、胡椒について著作を残した多くの非凡な歴史家たちだった。おかげでわたしは、十七〜十八世紀にアジアへ旅したヨーロッパ人交易商人たちの日記に巡り合うことができた。これらの文献は胡椒の物語を語るにあたって、なくてはならない重要な情報源となった。目撃者の言葉は歴史的背景を生き生きと伝えてくれる。また、異文化との出会いがヨーロッパ人にとってどのような経験だったかを伝えてくれることもある。本書では、オランダやイギリスの東インド会社に雇われた商人や船乗りたちの日記に、また十九世紀になって胡椒の買いつけにインドネシアへと航行したアメリカ船の乗員らの日誌などに残る当時の人びとの言葉を紹介していきたい。

今日ではこうした資料は、一部にせよデジタル化されているから、原本に目を通す必要はないかもしれない。それでも、数百年前に書かれた日記や航海記録を実際に手に取り、自分の目で見るのはわくわくする瞬間だ。歴史調査の醍醐味がここにある。古文書のなかから、まったく予想もしなかったことがひょいと飛び出てくるかもしれない。たとえば、人びとの最大の関心事は食べ物だったことだ。ヨーロッパの船乗りたちの記録の多くに、アジアで出会ったさまざまな魚や鳥や動物が生き生きと描かれていることから、それがわかる。東洋と西洋の出会いの多くがそうであったように、この出会いもまた破壊をもたらした。ドードー鳥の絶滅は胡椒貿易に関係があるとされている。本書は一章を割いて、ヨーロッパの商人たちがアジアの動物を狂ったように殺しまくった様子を描く。

本書は、初めて喜望峰回りでインドへ渡ったポルトガル人や、続いてアジアへ乗り出したイギリス人、オランダ人、アメリカ人の足跡をたどる。インドネシアのスマトラとジャワの二島は胡椒のもっとも重要な調達地であったから、本書の主要な舞台ともなっている。また、本書はいくつかの長い章でイギリスとオランダの商人たちを描くが、それは両者間の憎しみが胡椒とアジアにおける帝国の歴史を大きく動かしたからだ。また、イギリスとオランダの二つの東インド会社が二〇〇年にわたって続けた競争は、現代の地球規模貿易の機運をつくった。国内市場を満たすために外国の資源の開発が際限なく求められることになったのである。「インディアマン」と呼ばれた北ヨーロッパの貿易会社の帆船は、今日世界の海を定期航行するコンテナ船の先祖と言えよう。胡椒貿易の中心となったマラッカ海峡はいまでもインドと中国を結ぶ最短の海路であり、貨物を運ぶには危険な海峡でもある。胡椒物語が現代につながる点はほかにもたくさんある。

本書の締めくくりの章では、胡椒の薬効成分をめぐる最新の科学研究を紹介したい。何千年もの昔、胡椒は万能薬として知られていた。香辛料として使われたのは後代になってからである。そして、現代の学者たちも、スパイスがさまざまな面で人の健康に影響を与えることを発見している。胡椒が古代ギリシアやローマで、また中国やインドでも医薬品としての役割を担ったのは、それなりに意味があったのだ。

地理は胡椒物語の重要な要素だから、インド洋、インド、マレーシア、インドネシアの地図を本書に載せないわけにはいかない。胡椒が取引された港は、西洋人にはなじみのない地名が多い。わたしは本書を書きながら、胡椒を追って自分がどこにたどり着いたのか、地図を見なければわからないことがよくあった。本書中の地図が読者の役に立つことを願っている。今日ではグーグルを検索すれば世界中どこの地点も見つけるのは簡単だが、何か理由がなければ誰も探し始めはしないだろう。南スラウェシやマレーシアがどこにあるか知っている人、マラッカという地名を耳にしたことがある人は、西欧では何人いるだろうか。

本書はヨーロッパ人がアジアで展開した胡椒貿易の総合的な歴史書ではない。一定のテーマについてもっと深く知りたい人は、豊富な文書資料があるので参照してほしい。本書は、ある一つの物質への欲求を通して歴史に光を当てる試みである。なぜ胡椒なのか。いつも塩の傍らにあるこのスパイスは、なぜ注目に値するのか。胡椒を通して歴史を説明するとはどういうことか。本書がこうした疑問に答えられれば幸いである。

胡椒の物語は学界の外ではあまり語られてこなかった。本書を通してその一部でも、より幅広い読者に紹介できればと願っている。

雪は白く、畦に積もる
みんな振り向きもしない
胡椒は黒く、舌にぴりっとくる
みんな買いたがる

——十五世紀の『備忘録』より

我々は「亜大陸（サブコンティネント）、というよりは亜香料（サブコンディメント）」だったのだ。「そもそもの初めから、世界がこのすばらしい母なるインドに求めたものは何だったかと言えば、答えは明々白々なのさ」と母は言った。「人びとはぴりっと辛いスパイスを求めてやって来たのさ、男が尻軽女を求めるようにね」

——サルマン・ルシュディ『ムーア人の最後のため息』より

胡椒(こしょう) 暴虐の世界史

黒胡椒とそのきょうだいたちはコショウ属の植物だ。軽やかな響きの属名ではないか（パイパーには「笛吹き」という意味もある）。

胡椒とは、みんながその周りで踊る花嫁である。

——オランダ東インド会社スリランカ総督ヤーコプ・ヒュスタールルトの言葉（一六六四年）[1]

人類史のほとんどの時代を通して、胡椒は手に入りにくいものだった。このスパイスが世界史を動かす大きな原動力になったゆえんである。黒胡椒の原産地は、ヨーロッパの港から何千マイルも離れたインドである。交易商人たちは、なにがなんでも胡椒の原産地にたどり着こうとした。この執念が世界貿易の幕を開けたのだ。

胡椒は「植物界のヘレン」と呼べるかもしれない。あのトロイの美女と同様に、何千隻もの船が海に漕ぎ出す原因となったからだ。この熱帯つる植物の辛い種子は、ただのしわだらけの丸い香辛料にしか見えないが、これがヨーロッパを中世の眠りから目覚めさせ、インド洋の国際交易網を作り上げたのだ。西洋を夢中にさせた異国のスパイスはほかにもいろいろあるが、これほど広く用いられ、世界史にこれほどの影響を与えたものは胡椒をおいてない。

何百年にもわたって、胡椒はほぼあらゆる文化において食材として使われてきた。インドには胡椒をきかせたチキンやエビの料理がある。フランス料理のステーク・オー・ポワヴル、イタリアのペコリーノ・ペパート・チーズ、ドイツのスパイスクッキーは有名だ。胡椒を主材料にしたミックススパイスもあるが、なかでも知られているのはフランスのキャトルエピスやインドのガラムマサラだろう。肉料理はほぼすべてが、またチーズ類も多くは胡椒を入れると味が引き締まる。甘いケーキやフルーツに胡椒を一振りすればぐっとおいしくなることもある。胡椒は自分を主張するリーダー的なスパイスで、目立たずほのかに味を添えるなどという芸当はできない。

人が胡椒を一粒嚙んでみて、肉や野菜の鍋に入れたらおいしくなると考えついたのはいつのことだったろう。西洋では、胡椒を料理に不可欠なものにしたのは古代ローマ人だったようだ。胡椒が珍重されたのは料理のためだけではない。健康にもよいものだとされた。古代ローマ人にとって胡椒は、今日わたしたちがよく使うアスピリンのようなもので、痛みをはじめさまざまな症状を和らげる万能薬だった。咳が出るときも熱があるときも、それに毒蛇に嚙まれたときも、胡椒入りの飲み物を飲み、胡椒入りの軟膏を塗った。一世紀、皇帝ネロの治世下で活躍したギリシア人医師ディオスコリデスは『植物誌』で有名だが、この著作は十六世紀になってもまだ貴重な参考書として使われた。ディオスコリデスは香辛料のすばらしい特性を称賛してこう言っている。「すべてのコショウに（…）暖め、尿を利し、調和し、吸引し、解消する作用をもっている。また瞳を暗化させるようなものをきれいに除く作用をもっている」[2]（『ディオスコリデスの薬物誌』小川鼎三ほか編、鷲谷いづみ訳、エンタプライズ、一九八三年）。ディオスコリデスは何世代にもわたって医者たちに影響を与え続けた。発熱に伴う震えを抑え、毒を持つ動物に嚙まれときの処方として、胡椒入りの飲み物や軟膏を薦めたのはディオスコリデスである。胡椒には咳を鎮める作用があり、「胸部の各種の病気（…）には、舐剤あるいは水薬として服用するとよい」。胡椒を干しブドウと一緒に嚙めば「頭の粘液を引き出す」。「ゲッケイジュ」の葉とともに服用すると「腹痛を治す」。(…)ソースに混ぜれば食欲を起こす」。さらに胡椒は硝石と混ぜて用いれば「白斑」など、皮膚の悪い部分をきれいにすることができると考えられた。

胡椒を万能薬として使ったのはローマ人が初めてではない。ローマのガレー船がインド洋へと漕ぎ出したはるか以前から、ギリシアや中国や南アジアの人びとは、胡椒を混ぜた飲み物をさまざまな病気の治療に使っていた。香辛料の薬効が信じられていたことは、三〇〇〇年の歴史をもつ古代インドのアーユルヴェーダ医学にも反映されている。サンスクリット語で黒胡椒を「マリチャ」というが、これは「毒払いの力」を意味するという。胡椒は消化促進や食欲増進のため、また痛みをはじめ風邪や咳、一時的な発熱など、さまざまな症状を緩和するために用いられた。

胡椒は中世のヨーロッパで食材として定着した。胡椒はまた薬屋の商売に不可欠なものでもあった。胡椒がしばしば「薬物」として言及されていることがこれを証明している。一五八八年にイギリスで刊行された論文には、三種類の胡椒からなる調合薬が紹介されている。「ディアトリオン・ピペロン」と呼ばれるこの調合剤は「鼻づまりを治し、咳を鎮め、消化を促進し、腹の冷えを改善するが、肝臓や血液を熱くすることはなく、これがこの薬の並外れた特性である」(3)。イギリスで一五九六年に発行されたある本は胡椒が「脳を健康にする」(4)と助言しているし、その一年後に出た別の本は、このスパイスはそれだけでも、またほかの薬剤と調合しても、頭痛をはじめ腹部の張りから重い皮膚病による顔面のただれや腫瘍にいたるまで、さまざまな疾患の治療に用いることができると推奨している(5)。この種の手引書を書いた植物学者たちは十七世紀になってもまだ、アジア産の植物についての情報を古代ギリシアやローマの資料に頼っていた。

四〇〇年以上も前に胡椒の特性として指摘された効用のなかには、今日ではにわかに信じがたいものも多い。しかし、現代の研究者たちも、このスパイスはたしかに人の健康を増進すると気づき始めている。アジアで、とくにインドでは、胡椒はいまでもさまざまな医療目的のため使われている。科学的研究が引き続きうまく進めば、胡椒はいずれ西洋医学でも、がんなど命を脅かす病気の治療に利用されるかもしれない。これについては最終章で取り上げたい。

優れたスパイスとして評判の高い胡椒を、中世の金持ちたちはなにがなんでも手に入れたがった。当時の富豪は胡椒熱に浮かされていたとも言えるだろう。当時、胡椒は宮廷では番人に守られ、金持ちの邸宅では奥の間に大事にしまっておかれた。胡椒を使った料理を楽しめるのは一つの特権だと見なされ、さまざまな料理に大量の胡椒が、現代のわたしたちなら胃が痛くなるほどたくさん使われた。とはいえ、たいていの人にとって胡椒は高嶺の花であった。一四三九年、イングランドでは胡椒一ポンド〔約四五三グラム〕の値段は二日分の賃金を上回る金額だったという[6]。また、胡椒は金や銀と交換ができた。実際、賃金や商品代金の支払いに胡椒が使われたこともある。「ペッパーサック（胡椒袋）」[7]といえば、胡椒貿易で大儲けをした商人のことだった。ヨーロッパで採れるスパイスはごく限られていて、サフラン（これもまた高価であった）やクミンなどほんの数種しかなかった。

ヨーロッパ大陸の人びとを未知の海での、見知らぬ地での冒険に駆り立てたのは、胡椒と胡椒がもたらしてくれる富に対する途方もない欲求であった。胡椒の物語はこの欲求を背景に始まった。十五世紀のヨーロッパ人がインドへの航路を執拗に探し求めたのは、胡椒を手に入れたかったからだ。ほかのスパイスも欲しがったとはいえ、大航海時代の幕を開けたのは胡椒である。ヨーロッパ人は自前の船でアジアへ行き、アラブ人仲買業者を介さずに胡椒取引をして、その巨額な利益をすべて自分たちのものにしたかったのだ。一四九二年、コロンブスは胡椒の実を携えて航海に出た――どこであれ上陸したら、現地人にこれを見せて胡椒が生えている場所を教えてもらおうというわけだった。

胡椒はまるで巨大な磁石のように、世界を黒胡椒の産地、インドへと引き寄せた。胡椒を愛したヨーロッパ人だが、インド洋での胡椒取引への参入では後れをとった。というのも、インド北西部海岸沿いに住むグジャラート人をはじめ、ベンガル人、タミル人、アラブ人、東南アジアの人たちや中国人が、すでに数百年も前から胡椒を取引していたのだ。十五世紀初頭には、明の宝船艦隊がアフリカの東海岸まではるばる航海し、途中のインド南西海岸で胡椒を買いつけるための最短航路を開いていた。胡椒貿易のおかげで〔現在の〕マレーシアやインドネシアに大きな港湾都市が生まれ、ヨーロッパ人がインド洋にやってくるずっと前から発展をとげていた。これらイスラーム都市は国際色豊かな町で、東南アジア人やベンガル人をはじめ、ペルシア人やアラブ人や中国人が住んでいた。しかし、そこへ取引にやってきたヨーロッパ人は別の種類の人たちだった。かれらは胡椒貿易を牛耳ろうとした。それは供給地である港湾都市を支配するということだった。こうして胡椒と帝国の歴史の新たな一章が開かれた。

ヨーロッパ人として初めてインドへ船で渡ったのはポルトガル人であった。ヴァスコ・ダ・ガマが喜望峰を周回してインド洋を横切るという偉業を成し遂げた十五世紀末のことである。その後一〇〇年にわたってポルトガルはインドやアジアで胡椒貿易を支配しようとした。ポルトガルが失敗すると、オランダやイギリスが同じことをしようとした。十七〜十八世紀にかけてのことだ。黒胡椒の歴史と切っても切れないのは、イギリス東インド会社とオランダ東インド会社（ＶＯＣ）という、植民地主義の不正の代名詞のような二つの会社である。胡椒はまた、悪賢いアヘン貿易を生んだ。インドのマラバル地方産の胡椒の代金を、最初にこの麻薬で支払ったのはオランダ人である。西暦一五〇〇年以降、カリカットでは「血で赤く染まっていない」胡椒は一粒とて手に入らないというヴォルテールの言葉には、立派な根拠があるのだ。(8) 北ヨーロッパの二つの貿易会社の競争はアジアの胡椒貿易港のほぼすべてに、とりわけインドネシアのジャワ島やスマトラ島に浸透し、アジアにすでに存在していた貿易関係をいっそう深めていった。アジア域内交易――いわゆる「地域貿易(カントリートレード)」――は、オランダ東インド会社にとってとくに重要であった。

十九世紀になってこの貿易競争に参加したアメリカ人は、胡椒貿易は征服できるものではないことがわかっていた。そこで賢明な実業家たちは胡椒貿易で富を築くことに専念し、スパイスの輸入税は新興のこの国の経済を支える柱となった。胡椒貿易が海賊活動に脅かされると、アンドリュー・ジャクソン大統領はスマトラに軍艦を派遣した。これが東南アジアでアメリカが公式に武力介入を行った初めてのケースとなった。

今日、西洋人の多くはスマトラと聞けばコーヒーを思い浮かべるだろう。だが、コーヒーのずっと以前から胡椒は取引されていた。スマトラは赤道をまたぎ、アジア本土にもう少しで届きそうな大きな島で、二〇〇〇年以上にわたり世界最大の胡椒産地であり続けた。その沿岸のあちこちの港から運び出された胡椒は数億ポンドにのぼる。スマトラは胡椒貿易の主役をつとめ、その運命がインドと東南アジアの歴史に大きな影響を及ぼした島である。

中世ヨーロッパの人たちは野生の胡椒を見たことがなかったから、胡椒の起源についていろいろと想像をたくましくした。十三世紀に百科事典を編纂したイギリス人バーソロミューは、胡椒は森の木になり、その森はヘビに守られていると言った。胡椒が黒いのは火が燃えた跡だという。「胡椒は、カフカスの丘の南側の山腹で強い日差しを受けて成長する木に生る果実の種子である。胡椒が育つ森はヘビに守られている。森の胡椒が熟すと、その地方の住民は火を放つ。火の勢いでヘビを追い払うのである。そのため、元来白い胡椒の粒が黒くなるのだ[9]」

この作り話は根強く広まり、十六～十七世紀に多くのヨーロッパ人がインドへ行き、胡椒がどのように育つかを自分の目で見るようになるまで、思い違いは正されなかった。早くから胡椒について論文を書いたのは、ポルトガル人の医者で優れた博物学者のガルシア・ダ・オルタである。ゴアに住んでいたオルタは一五六三年、インドの薬用植物に関して、のちのちまで深い影響を及ぼすことになる論文を発表した[10]。だが、このオルタでさえも、白胡椒と黒胡椒は別々のつる植物になるものだと考えていた。オルタが描いた胡椒の図は多くの学者たちによって広められたが、これは不思議なほど現代的センスに溢れ、二十世紀初頭のキュービズムを連想させる絵である。また、オルタの論文が発表される五〇年ほど前のことだが、ルドヴィコ・ディ・ヴァルテマというイタリア人がアジアを旅し、インド南西部の港町カリカットの胡椒農園の模様を旅行記に描き、一五一〇年に出版して評判になったと伝えられている。

東洋へ渡り、胡椒農園を目にして大喜びし、胡椒を正確に描いたヨーロッパ人旅行者の一人にピーター・マンディがいる。洞察力鋭いこのイギリス人はコーンウォール出身で、十七世紀初頭、東インド会社に雇われた仲買人（ファクター）、つまり商人であった。英語のほかにイタリア語、フランス語、スペイン語を話し、ヨーロッパ、インド、中国の各地を広く旅して、美しい絵入りの旅行記を書いた。マンディはあらゆるものに興味を示した――胡椒農園にはじまり、中国や日本の女性の衣服やインド洋の魚から家屋や船、スマトラの王の行列やマダガスカル人のヘアスタイルにいたるまで、旺盛な好奇心を発揮して鋭い目で観察し、なんであれ珍しいと思ったものを描いた。ヨーロッパから東洋へ渡る商人はまだわずかしかいなかった時代である。

一六三七年、マンディはインド西北部の町スーラトで胡椒農園を見つけた。おそらく、マンディは植物としての胡椒をそれまで一度も見たことがなかったに違いない。マンディが背の低いビンロウと呼んだ木の根元に長いつる性植物が植わっていた。マンディの目がくぎ付けになったのは、見てすぐに故国イギリスを思い出したからだろう。この植物は蔦にそっくりだと、マンディは日記に書いている。「かれらは木の根元に胡椒を植える。胡椒は木を伝って一〇〜一二フィート（およそ三メートル）の高さになる。われらが母国の蔦は樫の木などを伝って伸びるが、それと同じように胡椒はしっかりと木にからまり、巻きついて大きくなる」[11]。さらにこうも記している。「植えてから一〇〜一二年くらいはよい実がなるが、その後は植え替えるのだそうだ。今年は新しい収穫があり、その一部は天日干しにするとのことであるが、葉の間にはまだ実が残っていた。まだ青いものもあれば、熟したものもある。熟した胡椒の実はルビーのような色で透きとおっている（これは種子の周りの実のことで、そのほかの部分は緑色である）。大きさは豆粒ほど、口に入れると甘く、辛い。この種子こそ、胡椒である。天日に干して三日もたつと種子の周りの赤い部分が乾燥し、しなびて黒くなる。これがわたしたちの知る胡椒である」

マンディは生涯にわたってほとんど常に旅をしていた。一時期、イギリス東インド会社の交易商人として働いたが、のちに鞍替えして裕福な商人ウィリアム・コーティーンのもとで働いた。コーティーンが設立した会社は数十年間にわたり東インド会社の独占体制を脅かしたと言われている。マンディは一六三五年、コーティーンの船でインドへと旅立ったが、その前の日記には船の仕事を見つけて金を稼がなければならないと、いくらか沈んだ調子で記している。「家に帰ってまだ間もないが、いつもの仕事はなく、日々必要なものに貯えを費やすばかりだから、もう一度ロンドンへ行き、航海の機会を探そうと決めた。船に乗って日々を過ごし、将来のためにいくらか備えよう、と。そこで、そのようにした次第である」

マンディについては、広く旅をしたこと以外に多くは知られていない。生まれたのは一五九六年頃で、家はイワシ売りの商家だった。結婚もしていただろう。一六七〇年代後半にイングランドで亡くなった。マンディが残した出色の日記は、存命中に世に知られることはなかった。初めて出版されたのは一九一四年のことである。

野生の胡椒は、派手な姿かたちをした熱帯植物のなかにあってはすぐに見落とされてしまう。大きな葉や色鮮やかな花で目立つことも、微妙な香りで臭覚をくすぐることもない。依存性や幻覚作用をもたらす物質を作り出したり、独特の芳香を放ったりもしない。目の覚めるような色をしているわけでもない。葉っぱは目立たない濃緑色で、表は光っているが、裏は色が薄い。ただ一つ、目立った特徴といえば、そこに生る漿果（ベリー）である。つるから房になって垂れるそのさまは、ぶらぶら揺れるイヤリングのようだ。干すと、緑色のベリーは黒くなる。しわのよった小さな丸い玉にはそれぞれ一粒の種が入っている。これが胡椒の実、口の中に心地よい刺激を与えてくれる宝石だ。この刺激こそ、胡椒の胡椒たるゆえんである。

胡椒は木に似たつる草だ。原産地はインドの南西海岸沿い、現在のケーララ州にある西ガーツ山脈の季節風林で、そこではいまだに自生している。遠い諸大国の交易商人たちを迎え入れたのは、この沿岸にあるカリカットやコーチン〔現コーチ〕などの胡椒港であった。かつてこの地方ではモンスーンがやってくる六月になると胡椒のつるを植えつけたもので、どの家でもパラミツやマンゴーなどの庭木に胡椒がからみついていたという。

植物学の世界では、胡椒はコショウ属（Piper）〔パイパー〕に分類される。〔パイパーには「笛吹き」という意味もある。〕軽やかな響きのこの属名は、スウェーデンの植物学者で、今日でも使われている分類法を開発したカール・フォン・リンネによって一七五三年に考案された。リンネはコショウ属の下に一七の種を置いた。「パイパー」という属名は、おそらく黒胡椒を意味する古代ギリシア語「ペペリ」に由来すると考えられる。黒胡椒の学名はラテン語でピペル・ニグルム（*Piper nigrum*）。このニグルムは種の名前で、黒いという意味だ。かなりの学識がある観察者も間違えることがあるのだが、白い胡椒も同じ植物から採れる。黒胡椒と白胡椒の違いは漿果を収穫し、干す時期によるのだ。漿果がまだ青いうちに採れば黒胡椒に、赤くなってから採れば白胡椒になる。漿果を水に浸して堅い外皮を取り除いてから干す作業過程は、ピーター・マンディの記録にあるとおりである。

胡椒は成長の早い植物ではない。木に似た蔓は数年かけて枝のように広がり、丈は一〇メートルほども伸びることがある。樹木や木柱や鉄筋コンクリートの棒が支柱として使われる。収穫時期になると、手作業で漿果を摘む。たいてい植え付けから二、三年たてば収穫できる。胡椒を市場に出すには、乾燥、洗浄、選別という長い作業が必要だ。胡椒は、赤道を挟んで広がる高温多湿で雨の多い熱帯でよく育つが、水はけのよい土が必要で、生育地として好ましいのは森である。また、胡椒は長時間強い日差しにさらされると収穫量が減るという。今日市場に出回っている商品のなかには、グリーンや黒など色とりどりの胡椒の実を混ぜ合わせたものがあり、ピンク色の熟した実が混ざっていることもあるが、これはブラジル原産カシューの仲間である。

歴史を振り返ると、黒胡椒はその親類筋からしょっちゅう競争を仕掛けられてきたことがわかる。

古代ローマの人びとは黒胡椒よりもヒハツ（*Piper Longum*）を好んだ。ヒハツはつる植物というよりも、灌木に似ている。その葉は長く、つやのない緑色をしていて、ごわごわと硬い。原産地はインド北西部だ。ヒハツは古代ローマでは黒胡椒の倍の値がついたという。今日の西洋ではほとんど見かけないが、インドではいまだに使われている。コショウ属のいまひとつの仲間のクベバは、インドネシア原産でジャワ胡椒とも呼ばれ、その実は小さなしっぽが付いていること以外は胡椒にそっくりだ。ジンにクベバを浸けて飲むこともある。

もう一つ、コショウ属の有名な種に、とくにアジアでよく知られているキンマ（*Piper betle*）がある。キンマはスパイスではない。インドでは「パーン」と呼ばれ、嚙みタバコやチューインガムのような嗜好品、口に含んで嚙むものだ。これを嚙んでから道に吐き出した唾はすぐにそれとわかる。この嗜好品を作るには、新鮮なキンマの葉の上に石灰を薄く塗り、そこにビンロウジを薄く切ったものとスパイスなどを載せて全体をくるむ。いわばキンマのサンドイッチだ。これは、消化を助け、口臭を消し、気分を亢進させるとされている。だから台湾やインドなど各国の若者の間で、これほど人気が高いのだ。ところが残念ながらここ一〇年ほどの研究から、アジアにおける口腔がんの増加と嚙みタバコは関連があると指摘されるようになった。原因はキンマではなく、ビンロウジにあるようだ。

キンマを嚙む習慣は昔からあった。中国人は遅くとも唐の時代（六一八～九〇六年）にはすでにキンマを嚙んでいた。四〇〇年前にインドにたどり着いたヨーロッパ人は、この習慣についてしばしば言及している。アジアに滞在するヨーロッパ人の間でキンマ嚙みが流行したこともある。キンマを嚙む習慣は十六世紀までには熱帯アジア全域に広がっていた。客を迎えてキンマをどうぞ、と言わないのは無作法と見なされた（今でもそう受け止められる）。一七七九年にイギリスで刊行されたある本は、アジアや東インドにおける薬品やスパイスの仕入れ業務を説明しているが、キンマについてはこう書いている。「インドでも中国沿岸でも、人びとはよくキンマを噛む。現地人たちの付き合いにはキンマが欠かせない。ヨーロッパ人、とくにポルトガル人のなかにさえ、キンマを噛む習慣を取り入れた人たちがいる」

大胆な海賊として知られ、イギリス人として初めてガラパゴス島に到達したウィリアム・ダンピア（一六五一〜一七一五年）が、著作『最新世界周航記』でキンマを噛む人びとの様子を生き生きと描いたのは、その一〇〇年も前のことであった。ご多分にもれず、ダンピアもキンマとビンロウを混同していた。「どういうふうにビンロウジを使うかというと、それを四つに割き、その一つを柔らかい糊状にした石灰かしっくいを一面に塗ったアレクの葉で包み、ビンロウジを葉ごとかむのである。この地域の住民はだれでも腰に石灰を入れる容器をつけており、その中に指を突っ込んで、ビンロウジとアレクの葉に石灰を塗りつける。このアレクは小さな木というより灌木で、樹皮は緑色、葉はヤナギの葉ほどの長さだが、それより幅がある。（…）これは極端に液汁が多く、かむと液汁が口から溢れ出るほどである。歯ごたえがあり、液汁で唇が真っ赤になる。歯は黒くなるが、かえって丈夫になり、歯茎もきれいになる。またビンロウジは健胃の効が著しいと言われるが、これになじんでいない者がかむと頭がくらくらすることもあるという」[12]〔平野敬一訳、岩波書店、二〇〇七年〕

十七世紀、ジャワに旅したフランス人は、現地の様子をこう記録した。「周知のように、この地方の島々の住民が、男も女も子供も、歯茎と胃を丈夫にするためと称して始終噛んでいるのは、キンマの葉でびんろうの実を包んだものである。ときには液汁を飲むこともある。この液汁は血のように赤く（…）慣れない場合にはその味は渋くて耐えがたいが、タバコと同じで、ひとたび習慣がつくと、

やめるのがむずかしくなる」[13]〔『インド洋への航海と冒険』中地義和ほか訳、岩波書店、二〇〇二年〕

十八世紀、あるオランダ人船長は、ジャカルタでは貴婦人が外出するとき必ず四、五人の女奴隷がお伴をするが、その一人はキンマの小箱を運ぶと記している。[14] キンマやビンロウの種子を嚙む習慣を「ピナン」と言い、貴婦人たちの日常的な気晴らしだった。なかにはピナンが「やめられなくなった」人もいた。ジャワ・タバコを混ぜて嚙むこともあった。船長はこうも記している。「これを嚙むと唾が真っ赤になる。この習慣は口を清潔にして歯痛を防ぐということになっているが、何年も続けると唇の周りが黒くなり、歯も黒ずんで、きわめて醜くなる」[15]

十九世紀、スマトラ島に来たあるアメリカ人船乗りは、男たちがキンマという香りの強い葉っぱを「しきりに嚙む」のに気づき、「嚙みタバコなら、いくら好きな人でもあんなに長く嚙んではいない」と言っている。[16]

見かけや名前が胡椒に似ていても、コショウ属の仲間でない植物もある。たとえばメレグエタ唐辛子は植物学的にはアフロモムム（*Afromomum*）属の植物で、西アフリカ原産だ。アジアへの大洋航路が確立し、ヨーロッパで黒胡椒が広く使われるようになったのは十五世紀も後半のことだが、それ以前の十四〜十五世紀初め頃までメレグエタはヨーロッパでは重要なスパイスで、「パラダイスの粒」という美しい響きの名前で呼ばれていた。中世ヨーロッパの人びとが抱いたエデンの園(パラダイス)へのあこがれを反映する名前である。ヨーロッパ人が東洋とそこで採れるスパイスに夢中になった背景には、このあこがれがあった。メレグエタの人気は次第に衰えたが、その理由の一つにポルトガル人がアフリカの香味料は黒胡椒よりも劣ると見なしていたことがある。とは言ってもメレグエタはイギリスで十九世紀までスパイスとして愛用され、今日でも西アフリカでは料理に、また北欧では蒸留酒アクアビットの風味づけに使われている。「パラダイスの粒」は黒胡椒の粒に見かけも似ており、味も胡椒のようなピリリとした甘さがある。

チリ・ペッパーという、胡椒(ペッパー)と紛らわしい名前でも呼ばれる唐辛子はコショウ属ではなく、トウガラシ(*Capsicum*)属の一種である。西半球で発見された。今日では世界のどこでも、おいしい料理に欠かせない食材だ。新世界の熱帯地域はスパイスの豊かな産地とは到底呼べないが、唐辛子とヴァニラとオールスパイスはそこを原産とする数少ないスパイスである。ヴァニラは南アメリカの蘭の花から採れる。

新大陸で胡椒を見つけようとしていたクリストファー・コロンブスは、カリブの住民から、島には自生する漿果があると告げられた。実はこれはオールスパイスで、本物の胡椒ではないことがのちにわかるのだが、コロンブスは植物学者を伴っていなかったので、現地の人たちの話を喜んで受け入れ、胡椒を発見したということにした。オールスパイスの漿果は大粒の胡椒の実に似ているが、草木ではなく常緑樹の果実から採れる。ともあれ、オールスパイスはピメントと呼ばれるようになった。これは、スペイン語で胡椒を意味する「ピミエント」に由来する語であろう。コロンブスは自分に植物の知識がないことをおそらく知っていただろう。だが、かれは抜け目のない男だった。自分はスパイスや宝物を発見するために派遣されたのであり、スポンサーであるイサベルとフェルナンドの両王をがっかりさせるわけにはいかないという事情もあっただろう。アジアの一部だと思い込んでいた島々で、初めて見た木や草の種類は数限りなく、一つ一つを見分けることはできないと、コロンブスは自分でも認め、「これらを見分けられないことは、この世で最大の悲しみだ」と、初航海の日誌に記した。[17] だがのちにヨーロッパ中に広まった手紙では、これらの島々は無限に肥沃であり、膨大な量のスパイスを産すると豪語してもいる。とりわけ、スポンサーたちには「送り出せとのご命令次第で、いかほどの量でも」入手できますと書き送った。

言うまでもなく、コロンブスは自分の発見を宣伝して、さらなる航海の資金を募りたかったのだ。実際、西洋では食欲をそそるスパイスはほとんど手に入らないが、東洋には種々限りなくあった。ちなみに『コンサイス・オックスフォード英語辞典』はスパイスを「食物の風味づけに使われる、芳香性の、あるいは刺激的な味のする植物物質。たとえば胡椒」と定義しているが、〔代表格の〕胡椒が見つかる熱帯アジアは、シナモン、クローブ、ジンジャー、カルダモン、ターメリック、ナツメグなど、主要なスパイスの産地でもある。シナモンはスリランカ（旧セイロン）、ジンジャーとターメリックは東南アジア原産である。ナツメグとメースは同じ木から採れるスパイスで――メースはナツメグの種子を包むレース状の赤い皮を乾燥させたもの――原産地はバンダ諸島。クローブはモルッカ諸島（現マルク諸島）が、胡椒とカルダモンはインドが、それぞれ原産地である。スパイスは主に樹木や草木の皮（シナモン）や根（ジンジャーやターメリック）、果実（ナツメグ、カルダモン）や漿果（胡椒）を原材料とする。一方で、香草は温帯地域の植物の茎や葉を利用することが多い。

もし新大陸がインドや東南アジアのようにさまざまなスパイスを産出していたら、世界史の流れはまったく違ったものになっていただろう。

第二章 ☼ スパイスの王

中世には土地の売買や納税に黒胡椒が使われた。人の財産は、その人の家にどれほどの胡椒があるかで表した。

胡椒はわずかな量でも偉大な働きをする。
——プラトン(1)

☼

ポルトガル王はスパイスを支配し、その価格を(…)思いのままに決めている。胡椒については、いかに金がかかり、いかに高価であろうとも、ドイツにおいて売れない状態が長く続くことはないであろう。
——ニュルンベルク市参事会(十六世紀初頭)(2)

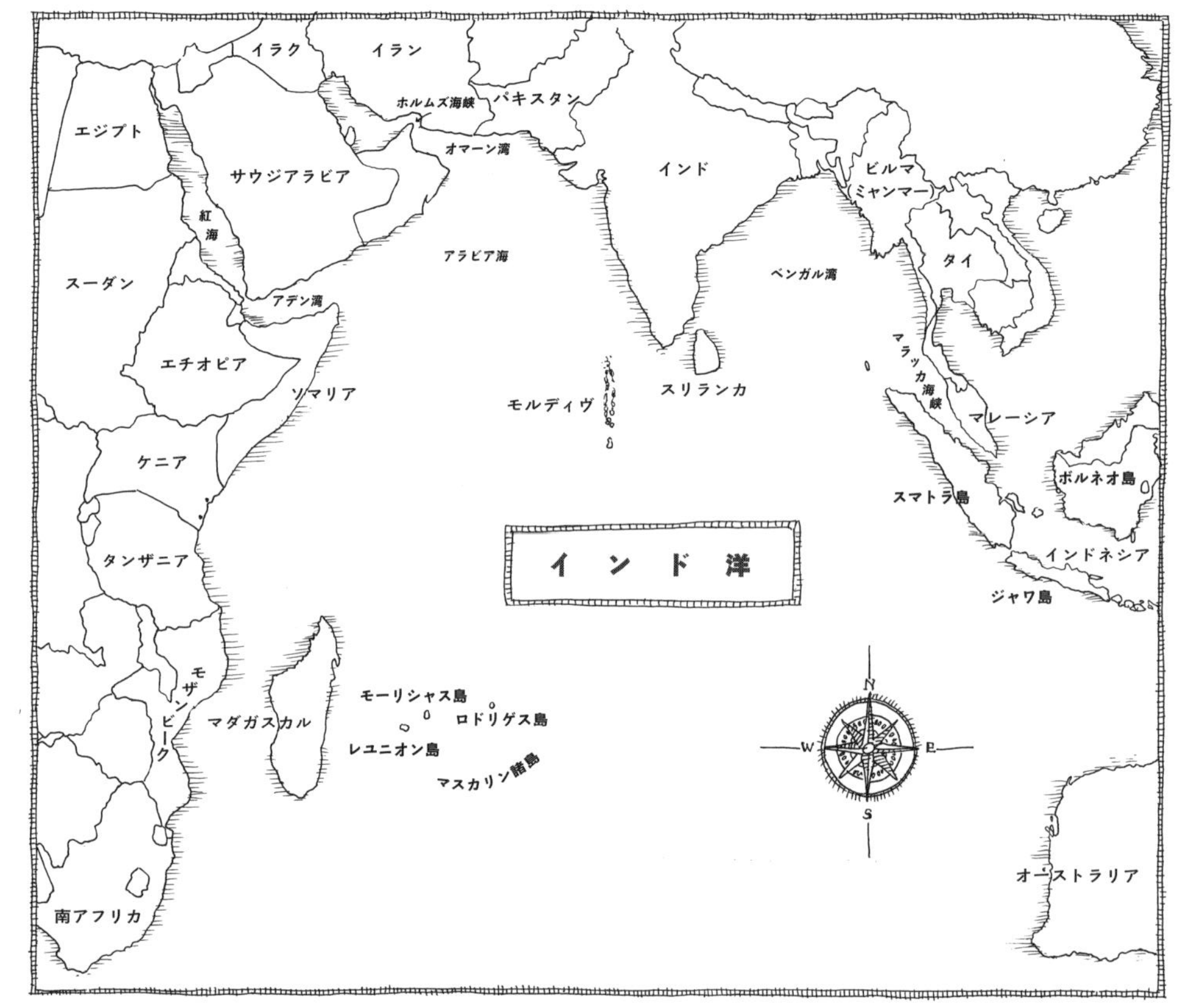
インド洋
エジプト
イラク
イラン
ホルムズ海峡
パキスタン
サウジアラビア
オマーン湾
インド
ビルマ
(ミャンマー)
紅海
アラビア海
ベンガル湾
タイ
スーダン
アデン湾
エチオピア
ソマリア
モルディヴ
スリランカ
マラッカ海峡
マレーシア
ケニア
ボルネオ島
スマトラ島
タンザニア
インドネシア
ジャワ島
モザンビーク
マダガスカル
モーリシャス島
ロドリゲス島
レユニオン島
マスカリン諸島
N
W
E
S
オーストラリア
南アフリカ

四〇八年、ゴート人アラリックが率いる蛮族の軍がバルカン半島からイタリア北部へ侵入し、ローマへ向かった。ローマは東からの侵略には備えがまったくできていなかった。アラリックはたちまち市を包囲し、ライフラインを絶った。援軍を得るあてもないローマは、強大な敵軍を前に孤立した。蛮族の封鎖作戦は次第にローマの首を締め上げていく。市内で食料が不足し、病気が蔓延した。飢えた人びとが町に溢れ、やがて立派な大理石の神殿に遺体が散乱する事態になった。町全体が死体置き場と化したのだ。アラリックから撤兵の条件を突きつけられたとき、ローマはまさに崩壊寸前であった。言うまでもなく、蛮族は首都ローマの富を要求してきた。金銀、高価な絹の長衣、そして胡椒を求めたのだ。ローマ市内のスパイス地区に建てられた専用倉庫（ホレア・ピペラタリア）には、胡椒など大量のスパイスが貯蔵されており、アラリックはこれを知っていた。これらの倉庫は一世紀初頭、ドミティアヌス帝の時代に建造されたもので、ローマに運ばれてくる希少なスパイスはここに収められていた。おそらくは貢物として送られてきたスパイスもあっただろう。二世紀、マルクス・アウレリウス帝とその息子のコモドゥス帝の時代には、著名な医師ガレノスがこの地区で開業していた。

ゴート人アラリックがローマを包囲した頃には、ローマ人はすでに何世紀にもわたって料理や薬用に胡椒を使っていた。胡椒は料理の味を引き立てるだけでなく、解毒剤としても珍重されていて、アラリックもその値打ちをよく知っていた。包囲軍は数千ポンドの金銀、数千枚に及ぶ絹の衣服や深紅に染めた毛皮、そして胡椒一三六〇キロを受け取り、ローマから引き揚げていった。(3) ただ、これほどの賠償を受け取ったのに、ゴート人がおとなしくしていたのはほんの短い間であった。二年後、アラリックはふたたびローマを包囲、今度こそ首都は徹底的に略奪された。

紀元前五〜四世紀のギリシア人も、胡椒の効用を知っていた。ヒポクラテスは、胡椒を香草などと混ぜて熱冷ましに使うことを勧めている。だが、西洋で本格的な胡椒取引を始めたのはローマ人であった。ローマで胡椒が料理の材料として広く使われたからだ。ローマの名高い食通アピキウスは、たいそうな大食漢で宴会好き、食べ物に対するこだわりの強いことで広く知られていた（船をチャーターし、アフリカ沖で特大のエビを探させたという）。アピキウスは数巻からなる料理本を著し、四七〇品を超すレシピを紹介したが、そのどれにも胡椒がふんだんに使われていた。「アピキウスはほぼすべてのレシピに粉胡椒や粒胡椒、白胡椒や黒胡椒を使った」と歴史家J・アイネス・ミラーは指摘している。「胡椒は台所でも食卓でも使われた。卓上では胡椒を小さな壺に入れておく。胡椒壺の多くは銀製であった[4]」

ローマ人はすでに一世紀にはインドの西岸沿いの港々で胡椒を取引していた。ローマの船が紅海からインド洋を渡ってインドに到達するまで、わずか四〇日しかかからなかったという。ところが、五世紀にローマが蛮族の手に落ちると、盛んだった胡椒貿易は途絶えてしまった。往時の胡椒取引に使われたローマの金貨が、ワインなどの貯蔵器として地中海世界で多用されていたアンフォラとともに、今日でもインドで発掘されている。

十字軍遠征を機に、中世ヨーロッパ人はアラブ世界の目もくらむような富を目にすることになった。胡椒の芳香、絹織物やビロードの柔らかな手触り、砂糖の甘さを初めて経験したのだ。アラブ人の豊かな文明にすっかり心を奪われたヨーロッパ人は、こうした品々を高級品として求めるようになった。

支配階級の人びとは胡椒やクローブやシナモンをふんだんに使った料理でなければ食べるに値しないと思っていた。イタリアのある料理本は、胡椒とシナモンとジンジャーそれぞれ一オンス（約二八グラム）に対し、クローブを八分の一オンス、サフランを四分の一オンス使うように指導している。この割合でそろえた香辛料は「すべての料理」に使えるそうだ。中世の人びとは、ピリッとした甘さを好んだようである。人の味覚はその人の生きた時代の文化に大きく影響されるものだ。その例として「ヴェジマイト」が挙げられるだろう。ゼリーに似たこの食品を、今日のオーストラリア人は大好きだ。が、食べ慣れない人ならたいていそっぽを向くだろう。ともあれ、中世イギリスでは王のための「ソース作り」は名誉な仕事だった。一二六四年、聖王エドワードの祝日の饗宴にあたって、ソース担当のウィリアム料理長はシナモン六・八キロ、クミン五・六キロ、胡椒九キロを使ってソースをこしらえた。[5] 今日わたしたちが使う瓶入り胡椒（たいていは四〇〜五〇グラム入り）の数百本分をソースに振り入れているところを想像してほしい。その二〇〇年後、ヨーロッパの大富豪の一人とされたブルゴーニュ公シャルルは、一四六八年の自分の結婚披露宴のために実に一七〇キロの胡椒を発注した。[6] 繊細な風味づけは中世人には好まれなかったようだ。

中世の人びとは腐りかけた肉のにおいを隠すため、あるいは肉の防腐剤として胡椒を求めたとよく言われるが、そうではない。さまざまな香辛料を使ったのは主に富裕層だが、金持ちはいつでも新鮮な肉を手に入れることができた。裕福な人たちは肉を大量に食べた。とりわけ、鳥の肉を好んだ。空の鳥は神に近いと考えたのだ。野菜は土に育つので、それだけ神から遠い卑しいものとされた。そこで人びとはありとあらゆる種類の鳥類や哺乳類をせっせと食べた。ハト、クイナ、ノバト、クジャク、ヤマウズラ、チドリ、サギ、ツル、ハクチョウ、ガチョウ、ウサギ、ブタ、シカ、羊、雄牛など、飛ぶ鳥も、足の速い動物も遅い動物もこだわらずになんでも食べた。たとえば一三〇九年、カンタベリーで催された修道院長の就任祝いには、ガチョウ一〇〇〇羽、ハクチョウ二四羽、子ブタ二〇〇四、羊二〇〇頭、雄牛三〇頭が食べ尽くされた。まさに肉類の大盤振る舞いで、その総経費のおよそ一三パーセントがスパイスのために使われた。肉はそのまま、あるいはひき肉にしてスパイスのたっぷり入ったソースで煮込んだ。現代人の口には合いそうもないソースである。中世ヨーロッパでは砂糖がなかなか手に入らなかったから、裕福な人たちは、ピリッとした旨みを出すために胡椒やシナモンやナツメグを大量に使ったのだ。胡椒は新鮮な肉の味を引き立てるとともに、食後酒のような役割も果たした。豪華な食事の後で皿に盛った胡椒を客たちに回し、それぞれ一口味わうのも、富裕層の楽しみの一つであった。

金のない人たちはスパイスには手が出せなかったし、生の肉を食べることもほとんどなかった。胡椒をわずかばかり、それとスペインから来るクミンを買うのが精いっぱいで、食事といえばパンや粥や水っぽいチーズであり、ときたま魚を食べた。とはいえ、胡椒が肉の腐臭を隠すために使われたという通説は、そうではないと歴史家たちがどんなに力説しても、いまだにまかり通っている。

中世ヨーロッパで胡椒貿易を支配していたのは「アドリア海の女王」ヴェネツィアであった。歴史家ジョン・キィーによれば、「(ヴェネツィアは) パルミラやペトラに引けをとらぬ都市であったが、それは東方貿易の支配権を握っていたからであり、またそれを公言してはばからなかった。東方貿易は胡椒の同義語であったと言っていいだろう」[7]。ヴェネツィアが栄華を誇った十五世紀、胡椒は西洋に向けたスパイスの全出荷額の実に八割を占めていた。だが、胡椒を運ぶには陸路と海路を組み合わせた複雑なルートが必要だった。たとえば、アラブ人やインド人の船がインド洋を抜けて紅海へ向かい、沿岸の港々でスパイスの積み荷を下ろす。積み荷はそこから陸路エジプトのナイル川へと運ばれる。ナイル川で船に積まれ、下流のアレクサンドリアを通って地中海へと運ばれる。地中海はヨーロッパの玄関口で、そこにはヴェネツィアやジェノヴァの船が待ち構えていた。スパイスはここからイタリアへと運び入れられた。

ポルトガルはヴェネツィアによるスパイス貿易の独占を打ち破ろうとしたが、それにはインドへの航路を開拓しなければならなかった。「スパイスへの欲求と〔現代の〕エネルギー源への需要とが、似通った力を発揮したことは、歴史が証明している」と歴史家ヴォルフガング・シヴェルブシュはその興味深い著作『楽園・味覚・理性』で指摘している。また、スパイスは「中世と近代との仲介者としての役目をはたした」とも明快に述べている[8]〔引用は、福本義憲訳、法政大学出版局、一九八八年を一部改変〕。胡椒はのちの十七世紀、オランダとイギリスの東インド会社によって膨大な量がヨーロッパへ輸入されたが、それ以降はこの種の仲介者の役目を果たすことは二度となかった。胡椒は単なる一商品になり、人びとの味覚の変化につれて需要も減っていった。十八世紀になると、東方からの輸入品としては胡椒以外の商品、とくに茶とコーヒーが圧倒的に好まれるようになる。

胡椒が中世人の想像力をかき立てたのは、一つには当時の日常生活が悲惨なものだったからだろう。人びとは病気に倒れ、疫病に苦しみ、飢饉で飢死した。十世紀以降、ヨーロッパは一定の間隔でたびたび飢饉に襲われている。村の小作人が助けを求めて都市に出てきても、救いはなかった。物乞いをし、町の広場で死んでいく者も多かった。歴史家フェルナン・ブローデルの大作『物質文明・経済・資本主義』によれば、比較的恵まれていたフランスでさえ、十世紀から十八世紀にかけて広範な飢饉を八九回も経験している。ただし、ここには地方で起きた小規模な飢饉は含まれていない。

　こうした過酷な環境のなかで胡椒は救いを表していた。中世ヨーロッパの人びとは、より穏やかな暮らしへの願望を東洋に結びつけたのだ。東洋はヨーロッパ人が思い描く一種の楽園（パラダイス）であった。旧約聖書には大洪水がノアとその方舟（はこぶね）を除いてほぼすべてをのみ込んだと書かれているが、エデンの園だけは奇跡的に滅びを免れた、南シナ海のかぐわしい風はエデンの園から吹いてくる、という突飛な考えにヨーロッパ人は夢中になった。歴史家ジョン・プレストの指摘によれば「楽園は『大洪水』をとにかく切り抜けた、と中世のあいだ信じられていたので、一五世紀の地理的発見の黄金時代には、航海者や探検家がその地を発見しようと躍起になった。〔中略〕エデンの園がないとわかって、人びとは散り散りになった被造物の断片を集め、植物園、つまり新しいエデンの園をつくろうと考えるにいたった」[9]〔『エデンの園――楽園の再現と植物園』加藤暁子訳、八坂書房、一九九七年〕。

　古代からスパイスは神秘的な東洋の一部だと見なされてきた。東洋とは楽園が残っていて、スパイスが川のように流れ、野生の胡椒の木が生い茂っている地であった。十三世紀、シナモンやジンジャーなどのスパイスは楽園からナイル川へと流れ出ており、漁師がこの川に網を投げ入れれば、かぐわしい恵みにあずかることができると信じられていた[10]。やがて人びとは新たに「発見された」地から種々の植物を集め、エデンの園のような理想郷を再現しようとした。十六〜十七世紀、パドゥヴァ、ライデン、オックスフォード、パリなど各地で建設された立派な植物園はこうした熱意が実を結んだものだ。

地上の楽園のイメージと並んで大航海時代を特徴づけたのは、東洋は胡椒などのスパイスで満ち溢れる地だという信じ込みであった。歴史家ポール・フリードマンによれば「とてつもなく豊富だという幻想[11]」こそ、決定的に重要だった。「ヴァスコ・ダ・ガマやコロンブスらを刺激し、後援者たちの関心をかき立てて冒険への出資に踏み切らせたのは、ただ十分にあるというよりも、理不尽なほどたくさんあるものへの期待」であった。

中世ヨーロッパの人びとが胡椒の木が生えていると信じていた地を実際に見たら、その現実に衝撃を受けたに違いない。アジアもたびたび、とくにヨーロッパ人が初めて東洋を知り始めた時代には飢饉に見舞われた。一六二〇～四〇年にかけて、それまで二〇〇年間増え続けていた中国の人口が突然減少に転じている。旱魃や洪水が打ち続いたためだった。一六三〇年、インドはひどい飢饉に襲われた。当時、南西部で起きた旱魃で、現在のケーララ州にあたる地域では胡椒が全滅したという。

一六三一年、インドのスーラトに到着した一人のオランダ商人は十二月二十一日付の手紙で、荒れ果てた様子をこう記している。「バタヴィア［現ジャカルタ］を出発したわれわれは去る十月二十三日、スーラトに入港。上陸してスワレーなる村を訪れたところ、多数の餓死者を目撃した。住んでいた二六〇家族のうち、一〇ないし一一家族が残るのみであった。村からスーラトへと向かう道路わきに多くの遺体があった。葬る者がいないため、死んだ者は死んだ場所で朽ち果てるほかはない。スーラト市街に入ったが、何千人も住んでいたこの町で、生きている人はほとんどいなかった。遺体の腐臭は強烈で、外部から来た人間は健康な人でも気分が悪くなる。街路の角々には二〇体ほどが重なり合っていた[12]」

ヨーロッパ人はアジアやインドについてほとんど知識がなかった。抱いていた感想といえば、リチャード・ハクルートの不朽の名作『イギリスの主な航海、交易、発見（*The Principal Voyages, Traffiques and Discoveries of the English Nation*）』から得たものだった。一五八九年に初版が、一五九八年に改訂・拡大版が発行されたこの書は、エリザベス朝の偉大な航海者で、一五八〇年に世界一周を果たしたフランシス・ドレークの偉業も紹介している。ハクルートは東洋に旅したことは一度もなかったが、日記や航海日誌などの記録を集めて出版したその事績から、かなりの知識を持っていたことがわかる。エリザベス女王に進言し、イギリス東インド会社の設立を許可するように説得したのはハクルートであった。ポルトガル人がインドのどこで胡椒を取引しているか、またポルトガルやスペインの独占権が及ばないところ——つまりスマトラ——とはどこか、ハクルートはすべて知っていた。こうした貴重な情報が、イギリスが貿易会社を設立すれば、スペインを刺激することになるという女王の心配を和らげたのだった[13]。ハクルートは人びとの東洋への関心をかき立てようとし——その著作は船乗りたちの壮大な冒険物語であった——、イギリスの領土拡大を熱心に説いた。「地の表のあらゆる場所を発見しようという熱い気持ちを、神が王国の若者たちの間に広く燃え上がらせ給うたこの時代に」イギリスに生きる自分は幸せだと、ハクルートは書き残している[14]。しかし、イギリスがようやく帝国建設に本腰を入れたのは、それから一五〇〇年もたってからである。ハクルートの時代、東洋への船旅のために人生のうちの、少なくとも一八カ月を捧げるようにと若者を説得するには、宣伝が必要であった。インディアマンと呼ばれ、「ホープ（希望）」とか「ペッパーコーン（胡椒の実）」などという船名のついたイギリス商船の乗組員を募るには、エデンの園の幻想やハクルートの冒険物語が大いに役立ったのだ。

胡椒は現代の地球規模貿易の始まりにつながっているが、これは胡椒の価格を決め、利益を計算するための組織が必要になったことによく表れている。こうした組織はのちに北部ヨーロッパにおける資本主義の興隆に一役買った。イギリス東インド会社は世界史上初の株式会社であったが、歴史家たちによれば、その起源は中世のスパイス商人（スパイサー、ペッパラーなどと呼ばれた）にあるという。各種香辛料、とりわけ胡椒の輸入販売を手がけたこれら裕福な商人たちは、やがて自分たちの利益を守るために同業組合（ギルド）を結成した。もっとも影響力のあったのは「ロンドン胡椒商人ギルド」であった。このギルドは政治力もかなりあり、何人かのロンドン市長を輩出した。

胡椒商人たちが店を構えたソーパーズレーンでは、ブルーの制服を着た徒弟たちが通行人に向かって店内の商品を宣伝する姿がよく見られた。十四世紀の半ば、「胡椒商人ギルド」は「食料品商同業者組合（グローサーズ・カンパニー）」へと再編された。この組合の名称は、二五ポンド以上を計る「大竿秤（グレートビーム）」あるいは「ペソ・グロッソ」（約五〇キロの重量）と関係がある。「グローサー（食料品商）」とは、ペソ・グロッソで取引をする人（つまり卸売業者）を意味した。石や砂などを入れて――あるいは新しい胡椒に古い胡椒を混ぜて――重さをごまかすのは重罪であった。不純物を入れたとして有罪になれば、商品は国王に没収された。一四二八年、食料品商同業者組合はヘンリー六世から法人として勅許を与えられた。これにより土地の取得と保有が認められたうえ、竿と分銅の適正な使用を監督する権限を与えられた。一四四七年、組合は国の公認の「ガーブラー（篩にかける人）」となった。ガーブラーとは、スパイスを検査して混ざりものがないかを調べる検査官である。この権限を持つことで、スパイス交易を支配する道が開かれ、組合はさらに強大になった。組合は押収した商品をすべて王室財務官に報告することになっていたが、見返りとして、没収した商品の二分の一を収得できた。組合はガーブラーとしての特権を一六八九年まで保持した。

東インド会社が設立されたのは主に胡椒取引のためであり、当然のことながら設立メンバーは成功した食料品商であった。一六〇〇年、エリザベス一世から特許状を与えられたこの会社は、イギリスの消費者のために胡椒の値を下げるという大きな使命を負っていた。

胡椒貿易がもっとも盛んだった時期、このスパイスは金や銀よりも値打ちがあった。一四一八年、イギリスのある食料品商人が詐欺にあったと怒りの報告を残している。胡椒五・四キロを売ったが、銀のスプーンや銀貨や宝石の代わりに錫のスプーンと石ころをつかまされたというのだ。[15] 交換した品物に一文の値打ちもないとわかった頃には、相手はまんまと逃げ去っていたという。アジアへの航海を生き延びた船員たちは、労賃として数キンタールもの胡椒やスパイスを受け取ることがあった。キンタールとは重さの単位で、一キンタールはおよそ五六キロであった。船員たちは支払われたスパイスでその後一生食べていくことができた。胡椒は正規の通貨の一つと見なされ、納税や関税の支払いに使われただけでなく、持参金としてさえも通用した。一五二六年、ポルトガルのイサベル王女がスペインのカルロス一世（神聖ローマ皇帝カール五世）と結婚したとき、イサベルの兄王ジョアン三世は持参金の一部を胡椒で支払った。[16] 人の財産はその人の家にどれほどの胡椒があるかで表した。

「スパイス（spice）」という語はそれ自体で価値を反映している。特別な価値のあるものという意味のラテン語 species を語源とするからだ。スペインの無敵艦隊がイギリスに敗北を喫した一五八八年以降、銀を使い果たしたスペインのフィリペ二世は借金の返済に困り、一五八九年と、さらに一五九一年の二回、胡椒の蓄えに手をつけて埋め合わせた。

胡椒で土地を買うこともできた。通常よりも安い、しばしば名目だけの地代を表す「胡椒一粒の地代」という表現が生まれたゆえんである。実際に胡椒一粒を象徴的な地代とする契約もあった。一六九七年、イングランド王ウィリアム三世はニューヨーク市内トリニティ教区教会(ローワーマンハッタンの世界貿易センター跡地に近い、美しい教会だ)に認証状を与えたが、このとき教区が王室に支払う年間賃料は胡椒一粒と定められた。この胡椒は、その土地の真の所有者が誰かを示すものだった。こうした言い回しはイギリスで今日でも使われている。

ナツメグやクローブは利幅が大きかったが、胡椒ははるかに大量に使われた。大航海時代にアジアからヨーロッパへ運ばれた胡椒の量はクローブやナツメグの六~八倍であったとされる。ホールデン・ファーバーはイギリス東インド会社やアジアにおけるヨーロッパ諸国の交易ネットワークの幅広い研究で知られる歴史家だが、その推計によれば、クローブ、ナツメグ(メース)およびシナモンの年間需要量はおよそ四五〇〇トンであったのに対し、胡椒の需要は二七〇〇~三六〇〇トンあまりであった。十八世紀、オランダ東インド会社が国内で売ったナツメグの量は最大でも一二七・五トンにとどまったという。(17)

各種スパイスの取引を独占しようと躍起になったオランダ人だが、胡椒の価値をよく知っていた。この点では、ライバルのイギリス人も引けをとらなかった。十七世紀、インドで、スマトラ島で、ジャワ島西部で、イギリスは港湾都市の支配権をめぐりオランダと争奪戦を繰り広げたが、これは誰でも使う胡椒こそ、ほかのどんなスパイスよりも価値があることに、イギリス東インド会社の首脳部が気づいていたからだ。たしかに、胡椒は「取るに足りない」一商品かもしれないが、胡椒をめぐる戦争に勝った者は「イギリスの、そしてインドの海を」制するだろう。

重役の一人はこう書いている。「現在の両国間の誤解が嵩じ開戦にいたるとすれば、世の人びとは胡椒のために戦争をするのかと思うだろう。胡椒とは各家族が〔そのために〕ごくわずかしか支出せず、したがって取るに足りないものだと見なされている。だが結局この戦争はイギリスの、そしてインドの海の支配権をめぐる闘いであることが明らかになるだろう。というのも、すでにナツメグ、メース、クローブ、シンアモン（ママ）を独占しているかれらが、胡椒という商品の取り扱いまで独占することにでもなれば、かの商品、つまり広く用いられている胡椒という一商品から、ほかのすべての商品を上回る利益を得ることになり、それをもって大規模な海軍をヨーロッパで常時維持することが、おそらくは可能になるであろう[18]」

ヨーロッパの胡椒貿易は、初めから利益を生んだ。陸地を通らずに東洋へ達する海上交易路をヨーロッパ人で初めて切り開いたのはポルトガル人だ。歴史家M・N・ピアソンの推計によれば、かつてかれらは原価がポルトガル金貨で六クルザードのインドの胡椒一キンタール（約五六キロ）にヨーロッパでは最低でも二二クルザードの定価をつけるなどして、およそ二六〇パーセントの利益を得ていた。だが、十九世紀初めにアメリカの胡椒商人たちが得た途方もない利益に比べれば、こうした数字も色あせて見えるかもしれない。マサチューセッツ州セーラムから出港していった商人たちは、スマトラへの一航海で実に**七〇〇パーセント**の純利益を上げたことがあった。十六世紀のポルトガル人は、インドの胡椒を好条件で手に入れることができたが、それはインドで需要の高かった銅と胡椒を交換したからである。

一五一五年頃、ポルトガルはスパイス貿易でおよそ一〇〇万クルザードを稼いでいたが、この額は同国内の全教会収入とほぼ等しく、金やほかの金属の交易額の二倍であった。[19] 十六世紀前半、ポルトガル人が胡椒の輸入から得た純利益は八九〜一五二パーセントと、莫大なものであったとピアソンは考えている。十六世紀後半には、ヨーロッパで胡椒の需要はさらに倍増し、価格は高騰して三倍にも跳ね上がった。この時代、輸入スパイスの大部分は胡椒であった。

十七世紀が明ける頃には、インド洋をわがもの顔に往き来するヨーロッパ人はポルトガル人だけではなくなっていた。オランダ人とイギリス人が胡椒貿易に参入したからだが、とくにオランダ人は目覚ましい成功を遂げた。ヨーロッパでは胡椒の需要がさらに倍増し、一六二〇年代にはポルトガルに代わってオランダとイギリスが胡椒貿易の主な担い手となった。喜望峰回りの海上交易はレヴァント交易〔地中海の東部沿岸地域を経由する東西交易〕に取って代わり、アジアの産品をヨーロッパに運ぶ主要な手段となったが、これは十六世紀にポルトガル人が試みながら完遂できなかったことだ。この時点で、北ヨーロッパ二カ国は胡椒貿易全体の約八割を扱っていた。

一六二二年、ヨーロッパは年間約三二〇〇トンの胡椒を消費していた。当時、イギリスの胡椒輸入を一手に引き受けていたのはイギリス東インド会社である。同社の商船チャールズ号がイングランドに持ち帰った胡椒は、一六一八年には八一〇〇キンタールを超え、一六二一年には六四〇〇キンタールあまり、一六二五年にはほぼ八〇〇〇キンタールであった。

胡椒はオランダ人にとってもスパイス貿易の最重要商品であった。オランダ人は残忍な作戦を展開して香料諸島とも呼ばれるモルッカ諸島（世界中で唯一、クローブの木が自生する地であった）と小さなバンダ諸島（ナツメグの木の生育地）を制圧し、クローブとナツメグの取引を独占していたのだが、それでも胡椒はナツメグやクローブよりも価値があることをけっして忘れなかった。胡椒ははるかに大量に消費されたからだ。十八世紀になると、ほかの商品、とくに茶の需要が伸びて香辛料を超えたが、胡椒の需要は相変わらず大きかった。茶の取引が盛んだった一七二二年でさえ、アジアからヨーロッパへ輸出された胡椒は四〇〇〇トンを超えた。

中国人も昔から黒胡椒をよく使っていた。胡椒がインドから中国に初めて、主に医療目的で持ち込まれたのは二世紀のことだ。北宋の時代（九六〇〜一一二七年）に胡椒交易は拡大し、しばしば東南アジアからの貢物としてスパイスが収められた。[20] 中国は遅くとも十世紀にはジャワやスマトラとの交易を行っていた。

マルコ・ポーロが中国へ渡ったのは一二七一年、元の時代（一二七一〜一三六八年）であったが、当時は膨大な量の胡椒が中国に輸入され、広く料理に使われていた。このヴェネツィア商人は『東方見聞録』にこう書いている。「五日目の終わりにザイトゥン［泉州刺桐城］（現在の泉州）というとてもりっぱな大都市に到着する。ここは海湾都市で、奢侈商品・高価な宝石・すばらしく大粒の真珠などをどっさり積みこんだインド海船が続々とやってくる港である。またこの海港には、この地の周縁に展開しているマンジ各地からの商人たちも蝟集してくる。要するに、この海港で各種の商品・宝石・真珠が取り引きされる盛況は、何ともただ驚嘆する以外にないのである。この海港都市に集積した商品は、ここからマンジ全域に搬運され買販される。キリスト教諸国に売りさばこうとしてアレクサンドリアその他の港に胡椒を積んだ一隻の船が入港するとすれば、ここザイトゥン港にはまさにその百倍にあたる百隻の船が入港する。その貿易額からいって、ザイトゥン市は確実に世界最大を誇る二大海港の一であると断言してはばからない[21]」（『完訳　東方見聞録2』愛宕松男訳、平凡社ライブラリー、二〇〇〇年）。

マルコ・ポーロはまた杭州の町を見て大いに感銘を受けた。この町をキンサイと呼び、豪壮な邸宅や庭園をはじめ、そこここに石橋のかかった運河のことや、荷車や小船で荷を運ぶ商人たちのことを記している。ヨーロッパから来たこの男は広大な市場に集まってくる人の群れに、とくに強い印象を受けた。「（…）一見した限りでは、こんなにまでおおぜいの人口を十分に養うだけの食糧がいったいどこにあるのかと疑われる」と書いている。[22]需要を満たすため町に運び込まれる肉や酒、野菜など食糧の量は実に膨大だ。ここでマルコ・ポーロは、この町で消費される胡椒は一日あたり実に荷車四三台分にのぼるという税関吏の言葉を紹介している。荷車一台分は約一〇〇キロであった。

さらにマルコ・ポーロは、中国のジャンク船の大きさを説明している。ジャンク船はヨーロッパの船よりもはるかに多くの荷を運ぶことができた。マルコ・ポーロの見積もりによれば、操船には一五〇〜三〇〇人の乗組員が必要で、船一隻は「多ければ六千籠、普通で五千籠の胡椒を」積載できた。

中国における胡椒の消費は、明の時代（一三六八〜一六四四年）に鄭和が数次にわたる大航海に成功したのち、さらに拡大した。永楽帝の詔を受けてこの提督が歴史的な大遠征に乗り出したのは一四〇〇年代の初めのことである。中国皇帝の宝船艦隊と呼ばれた壮大な遠征の主な目的は胡椒であった。七次にわたる遠征のうち三回に随行し、アラビア語やペルシア語の公式通訳を務めた馬歓という名の男が、カリカットやマラッカやスマトラ島北部の港湾都市マサイを訪れたことを記録している。マサイにはおびただしい数の外国船が黒胡椒の買いつけに寄港していた。

カリカットでは胡椒が広く栽培されていた。山里の住民が農園を作り、胡椒を育て、「十月になると胡椒は熟するので採種してきれいに乾かして売るのである」と馬歓は記している。「胡椒買いとりの人が来て集めて歩き、役所（官）の倉庫に貯える。もし買いつけるものがあれば役所（官）が発売し、その量によって税金を計算して取り立てる。胡椒一播荷（bahar）ごとに金銭二百個で売る」[23]（『中国人の南方見聞録――瀛涯勝覧』小川博編、吉川弘文館、一九九八年）。

鄭和の艦隊は朝鮮半島や日本をめざして南シナ海や東シナ海に漕ぎ出し、インド洋を渡り、インドやペルシア湾、アフリカ東海岸へと到達した。宝船艦隊を大洋に送り出すために、中国人はそれまで誰も見たことがない巨大な木造帆船を建造した。そのなかでも最大のものは全長一二〇メートルを超えたという。それに比べるとコロンブスのサンタマリア号は、全長わずか約二五メートルのちっぽけな帆船だった。

こうした巨大な船を造るための木材を確保しようと中国人は一三九一年、南京地域に五〇〇〇万本あまりを植樹するという、けた外れのプロジェクトを実行している[24]。第一次遠征隊の三一七隻がカリカットをめざして出港したのは一四〇五年の秋、乗組員は二万七〇〇〇人を超えた。のちの数次の遠征では数百人に及ぶ医務官や薬物学者も同行している。中国船は水密隔壁で区切られ、安定した舵を備えていたが、こうした技術をヨーロッパの船が取り入れたのは十八世紀も末になってからである。中国はすでに海運の長い歴史を誇っており、インド洋を航行する船舶のなかでも中国船はもっとも優れているとよく言われてきた。そのなかでも鄭和の宝船は格別であった。船首に龍の目が鮮やかに描かれていれば、それが宝船であることはすぐにわかった。

中国人の胡椒好きは、アジアにいるヨーロッパ人たちに知れ渡っていた。十六世紀、マレーシアを拠点にしていたあるポルトガル商人は、中国人は何をおいても胡椒を欲しがり、何隻分でもありったけ買い取ってくれると言っている。さらに、この商人は、一五〇〇年代初めのことだが、マラッカで胡椒一キンタールを四デュカートで入手し、中国に持って行って一五デュカートで売ったとも記している。アンドレアス・コルサーリというイタリア人は一五一五年、「中国へスパイスを運べば、ポルトガルへ運んだのと同じくらい莫大な利益が出る」と報告している。(25)

一六四四年、明が満洲族の襲撃を受け、漢族最後の王朝が崩れると、南部住民の多くが海を渡ってマレーシアへ逃れた。そこで胡椒の栽培を始めた中国人は、十七世紀末までには有力な胡椒商人の一団を形成していた。その繁栄ぶりを、自営の貿易商としてアジアを広く旅したイギリス人チャールズ・ロッキャーは次のように語っている。マラッカの町は「健康的なところ」だ。「町の家々は立派で、石で造られており、通りに沿って並んでいる。イングランドの小さな港町のようである(26)」。とくに中国人たちは「このあたりでひときわ大きな店を経営し、母国の製品や産品をぎっしり並べて」いる。中国人はとくに茶と砂糖菓子が好きで、茶店を経営している者もいた。

続く数世紀の間も華僑は胡椒貿易の重要な役割を担い、中国は胡椒の大消費地であり続けた。

第三章 ※ スパイスと魂

ヨーロッパ人がアジアへと航海したのは、そもそもは胡椒を買うためであり、
またキリスト教を広めるためであった。
カトリック王が治めるポルトガルがまずイエズス会を支援した。
イエズス会はヨーロッパ人による大航海事業と関連づけられることがもっとも多いカトリック修道会だ。

智謀をそなえたあのギリシアの人や
トロイアの人の航海はしりぞくがいい。
アレクサンドロスやトラヤヌスのかちえた
名高い勝利も口をとざせ。わたしが
うたうからだ、ネプトゥーヌスもマルスも
膝を屈したあの名高いルシタニアの人びとの
勇武のほどを。古(いにしえ)のムーサの詩(うた)もすべてしりぞけ。
いずれにも勝る誉れがその姿を現すから。(1)

——ルイス・デ・カモンイス『ウズ・ルジアダス』（池上岑夫訳、白水社、二〇〇〇年）

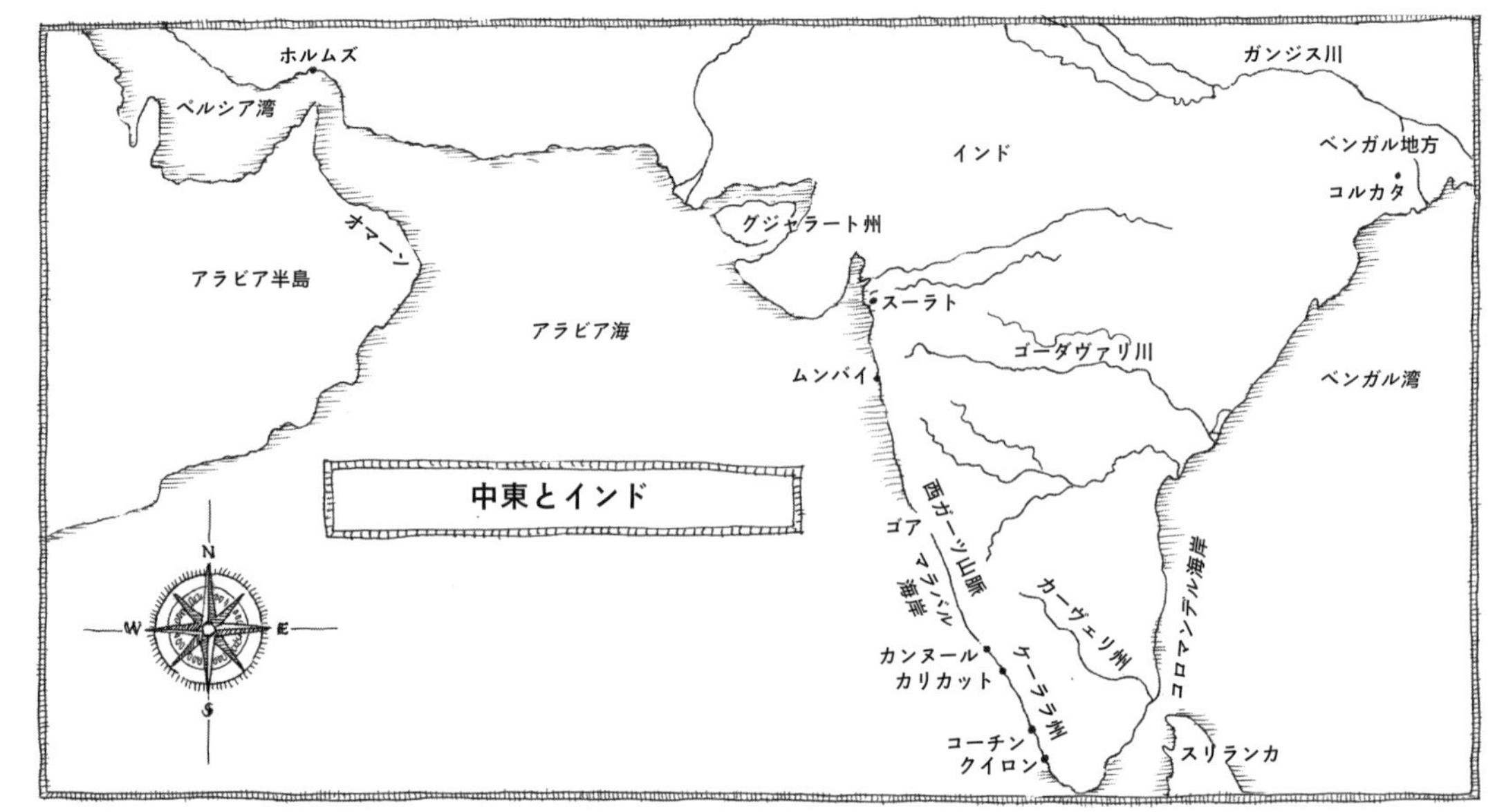
中東とインド
ホルムズ
ペルシア湾
オマーン
アラビア半島
アラビア海
グジャラート州
インド
ガンジス川
ベンガル地方
コルカタ
スーラト
ムンバイ
ゴーダヴァリ川
ベンガル湾
西ガーツ山脈
ゴア
マラバル海岸
カーヴェリ川
コロマンデル海岸
カンヌール
カリカット
ケーララ州
コーチン
クイロン
スリランカ
N
W
E
S

ヴァスコ・ダ・ガマが率いるポルトガルの小船団が喜望峰を回り、マダガスカル島と東アフリカ沿岸の間に航路をとって北上したのは一四九八年初頭のことである。喜望峰回りでこれほど遠くまで来たヨーロッパ人は、それまで一人もいなかった。船団はインド洋へと乗り出す前に、モザンビークをはじめモンバサやその近郊の町マリンディに立ち寄り、補給を行った。インドとの交易で栄えた港町をガマが目にしたのはそのときが初めてだったが、ここでのガマの行動様式が、その後一〇〇年あまりにわたって胡椒貿易を支配しようとしたポルトガル人の方向性を定めることになる。当時アラビア語を話すムスリムが住んでいたアフリカ沿岸で、信仰する宗教は何かと、その地の王族に訊かれたガマらは、言葉を濁してキリスト教徒だと悟られないようにした。そのうえ、住民が敵愾心を抱いていると思い込み、人質を取ってわが身を守ろうとした。やがてガマの一行がマリンディの町に到着する頃には、ポルトガル人はなじみのない状況に置かれるとすぐに武力に頼ることが町中に知れ渡っていた。人質を取り、衝動的に力に訴えるというこのパターンは、その後長い年月にわたって繰り返されることになる。

やがてガマはインド南西部沿岸の町、胡椒貿易で栄えるカリカットの港に入る。長年の夢が実ったわけだが、ガマのこの事績はルイス・デ・カモンイスの詩『ウズ・ルジアダス』で称えられ、幾世代にもわたって語り継がれることになる。のちの一五七二年に出版されたこの作品は一冊の本になるほど長編の詩で、古代ギリシアの英雄たちをもしのぐ稀有の勇者ガマの伝説を作り上げた。十五世紀を通して、ポルトガル人たちはアフリカ大陸の西海岸沿いを南に向かって着々と進出してきた。アフリカで金の産地を見つけようとしたのだ。ポルトガルのサフランや銅やワインが、アフリカのメレグエタ唐辛子やコバルトや獣皮と盛んに交換されていた。一四八八年にはバルトロメウ・ディアスが喜望峰を回ったが、このときはインド洋をかすめただけで引き返している。

ポルトガル人がすでに数十年も探検を続けてきただけに、ガマはインド到達に並々ならぬ意欲を燃やしていた。しかし、病的なまでに疑り深かったために、千載一遇のチャンスを前に怖気づいてしまう。殺されるのではないかとおびえ、インド亜大陸と初めて接触するというこの機に、船団にいた囚人をまず上陸させたのだ。いまもって歴史家たちはこの囚人の名前を知らない。町に入ってから、なぜカリカットに来たのかと二人の男に問われたこの囚人が、「キリスト教とスパイスのため」と答えたというエピソードは有名で、ポルトガルの探検活動の原理を明らかにし、東洋と西洋の最初の出会いを典型的に示すものとされてきた。だが、これはピント外れの説明であろう。というのも理由は二つある。第一に、上陸した囚人が出会った二人の男はアジア人ではなく、北アフリカのチュニジアから来た交易商人であった。だから、この出会いは東洋と西洋の劇的な接触とは言えない。むしろ、いわゆる大航海時代のインド洋には複雑な交易ネットワークがすでに広がっていたことを、このエピソードは示している。ポルトガル人は、かなり遅れてこのネットワークに参入したことがわかる。ガマは東アフリカ沿岸からインドまでの航海で、自分の船の舵取りさえせず、マリンディでインド北西部グジャラート出身のムスリムを雇い入れ、インドまで水先案内を務めさせたのだった。

第二に、このときカリカットに到達したポルトガル人は宣教師ではなく、誰かを改宗させたがっていたわけでもない。ガマの一行は、伝説の王プレスター・ジョンを探していたのだ。東洋にはキリスト教徒の王がいて、その宮廷は想像を絶するほど壮麗だという伝説が中世から語り継がれていた。広く信じられてきたこのおとぎ話は、東洋にエデンの園が存在するという、同じように荒唐無稽な伝説に似ている。二つの伝説は何世紀にもわたって影響力を持ち続け、ヨーロッパ人を東洋へと向かわせたのだった。

初めてカリカットに到着したガマがとった行動は、かなり問題である。ガマは処遇に不満を言い、宮廷の作法に注意を払わず、被害妄想で始終いらいらしていた。当時カリカットを治めていたのはヒンドゥーのザモリン家だ。この一族は商売に長け、西はアフリカ大陸から東はインドネシア諸島を越えてさらに広がる交易ネットワークを支配していた。ザモリンの本拠地カリカットは、中国人でさえ一目置く港湾都市であり、洗練された宮廷と文化を誇っていたうえ、信じられないほど寛容な町だった。

当時のカリカットの豊かさと国際的雰囲気は、フランソワ・ピラールの日記に垣間見ることができる。ピラールは、乗っていた船がモルディヴ沖で難破し、ポルトガル人に捕らえられたが生き延びたフランス人の船乗りで、カリカットは地上の楽園のようだと書いている。「町と王の宮殿の間には、どこまでもただ家々が続いている。インド中を探してもカリカットほど幸福感があまねく浸透している町はほかにない。この土地は美しく肥沃だからであり、またここではあらゆる人種が交流し合い、住民はそれぞれの宗教を自由に信仰しているからだ」。バザールと呼ばれる楽しい雰囲気の地区は、通り抜けるのも困難なほど一日中人で溢れている。商業地区の建物は「とても大きく、木と石で頑丈に建てられ、敷地の中に店舗や倉庫や中庭がある」。市街の家々には庭とポーチがあり、見知らぬ人が通りかかると、住民はポーチで接待するのだった。旅人は「肉や飲み物をもらい、休んだり眠ったりした」という。[2] ピラールはカリカットで八カ月を過ごしたが、やがて町の外に出たところをポルトガル人に拉致され、囚人としてコーチンに連れて行かれた。

ピラールの物語は、ヨーロッパ人が商事会社を通して胡椒を調達しようとアジアへの航海を始めたこの時代に生まれた華やかな冒険譚の一つである。ピラールは一六〇一年、二隻からなる船団の乗組員として初航海に出た。二隻のうち一隻は船名をクロワッサン号といい、船主はオランダやイギリスの東インド会社の成功に触発された裕福なフランス人貿易商であった。よく考えずに計画された航海は初めからトラブル続きで、なかでも軽視できない問題は「船内の無秩序と無統制であった」とピラールは指摘している。「敬虔さも信仰心もない連中ばかりで、絶えず罵り、神を畏れぬ言葉を吐き、上官に従わず反抗し、不注意が目立った。けんかや盗みや暴力行為などの悪行は日常茶飯事であった」[3] ピラールの乗った船がモルディヴ沖で座礁したのも、飲んだくれた乗組員たちのずさんな仕事のせいだった。助かったのはピラールのほかに三人だけだ。意外にも、ピラールはすぐに島民と仲良くなった。現地語を覚えるのが早かったからだ。ピラールは島民から大事にされ、島で四年を過ごし、その間に島の習慣を観察し、日記に書いた。ピラールがついに母国フランスに帰り、アジア旅行記の初版を刊行したのは一六一一年のことである。

ガマがやってきた一四九八年、カリカットの人びとはその九〇年あまり前に海岸にたどり着いた船乗りたちの話をよく覚えていて、ポルトガル人に語って聞かせた。「髪を長く伸ばし、口の周りにひげをたくわえていた。上陸した男たちは胴よろいと面頬つき兜で身をかため、槍に刃を取り付けた武器（刀剣）を手にしていた。かれらは二〇～二五隻の船を連ねて二年ごとにやってきた」[4]。この船乗りたちは宝船艦隊の中国人だったのだ。鄭和と違って、気配りや外交が得意ではなく、置かれた状況下で交渉をうまく進めることができなかったガマのインドでの攻撃的な振る舞いは、あとあとまで悪影響を残した。ある記録者によれば「全土がかれの不幸を願った」という。[5] それでも、初回遠征時のガマの行動は、第二次遠征時に起きた惨事と比べれば、まだましだったと言える。「インド総督」というごたいそうな称号を引っ提げて第二次遠征隊を率いたガマは、航海の途中、一隻の船に遭遇する。メッカからカリカットへの帰路にある船で、ムスリムの男女や子ども三八〇人が乗っていた。女たちは宝石を差し出してポルトガル人に命乞いをし、少なくとも罪のない子どもは助けてくれと懇願したが、ガマは船の焼き払いを命じた。この船で命の助かった者はいない。

ポルトガル王はガマの初回航海の成功にすっかり有頂天になってしまった。この航海でガマの船団はもう少しでブラジル海岸に吹き流されそうになったし（ペドロ・アルヴァレス・カブラル率いるポルトガル船団がインドへ行く途中でブラジルを「発見」するのは一五〇〇年になってからだ）、乗組員一四八人のうち生還者はわずか五五人、しかも船団のうち一隻は焼却を余儀なくされた。それでも、往復の航海を終えた二隻は約五・四トンの胡椒を持ち帰ったのだから、この旅は黒字だった。しかし、ヒンドゥーのザモリン王はポルトガル人に、次回は何か価値のあるものを持ってこいとはっきり言っていた。ポルトガル王に宛てた書簡には「余が貴国に求めるものは金、銀、サンゴ、緋（色の布地）である」と書かれていた。[6]

ガマの航海によって、胡椒は初めてインドから海路で直接ヨーロッパへと運ばれた。大評判の手柄を立てたガマだが、初回遠征の帰港時には、船団のすべての船を率いることができなかった。リスボンに到着する前に、アゾレス島に立ち寄り、長旅の途中で命を落とした兄のパオロを埋葬しなければならなかったのだ。パオロが船長を務めた船はモンバサで焼き払ってしまった。船を操る人員が足りなかったからだ。ガマの配下の半数は壊血病で倒れた。壊血病になると、皮膚に紫色の斑点が現れ、手足がひどく腫れ、歯肉から出血するため食べることができなくなる（壊血病は十九世紀半ばまで船乗りの主な死亡原因であった。壊血病の原因はアスコルビン酸——ビタミンC——の欠乏であることをアクセル・ホルストとテオドール・フローリッヒが証明したのは、ようやく二十世紀に入ってからである）。

航海を生き延びた人びとは報酬をたっぷり受け取った。報酬は「ドラッグ」で、つまりスパイスで支払われた。船団のなかで真っ先にリスボンに帰還した船の船長ニコラウ・コエリョは、持ち帰ったすべてのスパイスから各種一キンタールずつ、航海士や船員は半キンタールずつが与えられた。

ポルトガル王マヌエル一世はガマとその子孫に一〇〇〇クルザードの年金を与えてその労に報いた。これは大領地から得られる年間収入に匹敵する金額であった。またマヌエル一世は、このときすかさず自らの領地も広げている。それまでは「ポルトガルおよびアルガルヴェ、さらに海を越えてアフリカの王であり、ギニアの領主」にすぎなかったマヌエル王は、ガマの第一次遠征の後は「エチオピア、アラビア、ペルシアおよびインドの征服、航海および商業の支配者」と名乗り始めたのだ。ガマはいまなおポルトガルの国民的英雄であり、インドからヨーロッパへの海路を「発見した」偉大な探検家として、その事績は語り継がれている。

ヴァスコ・ダ・ガマとプレスター・ジョン伝説

プレスター・ジョンの伝説はガマがリスボンから出航したとき、すでに三〇〇年あまりにもわたって語り継がれていた。マルコ・ポーロをはじめ十三世紀の冒険家たちはみなこのキリスト教徒の王を見つけようとしたが、成功した者は一人もいない。十四世紀に入ると、サー・ジョン・マンデヴィルと名乗り、自分はイングランドの騎士で、三〇年以上もアラビアや東洋の各地を旅して歩いたという男が現れた。この才気溢れる無名の作家によれば、プレスター・ジョン王は健在でインドの皇帝として豪奢な暮らしを送っているという。この話はプレスター・ジョンへの関心を新たにかき立てた。王はその宮殿に毎日三万人の客人を迎え、エメラルドでできた食卓につかせて饗応するという。王宮の大門は宝玉で飾られ、広間や謁見の間は水晶でできている。玉座には縞瑙や水晶や碧玉がちりばめられており、塔の上に飾られた巨大な黄金の二つの玉は夜になると燦然と輝く。出陣ともなれば、三本の大きな黄金の十字架が王の軍を率いる。武装した数万の兵士と数十万の歩兵が十字架の護衛にあたるが、これらの兵は皇帝の主力軍の一部には数えられていない。

一三七二年頃ヨーロッパで出版された『東方旅行記（*The Travels of Sir John Mandeville*）』は大好評を博し、一五〇〇年までにはスペイン語、英語、ドイツ語、チェコ語、オランダ語、デンマーク語など、二五を超える翻訳版が出版された。この旅行記を読んだコロンブスは、スパイスの豊富さについて本の余白に書き込みを入れている。マンデヴィルの文学的誇張は、十七世紀に入ってしばらくたっても真実だと受け止められていた。この著者の正体はわからないが、一三七二年にリエージュで没した医師ジャン・ド・ブルゴーニュだとする説もある。

ガマがインドに向かったのはプレスター・ジョン伝説がヨーロッパ人の想像力の中にしっかりと根を下ろしていた時代だった。ガマはプレスター・ジョンに宛てたマヌエル一世の書簡を携えて船に乗り込んだのだった。ポルトガル人が躍起になってジョン王を探し出そうとしたのは、宿敵ムーア人と闘うにあたって、このキリスト教徒の王と同盟を結びたかったからだ。インドに上陸したポルトガル人の一行はそこで出会った人びとが正真正銘のキリスト教徒だと思い込み、ヒンドゥー教徒の慣習や礼拝の仕方にキリスト教の図像や習慣を重ね合わせようとした。カリカットでヒンドゥー教寺院の堂内に案内されたガマの一行は、そこがキリスト教の教会だと信じ込んでいた——もっとも堂内の壁に描かれた「聖人」たちは、鼻が横に大きく広がり、目は飛び出し、何本もの腕を振り回していたのだが。インドはキリスト教徒で満ちておりますと、ガマは忠実な臣下として報告している。

　こうした故意の見当違いはさておき、キリスト教がインドで深く根を下ろしていたことは事実だ。教えの種をまいたのは、「疑り深いトマス」とも呼ばれる使徒トマスだとよく言われるが、そうでなく、四～五世紀頃に亜大陸にわたった宣教師たちであろう。使徒トマスは南アジアで宣教したのち囚われの身となったと伝えられているが、それは四世紀よりもはるか以前のことである。トルコや現在のイランの一部では、ネストリウス派キリスト教がより広く信仰されていた。ただし東方教会に近いこの派はキリストの人性と神性を分離したため、ローマ教会は五世紀にこの派を異端として排斥した。

　ヨーロッパ人がたどった胡椒の交易路は苦痛と死に満ちていた。推測航法で船を進めること自体が危険であったが、そのうえアジアへと向かう男たちは頼りない船で何千マイルも旅をしなければならなかった。船はしばしば水漏れし、策具は緩みやすく、軽すぎる錨（いかり）はしばしば波にさらわれた。一六一二年、フィゲイレド・ファルカというポルトガルの作家が公的記録に基づいて記したところによると、一五八〇～一六一〇年の間におよそ三五隻の貿易船が難破した。一五五〇～一六五〇年の間に一三〇隻のポルトガル船が難破するか敵の攻撃を受けて沈んだとも言われている。[7] また、一六一〇～一六二〇年にかけて、八一隻の貿易船がイギリスの港から出航したが、そのうち帰還できたのはわずか三五隻だったと、悲惨な結果も報告されている。[8]

　乗組員は互いに不愉快な仲間と四六時中一緒にいなければならなかった。大酒飲みはたくさんいたし、モルディヴ沖で難破の憂き目に遭ったピラールが記しているように、乗組員の不注意のせいで船火事がよく起きた。壊血病や赤痢は多くの命を奪った。航海には仲間の死がつきものであった。船は臭かった。衛生状態はひどいもので、病人が自分の排泄物にまみれて横たわる姿もしばしば見られた。ゴキブリやネズミがそこら中にいた。インド洋の往復に（インドでスパイスを積み込むための三、四カ月の停泊期間を入れて）二年ほどもかかった初期の頃に、どれほどのヨーロッパ人が命を失ったかはよくわからない。しかし、多くが犠牲になったのは確かだ。オランダ人についていえば、アジアへと旅立った船乗りの三人に一人しか故国に帰れなかった。ポルトガル人やスペイン人、イギリス人の状況がこれよりましだったとは、おそらくは言えないだろう。

現存する当時の航海日誌には多くの死亡が記録されているが、死因はたいてい赤痢であった。死者の出る日が何日も続くことがあった。初期の頃に航海に出たある商人はこう書いている。「第一六日、大将がバンタムから乗船したのでマラカスへの航海を再開した。その夜、ヘンリー・デューブリーが赤痢により死亡。（…）第一七日、ウィリアム・リーウェッド、ジョン・ジェンケンズ、サミュエル・ポーターが赤痢により死亡[9]」

航海を無事に終えたとしても「生き延びて二回のモンスーンを経験することはできない」というボンベイに伝わる格言が、アジアへ渡った多くのヨーロッパ人の運命を語っている。こんな状況のなか、本気で死にたいわけでもないのに、なぜ人びとはヨーロッパから旅立っていったのか。お決まりの答えは富（スパイス）と宗教である。人びとは一山当てようとして、あるいは神の栄光のために航海に出た。そして富の獲得はたいていの場合、魂の刈り入れに優先した。大洋航海の開拓者であったポルトガル人とスペイン人は、自分たちの大望をはばかることなく公言した。ポルトガル人は「スパイスと魂」、スペイン人は「黄金、栄光、福音」をモットーに掲げた。

カトリックの王が治めるポルトガルが、まずイエズス会の支援を始めた。イエズス会はヨーロッパ人による大航海事業と関連づけられることがもっとも多いカトリック修道会だ。そのため、宣教師や魂の獲得活動は、大洋航海時代の初めから、胡椒の購入（ひいては征服）と渾然一体となっていたというのが一般的な見方である。ある意味で、それは明らかにそのとおりであった。初めのうちは、どの国のイエズス会士もポルトガルのキャラック船に乗った。どこでも交易商人が行くところに宣教師もついて行ったのだ。新しい土地が「発見」されると、ポルトガルやスペインは自分たちには「被征服民」を改宗させる神聖な権利があると主張し、宣教活動のための資金と輸送手段を提供して新たな領土拡張を図った。

ポルトガル人が「パドロアド（Padroado）」、スペイン人が「ヴィカリアト・レッジョ（Vicariato Regio）」と呼んだこのような権利によって、カトリックの王たちは宣教活動をめぐる支配権を固め、法王庁も無理やり取り上げることができないほどしっかりと握りしめていた。しかし、宣教師とスパイス商人がうまく溶け合ったことは一度もない。ただし、イエズス会はアジアで資金不足を補うためにスパイス貿易を行っている。十七世紀、イエズス会は年間収入の一六パーセントを東洋のスパイス取引から得ていたし、十八世紀の半ばまで、スパイスはこの修道会の収入源であり続けた。[10] だが、イエズス会士たちは身近にいるヨーロッパの、とりわけポルトガルの商人をけっして好きになれなかった。初めのうちイエズス会士たちは、マカオにいるポルトガル商人と自分たちとは違うのだと念を入れて強調した。粗野で教養のない商人たちの同類だと、中国人に思われては困るというわけだが、そうは言ってもポルトガル人に頼らずにはいられなかった。一五八三年、イエズス会が初めて中国本土へ進出したときも、宣教師たちはポルトガル領マカオから広東へ向かうポルトガル商人たちに同行したのであった。

大発見時代のごく初期から、ポルトガルとスペインは、未開とみなす地をどう分けるかで子どものように言い争い、その挙句に一四九四年、トルデシリャス条約を結んだ。スペインの町の名前にちなんでこう呼ばれる条約は、世界を両国の間で穏当に分け合う取り決めであった。この条約によって従来の境界線が西へ一一〇〇キロほど移動したため、ポルトガルは南米のブラジルを手に入れることになる。アフリカ全土、インド、日本、中国、フィリピンもポルトガルのものとなった。スペインはアメリカ両大陸の残りの地をわがものにしたが、一五六五年には自国が決めた協定を破り、フィリピンを侵略した。言うまでもなく（プロテスタントの）イギリスとオランダ、そしてアジアはこのカトリック二カ国の条約を無視した。

十六世紀、アジアへ進出したヨーロッパ諸国のなかで、もっとも勢いがよかったのはポルトガルだ。アジアで初めて要塞を造ったのもポルトガル人であった。かれらはまれに見る幸運に恵まれてもいた。というのも、ポルトガルが初めてインド洋に進出したのは、中国がその国家的な海上貿易に突然終止符を打ってからほぼ六五年後のことだったからだ。

明の永楽帝は海上貿易を盛んに推進したが、治世の晩年に数々の災難に遭い、宝船艦隊の派遣を中断せざるを得なくなった(11)。永楽帝の跡を継いだ息子の洪熙帝は、一四二四年に即位後すぐに詔令を発して航海をすべて取り止め、首都にいる外国高官を即時本国へ送還した。この決定の理由を皇帝が自ら説明したことはないが、洪熙帝は交易の価値に重きを置かず、社会的関係や家族関係を重んじる孔子の教えに厳密に従ったのだと見ることもできるだろう。宝船艦隊の遠征は、その後もう一回だけ行われた。一四三二年、鄭和は一〇〇隻、二万七五〇〇人を率いてカリカットへ向かった。最後となった第七次遠征である。偉大な提督はこの航海中に六二年の生涯を終えた。中国人はその後も数世紀にわたって南部の港を中心に非公式な貿易を続けたが、大洋をふたたび支配することはなかった。一五二五年、外洋帆船はすべて破壊し、大型帆船で航行するすべての商人を逮捕せよとの皇帝の詔令が下った。もし中国があのまま強大な海洋国家であり続けたら、世界史の流れはどう変わっていただろうか。想像をめぐらすのも楽しいことだ。

宝船艦隊の突然の撤退は大きな波紋を起こした。インド洋の東半分の交易ネットワークにぽっかり穴があいてしまったのだ。中国が残したこの隙間をすぐさま埋めにかかったのはベンガル人やタミル人をはじめ、インド西海岸地方のグジャラート人（すでにインド洋で交易網を広げていた）である。

インド洋はさらに多くの交易商人たちを受け入れることができた。この点でもポルトガル人は幸運に恵まれていた。また、定期的に吹くモンスーンが巨大なベルトコンベヤーの役目を果たし、往復する船を推し進めてくれたことも幸運だった。アフリカからインドや東南アジアへ向かう船は、夏の間に強い南西モンスーンを受けて進み、晩秋に吹く穏やかな北東風を受けてアフリカへ帰る。アラブ商人たちが東南アジアを「風下の地」と呼んだのも、これが理由だった。一定のパターンで吹くモンスーンを利用しながら、喜望峰沖で吹き荒れる熱帯暴風雨を避けるには、一年の中でも限られた期間しか航行できなかった。理想をいえば、リスボンを復活祭前に出港すれば喜望峰を回る頃には暴風雨シーズンが終わっており、九月か十月頃までたっぷり時間をかけながら南西モンスーンに乗ってインドへ向かうことができた。

帰路につく船は、晩秋かクリスマス頃にインドから出航し、暴風雨期が始まる五月の前に喜望峰を回ればよかった。実際にはしかし、ポルトガル船の多くは遅れを余儀なくされた。管理上の不手際があった、胡椒の荷がなかなか到着しない、胡椒の代金の支払い現金が不足したなどなど、遅れの理由は数々あった。[12]船にとって航行時期の遅れは致命的であった。喜望峰沖で難破した船も数知れない。ポルトガル人が来るずっと前からインド洋へ繰り出していた船乗りたちは、モンスーンについての知識を大事に抱え込んでいた。ポルトガル人がインド洋の交易ネットワークに大砲や銃を持ち込んだのは事実だが、これはなにも目新しいことではなかったろう。だがポルトガル人は積極的に武力を行使し、領土を主張した。このことが、交易に新たな、歓迎すべからざる側面をもたらした。ポルトガルのクルザード金貨には、はっきりそれとわかる聖ゲオルギウス十字（戦士の守護聖人ゲオルギウスの伝説にちなむ意匠）が刻印されていた。クルザードとは、十字軍（クルセード）を意味していたのだ。

間もなくポルトガル人は、インド洋でもっとも忌み嫌われるヨーロッパ人となった。東洋へ旅した多くが軽蔑の言葉を残している。イギリス人貿易商チャールズ・ロッキャーは一七一一年、「ポルトガル人は、インドの各地にいるが、どこにいても堕落した輩である。かれら自身の著作が示すあれほどの勇気と寛大さとは裏腹の悪巧みと欺瞞に長けている」と言って、当時広がっていたポルトガル人に対する嫌悪感をあらわにした。[13]ポルトガル人は現地の住民を「侮辱している」と、イギリスの海賊ウィリアム・ダンピアが指摘したのは十七世紀の終わり頃である。「貿易で大金を得たかれらは、富につきものの、しばしば破滅の前触れとなる放逸と放蕩の限りを尽くしている[14]」。さらにダンピアは伝聞として、ポルトガル人がマラッカで現地の女性たちに「勝手放題の狼藉」を働いているとも書いている。

危険を冒して東洋へ旅立ったポルトガル人の女性はほんの一握りしかいない。既婚の船乗りはたいてい妻を家に残し、ゴアやほかのアジアの拠点では奴隷女を囲った。現地女性と関係を持つことを国王が奨励していた時期もあり、異人種間の結婚は珍しくなかったという記録も多い。ただ、ポルトガル人は現地女性を力づくでわがものにしていると、ダンピアがほのめかしているのは疑いの余地がない。「各地でかれらは情欲の赴くままに振る舞い、そのため混血種［つまりポルトガル人男性とアジア人女性の間に生まれた子どもたち］がインド中に散らばっている」(15)。忘れてはならないのは、ポルトガル船には墓荒らしなどの犯罪人が乗組員として雇われていたことだ。ヴァスコ・ダ・ガマが初めてカリカットに上陸させたのは囚人であった。航海を乗り切った荒くれ者たちは、リスボンの官憲の手の及ばぬこの地でやりたい放題をした。アジアへの航海がいかに危険に満ちているかが知れ渡ると、貿易船の乗組員の募集は困難になった。一六二三年の記録によれば、インド行きの船の場合、拉致してきた船員には出港するまで足かせをはめておかなければならなかった(16)。生き延びるチャンスはわずかしかないことを、この男たちは知っていたに違いない。

ポルトガルのキャラック船は二〇〇〇トン近い巨大な船だったが、膨大な数の犠牲者を出した。フランソワ・ピラールは、キャラック四隻からなる船団の運命を語っている。一六〇九年にリスボンを発った四隻の船には、それぞれ兵士、船員、船客ら一〇〇〇人が乗っていたが、ゴアに到着したときは各艇に三〇〇人ほどしか残っていなかった(17)。船が過密状態であれば死亡率はとりわけ高くなった。一五〇〇年代、あるイエズス会士は悲惨な報告を送った――一隻では一一四〇人のうち五〇〇人以上が、ほかの一隻では八〇〇人のうち三〇〇人が命を失ったという。十七世紀になると、ポルトガルはインドの駐屯隊を補充すべく、数千人もの兵士を送り込んだ。一六二九～三四年にかけて、リスボンを発った五二二八人の兵士のうち、生きてゴアの地を踏んだのはわずかに二四九五人であった(18)。インドに無事に着いたからといって、命が保証されるわけではなかった。十七世紀、インドにおけるヨーロッパ人の平均生存年数は三年であった。死因としてコレラだけを見ても、一六〇四〜三四年の間に二万五〇〇〇人のポルトガル人が死亡した。なるほど、東洋行きの船に乗せる船員たちに、出航まで足かせをはめておいたわけである。

ポルトガル人はインド洋の胡椒貿易を独占しようとしたが、それに成功したのは一部の地域だけである。一五一〇年、ポルトガルはゴアを占領した。今日ではヒッピーが多く集まる町として有名なゴアは、インド西海岸のカリカットの北方約五一〇キロに位置していた。かつてボンベイと呼ばれた現在のムンバイから三八〇キロ、そしてリスボンからは喜望峰経由で一万六八一七キロ離れている。ここはポルトガル国王やローマ教皇の支配の及ばぬ遠隔の地であった。ゴアにはインドでも有数の優れた港があったから、ポルトガル人はここを拠点としてアジアにおける事業を交易と布教の両面で進めた。東洋へ到達した最初のイエズス会士フランシスコ・ザビエルがゴアに到着したのは、一五四一年であった。

ゴアを手中に収めたポルトガル人は、すぐさま東方へと進出し、スパイス交易の支配権拡大をめざした。当然、かれらが向かったのはマレー半島南西沿岸の大港湾都市、マラッカだ。マラッカはインド洋、南シナ海、太平洋を結ぶ海上交通路の要衝であり、気候も穏やかであった。ある人はこんな記録を残している。「ここは樹木が茂り、さまざま面で実り多い地である。空気はすがすがしく、暑さもそれほどでない。あらゆる点でこれほどヨーロッパ人の体質に合った地は、北緯二度三〇分以内でいくら探しても見つからないだろう」[19]。マラッカはスパイスをはじめ、東の中国や西のインドへ向かうさまざまな商品の中継地点であり、胡椒貿易に依存する港湾都市であった。実際、この町の生存自体が交易に依存していた。マラッカは水路でしかアクセスができない、正真正銘の港湾都市で、コメや果物などの食料をジャワやシャム（今日のタイ）から輸入しなければならなかったのだ。ただ、魚は豊富に捕れた。インド西部沿岸のほかの港と同様に、マラッカの交易もモンスーンの影響を受けていて、五月から十月末まで船は港に出入りすることができなかった。

十五世紀、マラッカは世界有数の港として絶頂期を迎えた。ここはアフリカ、グジャラート、タミル、ベンガル、中国、ジャワ、ペルシア、マレーシアの各地から人びとが集まり、取引をし、ともに住む国際都市であった。歴史家M・A・P・メイリンク＝ルーロフツは、インドネシア諸島の交易に与えたヨーロッパ人の影響を研究した代表作で、マラッカが田舎町から強大なスルタン国に一〇〇年足らずで興隆する過程を描いている。この町の住民構成は、アフリカ東海岸からペルシア湾、インド、マレー半島、スマトラ島にいたるインド洋の広大さを示していた。マラッカ海峡を東へ抜ければ中国や日本に到達できた。宝船艦隊を率いた鄭和は一四〇九年にマラッカを訪れている。マラッカは朝貢国であった。

続く世紀にマラッカを訪れたヨーロッパ人たちは畏怖の念に打たれたようだ。「マラッカはもっとも豊かな港町である。世界中を探しても、これほどの卸売商人が集まり、海運、交易の盛んな港はない」と、一五一七年にここを訪れたポルトガル人船長デュワルテ・バルボサは絶賛した。[20]「マラッカほどの大規模な交易港はほかに知られていない。また、これほど高品質で高価な商品を取り扱う港もほかにないだろう。東洋のいたるところから商品がこの町に集まってくる。西洋のいたるところから持ち込まれた産品がここで売られている」と記したのは、トメ・ピレシュという不運なポルトガル大ている。

使である。ピレシュは中国皇帝の怒りを買い、広東で捕らえられ、一五二四年に獄死したと伝えられている。

ピレシュは、ポルトガルがマラッカを征服した一一カ月後にこの町に到着し、二年七カ月とどまった。「マラッカを支配する者はヴェネツィアの首根っこをつかむ」との名言を残したとされている。当時、この港町には野生の象や虎や鹿が闊歩していた。ピレシュは東洋貿易に関する名著『東洋大全（*Summa Oriental*）』を一五一二〜一五年にかけてまとめたが、これはヨーロッパ人がマレーシアについて書いた最初の書物となった。ピレシュはまた、箸の使い方を紹介した初めてのヨーロッパ人としても知られていて、一五〇四年にはマヌエル一世が探検に関する情報をすべて国家機密にすると宣言している。そういうわけで、ピレシュの著作が完全なかたちで公開されたのは、ようやく一九四四年になってからであった。

一五一一年、猛将アフォンソ・デ・アルブケルケ指揮するポルトガル艦隊がマラッカを占領した。容赦のない軍事行動であった。絶え間ない砲撃によるポルトガルの侵略を目にしたあるマレーシア人は「フランキ〔西欧人〕のやつらはマラカ人に戦いを挑み、船から大砲を撃ち込んだ。弾が雨あられと降り注いだ」と書いている。「また、大砲の轟音は天の雷のよう、閃光は空の稲妻のようであり、火縄銃の音はフライパンの中ではじけるハマビシの実のようだ(21)」。この町を占領したポルトガル人のなかにフェルディナンド・マゼランがいた。

ほとんどの建物が木造であったこの町で、ポルトガル人はすぐに中世様式の巨大な要塞を、マラッカ川の海に近い岸辺に建て始めた。ポルトガルの拠点を強化し、包囲戦になっても守備隊への船からの補給を可能にするためであった。要塞は奴隷労働によって、大モスクの廃墟の上に建てられた。その建築資材の一部にはかつてのスルタンたちの廟や宗教的建築物の石材が使われた。あたりを睥睨するこの要塞は「ア・ファモサ（名高い砦）」と呼ばれ、城壁の厚さは二・四メートルもあった。「砦の壁はたいへんな厚みがある。中心塔（キープ）はといえば五層になっているが、このような建物はめったに見られない」とトメ・ピレシュは『東洋大全（*Summa Oriental*）』に書き記している。[22] この砦では「大小の火器を四方八方から発射することができた」。

威風堂々とした要塞はポルトガルの力の象徴であり、マラッカを支配した多くのヨーロッパ人の居処として使われた。砦の中には病院と教会がそれぞれ二カ所にあり、加えて総督の公邸、牢獄などの建物があった。長さおよそ一・六キロにも及ぶ壁に囲まれた要塞は、難攻不落と信じられていたが、十九世紀にイギリス人によって解体された。その現場を目撃したマレーシア人学者によれば、象ほどの大きさの、あるいは家一軒分もある瓦礫が空に飛び散り、海に落ちて行ったという。「轟音を耳にしてみな驚愕した」とこの学者は書いている。「このような音も、家ほども大きな岩を吹き飛ばす火薬の威力も、誰もそれまで一度も経験したことがなかった」。[23] 砦の石材は家の建材として利用されもした。また、イギリス人は砦の石材を再利用して警告用のブイを作った。

一五一一年、マラッカの港を確保したポルトガル人は、東方のモルッカ諸島に目を向けた。火山のある小さな島々は、香料諸島とも呼ばれ、唯一のクローブ産出地として世界を惹きつけていた。これらの――テルナテ、ティドーレ、モティ、マキャン、バカンの――島々はマラッカの東方約三〇〇〇キロの海域にあり、大航海時代には名前こそよく知られていたが、正確な位置を知る船乗りはいなかった。

ジョン・ミルトンは『失楽園』（一六六七年）で次のように歌い上げ、この島々を永く人びとの記憶にとどめた。

商人たちが香料を買いつける
（…）テルナテ、ティドールの島々

〔『失楽園』平井正穂訳、岩波書店、一九八一年〕

ポルトガルの詩人カモンイスは『ウズ・ルジアダス』でこう歌った。

こちらの東の海には、数えきれないほど
たくさんの島が散らばっています。
ゆらゆらと焔を吐き出している火山のある
テルナテやティドーレが見えます。
舌を灼く丁子（ちょうじ）の樹はポルトガル人が
血によって購（あがな）うことになります。ここには、
けっして地上へ舞い降りず、死なないかぎり、
人の眼に触れることのない黄金鳥もいます。[24]

〔『ウズ・ルジアダス』池上岑夫訳、白水社、二〇〇〇年〕

モルッカ諸島には、中国人でさえあえて行こうとはしなかった。中国のジャンク船は小島の間を縫って航行するには大きすぎたことが理由の一つだ。ヨーロッパ人が到達する前はアラブ商人もこの島々には行っていないと言う歴史家もいる。おそらく香りのよいスパイスはジャワやマレーシアの船乗りの手でジャワ島へと運ばれ、そこで中国やインドやアラブの商人の手に渡ったのだろう。中国人は遅くも前三〇〇年には香水や消臭剤としてクローブを使っていた。また西洋でもクローブは、古代ローマの時代からよく知られていた。ローマの医師ガレノスはその干したつぼみを軟膏にした処方薬を勧めている。四世紀、クローブ、サフラン、胡椒などの香りの高いスパイスは金銀の宝物箱に入れてローマの司教に奉献されたという(25)。消臭効果の高いクローブはとくに珍重された。

マラッカ占領のわずか四カ月後、アルブケルケはモルッカ諸島に三隻の船を派遣した。島民たちはやってきた外国船を歓迎せず、尋常でないこの侵入者たちに抵抗した。マレーシアやジャワから来る商人たちと違って、この外国人たちは明らかに自分たちを支配しようとしていた。モルッカ諸島に熱い関心が寄せられたのは、クローブが採れるからだった。クローブは胡椒と同様に香辛料や薬として重用されていたが、産地が地理的に孤立していたために、いっそう貴重なものとされた。マゼランは世界一周の航海に出る際にクローブを携行した。行く先々で地元の住民に自分たちが何を探しているかを知らせるためだ。厳しい航海を生き延びて一五二二年にリスボンに帰港したのは、船団のうち一隻だけであったが、この船はわずかばかりの乗組員と二四トンのクローブを運んできた。利益率は実に二五〇〇パーセントであった。その約六〇年後、イギリスの海の英雄と呼ばれたフランシス・ドレークが世界一周に成功し、イギリスへ初めてクローブを直輸入した。

インドやインドネシア産のスパイスを積んでインド洋を渡るにあたって、ペルシア湾岸の港湾都市ホルムズはゴアやマラッカと並ぶ重要な拠点港であった。ポルトガルは一五一五年、ここホルムズを占領する。しかし、紅海への入り口に位置し、従来のレヴァント経由の交易の要衝地であったアデンを手中に収めることはできなかった。レヴァントとは地中海東部から中東の一部やトルコにいたる地域で、ここを通る従来の交易は依然として盛んであった。ヨーロッパが輸入する胡椒のおよそ半分は十六世紀の半ばになってもなお、レヴァント経由で船で運ばれていたと見る歴史家もいる。つまり、インド洋に積極的に出て喜望峰周りの交易を一手に引き受けようとしたポルトガルは、たいした成功を収めていなかったということだ。ムスリム商人はインド洋のポルトガル支配海域を避け商品を積んだ船を紅海沿岸の港に向かわせた。そこから胡椒は従来どおり陸路でシリアやエジプトの地中海沿いの港へと運ばれ、最終的にはそこでヴェネツィア行きの船に積まれたのである。

ポルトガルが張り巡らした交易ネットワークにはほかにも穴があいていた。ムスリム商人はマラッカ海峡を完全に迂回し、スンダ海峡を通って極東のモルッカ諸島の産品を運ぶことができたのだ。結局、ポルトガルはスパイス交易を完全には掌握できず、どうにか手にした支配権もアラブやインドやマレーシアの商人たちに——のちにはオランダとイギリスに——脅かされ続けた。ポルトガルは力の誇示のため、インド洋を行き交うあらゆる船の通行を取り締まるシステムを築こうとしたが、ほとんど機能しなかった。スパイスをはるか遠いインドやスマトラやモルッカ諸島から運ぶには膨大な費用がかかったため、ポルトガルはたいていアジア人を通して取引を進めたし、乗組員はといえば、ポルトガル人はわずかで、大方はアジア人であった。ポルトガルはスパイス交易の支配権を長く維持することができず、十七世紀初頭には東アジアでの拠点を失い始め、一六二〇年代には勢いに乗ったオランダやイギリスに押しのけられ、表舞台から消えていった。オランダとイギリスははるかに大きな成功を収め、胡椒貿易を一手に担った。ダンピアが一六八八年にアジアを訪れたとき、ポルトガルはすでにマレー半島のマラッカとモルッカ諸島のテルナテ島の支配権を失っていた。

とはいえ、歴史家A・J・R・ラッセル=ウッドはポルトガルの影響は際立っていたと指摘する。言語の点からもそれが言える。ポルトガルは、十七世紀には胡椒貿易の主役の座をオランダに奪われてしまったが、ポルトガル語はオランダ語よりもはるか広範囲に影響を残した。アジア各地の多くの港湾では長い間、ポルトガル語が主要言語であった。今日でもマラッカやマラバル海岸ではその名残を耳にすることができる(26)。

ポルトガルはゴアを一九六一年まで、マカオを一九九九年まで支配し続けた。マカオは中国南東部沿岸の小さな島で、十六世紀に中国人は海賊撃退の支援を受ける見返りにポルトガル人の居留を許したのだった。歴史家の推定によると、一五六二年にはここに八〇〇〜九〇〇人のポルトガル人が住み、小さな教会がいくつか建っていた。一五八三年から一六一〇年まで、二七年間も中国に滞在し、並外れた才能に恵まれた不屈のイタリア人イエズス会士マテオ・リッチは、マカオには「人びとが、ヨーロッパ、インド、モルッカ諸島から持ち運ばれるありとあらゆる商品を交換しよう意欲を燃やして集まってくる」と日記に書いている。「中国の商人たちが一攫千金の夢に引き寄せられて住み始めたこの交易所は、ほんの数年で都市の様相を呈してきた。ポルトガル人と中国人が婚姻関係を結び始めると数知れぬほどの家が建ち、この岩だらけの小島は立派な港、屈指の市場となった(27)」。

アジアへ渡ったイエズス会士の数は、東洋への航海に出た一般人に比べればごくわずかなものだが、宣教師たちはよく手紙を書いた。一つには活動報告が義務づけられていたからで、報告書は大切に保存された。一方、普通の人たちの声は歴史に埋もれてしまうことが多い。思い切って未知の海へ乗り出してみようと思ったのは、どんな人たちだったのか——海上では汚物にまみれ、荒くれ男たちに囲まれる日々が待っていたし、病に倒れる恐れも強かった。囚人にはもちろん選択権はなかっただろう。しかし、家族で航海に出た人たちもいた。夫に伴ってインドへ旅した女性はごくわずかしかおらず、詳しいことはわからないが、この人たちにとって航海はとくに苦しいものだったに違いない。リスボンからゴアへ向かったポルトガル船にまれに女性が乗っていたとしても、その数は二〇人に満たなかったろう。[28] ポルトガル人の拠点にはヨーロッパ人女性がわずかしかいないという恒常的な問題があり、これを解決するために奇妙な策が講じられたこともある。十六世紀、ブラジルにいたあるイエズス会士は売春婦を送り込めばいいと助言したくらいだ。既婚女性は、夫の留守の間の避難所として女子修道院を大いに利用した。十七世紀初頭にゴアに建てられたアウグスティノ修道会サンタモニカ修道院には、修道女一〇〇人の定員をはるかに超える人びとが身を寄せていたという。

大航海時代の初期、困難を乗り越えてアジアで身を立てた女性たちを紹介しよう。中国沿岸で難破した船から生還したイギリス人女性ジュディスはその一人だ。ジュディスはあるイギリス人一家の召使として一六一九年、東洋へ向かった。雇い主は東インド会社の大工の棟梁リチャード・フォーブッシャーといい、妻と幼い二人の息子を連れてホープ号という船に乗り込んだ。この一家を襲った苦難については大まかな記録しか残っていない。フォーブッシャーは東インド会社の裁判記録（法廷に持ち出された取引の詳細がここから読み取れる）で数回言及されており、そこから腕のいい大工だったことが分かる。一六一九年二月二十六日の記録にはフォーブッシャーは「サマーズ諸島でピンネース〔小型の帆船〕を建造した古株の社員で、熟練の技を持ち、息子二人を伴ってインドに赴き、七年間住むことに同意した」とある[29]。

一家と召使はバンタムで下船し、日本に向かっていたユニコーン号に乗ったらしい。この船は中国沿岸付近で難破した。一家はポルトガル人に捕らえられ、マラッカに送られた。フォーブッシャーは殺され、子どもたちは「留め置かれ」、ジュディスは「カトリックに改宗した」と、会社の記録にある。一六二六年十月二十五日、フォーブッシャーの妻ジョアン・クランフィールドは会社に亡き夫の賃金の支払いを請求した。ジョアンはポルトガル人男性二人と引き換えに解放されたのち、ようやくロンドンまで帰ってきたと語った。子どもたちは死んだものと思われた。ジュディスはただ一人、マラッカに残されたのだった。会社の記録からはこの一家についてそれ以上はわからない。会社は亡き夫の賃金をこの寡婦に支払った〔と記されている〕が、ジョアンが〔実際に〕その金を受け取ったかどうかはわからない。

一六三七年、ジュディスは突然、ピーター・マンディの日記に姿を現した。その年の五月にマラッカ入りしたマンディは「かなり身分の高いポルトガル系メスティーゾ〔混血の人〕と結婚したイギリス人女性」のことを書いている。「かれらの暮らし向きはよく、二人の間には愛らしい男の子がいる[30]」。ジュディスはマラッカに着いてからは、「ミゼリコルディア」と呼ばれる孤児の世話をする修道会に身を寄せたという。「元の名前はジュディスだが、いまはジュリア・デ・ラ・グラシアと呼ばれている」。ジュディスの身の上について、わたしたちはそれ以上を知ることはできないが、マラッカである程度の幸せをつかんだと想像しても差し支えないだろう。

のちには、一旗挙げようと命がけでアジアへの旅に出る男装の女性も現れた。オランダ東インド会社の船長を一七六八年から七八年まで務め、アフリカやアジアへ数回の航海をしたヨハン・スプリンテル・スタヴォリヌスは、その詳しい日記の中でマーガレット・レイマーズという名の、男装し兵士としてスホーンジヒト号に乗り込んだ女性について語っている。[31]

マーガレットはオルデンブルク公国の農家に生まれ、二十代の初めに家を出た。スタヴォリヌスによれば「虐待を受けたから」だった。ハンブルクで出会ったオランダ人の募兵係が、男装してインドへ行けば一財産築けるぞと教えてくれた。マーガレットは背が高く「大柄でがっしりとした体格で、軍服姿は立派な男性だった」とスタヴォリヌスは付け加えている。スホーンジヒト号の船上でマーガレットは二カ月間気づかれずに過ごしたが、のちに女性であることがばれると喜望峰で下船させられ、そこでオランダへ帰る商船を待つことになる。やがてスタヴォリヌスの船が喜望峰に立ち寄り、マーガレットはこれに乗船した。乗客のなかにバタヴィア（現在のジャカルタ）からオランダへ帰る貴婦人がいて、マーガレットはその小間使いを務めることになったのだ。万事うまくいったようだが、ある日、マーガレットは突然子どもを産んだ。喜望峰に滞在していた間、船医の助手に誘惑され、その後捨てられたのだった。乗船したときは妊娠六カ月だったが、「生まれる前に目的地に到着することを願っていた」とマーガレットは船長に打ち明けたという。

男装の麗人はもう一人いる。波乱の生涯を送ったドナ・マリア・ウルスラ・アブレウ・エ・レンカストレだ。[32] ブラジルで生まれたドナ・マリアは、リスボンに向かう戦艦に船員として乗り込んだ。おぞましい縁組から逃れるためであったという。のちの一六九九年、インドへ向かい、そこで兵士として勇敢に闘った。ドナ・マリアは一四年間女性であることを隠し続けたが、ある日船長を助けようとして負傷し、秘密がばれてしまう。船長はドナ・マリアと結婚し、二人の間にはジョアンという子どもが生まれたと伝えられている。

胡椒とイエズス会士

征服と並んで、黒胡椒の歴史と密接にからみ合っているのは、ヨーロッパの大航海時代ともっともよく関連づけられるカトリックの修道会、イエズス会だ。宣教師たちがアジアへ向かったのは、魂を獲得するためであったのは間違いない。だが、イエズス会士たちはたいてい胡椒商人の後について胡椒船で海外の拠点へと渡った。一五三四年にイエズス会を創設したスペイン貴族イグナチオ・ロヨラは、神に仕えるために旅をすることを、この新しい修道会の座標軸の一つに掲げた。イエズス会士は、どこであれ教皇や総長の求めに応じて任地に赴き、たいした財政的援助も実際的な指導も受けないまま、なんとか仕事をこなさなければならなかった。そのため、自分たちの文化よりもはるかに洗練された、たとえば日本や中国の文化に遭遇すると困った状況に陥った。ヨーロッパ人が胡椒に触発され大洋に繰り出し始めたこの時代、アジアへ渡った人たちのなかで、ある意味でもっとも同情に値するのはイエズス会士たちであろう。

イエズス会士は中国へ入った最初のキリスト教徒というわけではなかった。ネストリウス派が中国に教会を建てたのは八~九世紀のことで、元の時代には対外開放政策によって宗教の自由が広がり、信者数も増えた。ローマが異端と断じたこの東方キリスト教の分派に、とりわけ強く惹きつけられたのがモンゴル人であった。フビライ・ハーンの母親も、フビライの弟で一二五九年にイランでイルハン朝を創設したフレグの妻も、ネストリウス派の信者であった。十三世紀半ば、ローマ教皇はイスラームに対抗するため同盟を組むねらいもあって、中国に何回か外交使節団を送ったが、目的は遂げられなかった。西方キリスト教が中国に地歩を築いたのは、教皇がフランシスコ会士ジョヴァンニ・ダ・モンテコルヴィーノを北京大司教に任命した十三世紀の末のことである（当時はマルコ・ポーロが中国にいた）。モンテコルヴィーノは一二九四年に中国へ渡り、三〇年間とどまって二つの教会を建設したが、その影響力は限定的であった。一三六八年、漢民族最後の王朝となった明が建国されると、ネストリウス派も西方キリスト教も中国から追放された。中国の歴史を振り返ると、宗教的寛容の時代と外国嫌いの時代が交互に繰り返しやってきたことがわかる。外国嫌いの時代には、イスラーム教徒もキリスト教徒も（西方教会であれネストリウス派であれ）、仏教徒も迫害を受けた。

十六世紀、イエズス会の創始メンバーの一人で巡回宣教師のフランシスコ・ザビエルは、アジアや極東一帯を旅して歩き、はるか辺境のモルッカ諸島にも滞在した。多くの場合、その旅程はインドやアジアでスパイスが運ばれた道をたどっている。だがザビエルは、布教の最重要拠点と見なしていた中国にはついに到達できなかった。ザビエルの夢は中国皇帝をカトリックに改宗させることだったという。それさえできたら、中国全土と中国に進貢する海港都市や諸王国はすべてカトリックの領域下に入ると、晩年のザビエルは固く信じていた。「今年中に、すなわち一五五二年中にわたしはかの国（中国）へ行き、皇帝のお心を動かしたいと願っております。福音は、中国でひとたび種がまかれれば、広く遠く伝えられる――中国はそんな王国です。もし中国人がキリスト教を受け入れれば、日本人も中国から教わった教義を捨て去るでしょう」。ザビエルはしかし中国の扉をたたいただけで、皇帝を改宗させる仕事はほかの人に任せることになる。一五五二年、ザビエルは中国本土に近い小さな島で生涯を閉じ、インドのゴアに葬られた。その後の二世紀の間に、二〇〇〇人あまりのイエズス会士がザビエルに倣って東洋へ向かった。

中国に関係の深いイエズス会士といえば、まずマテオ・リッチの名が浮かび上がる。長身で青い目のこのイタリア人は、中国皇帝の宮廷で仕えた最初のイエズス会士であった。たぐいまれな博学者でもあり、中国と中国人を真に理解したいという真摯な気持ちから、儒学者の衣服をまとい、孔子の著作をラテン語に翻訳する作業に五年を費やした。中国の書物がヨーロッパの言語に翻訳されたのはこれが初めてであった。のちにリッチは北京の宮廷で、引きこもりがちな万暦帝（在位一五七三〜一六二〇年）に仕えた。リッチの後に続いて多くのイエズス会士が宮廷に出仕し、儒学者の衣服をまとった。宮廷と、中国の上流社会に受け入れられるためであった。

リッチがローマへ送った報告書のなかに、次のようくだりがある。「絹の服を二着あつらえました。盛装用と普段着と一着ずつです。学者や名士が着用する礼服は黒紫色の絹地が使われ、幅広の長い袖がついていて、裾は足元まで届き、鮮やかな水色の絹地で掌半分ほどの幅の縁取りがしてあります。袖や腰まで届く襟にも同様の縁取りがついており（…）中国人はこうした衣服を、人を訪問したり、正式な宴会に出たり、役人を訪ねて行ったりするときに身につけます[33]」

イエズス会士が宮仕えを許された主な理由は、かれらが西洋科学の、とくに天文学や数学の知識があり、時計を調整し修理することができたからだ。イングランドやフランスの第一級の時計職人が製作し、中国皇帝に献じられた機械時計は実に優雅で精巧にできていて、たいていは宝石をちりばめた動物像や人形の飾りが施されていた。なかには飾り像が動き、音楽を奏で、さらには鳥のさえずりを響き渡らせるなど、趣向を凝らしたものもある。宮廷に「奇術師」と名づけられた有名なからくり時計があった。当時の人びとが夢中になっていた奇術師にちなんだ命名である。中国には以前からシルクロードを通って入ってきたシリアやギリシアの魔術師や曲芸師がいて、人びとを魅了していた。この時計はギリシア神殿の飾りが施されており、時間になると神殿の扉が開き、テーブルの前に座った奇術師が現れる仕組みだった。奇術師は頭を振り振り、口を動かしながら卓上の二個の茶碗を使って芸を披露する。最後はテーブル上に小箱が現れ、箱から小鳥が飛びだしてさえずるのだった。

時計をこよなく愛したのは清朝の康熙帝（在位一六六二～一七二二年）とその孫の乾隆帝（在位一七三六～一七九五年）だ。この満洲族の皇帝の治世は二人合わせて一二〇年に及んだ。紫禁城をはじめ北京の夏の離宮や首都の北東の狩場である熱河離宮など、中国北部のあちこちの宮殿の広間に、一時は四〇〇〇台もの時計が飾られていたという。

イエズス会士がゆったりした儒服に身を包んでいる姿を、ローマのお偉方たちはなかなか受け入れられなかったようだ。リッチは僧衣から儒服へと身なりを変えることについて、まずマカオとローマの長上の承認を得ている。だが、事情をよく知らない者が、中国の厳格な階層社会の最上層の身分である儒者の服を着たイエズス会士を見て衝撃を受けることもあっただろう。一六九九年、フランス人イエズス会士ド・プレマール神父は同朋のイエズス会士ジョアシャン・ブーヴェ神父と北京で邂逅した。ブーヴェは康熙帝の宮廷に仕え、天文学と幾何学を直々に進講していたことで知られていた。プレマールの手紙には、ブーヴェが「この帝国で（…）王宮の使節の（…）名誉のしるしをすべて与えられていた。（…）わが同朋はかれを見て少なからず驚いた」とつづられている。[34]

中国に渡ったイエズス会士たちはザビエルと同様に、皇帝をカトリックに改宗できると信じていた。宣教師たちはいつの日か皇帝を説得し、改宗させられるだろうと期待しながら、黙々と科学関連の仕事をこなしていたのだ。皇帝は天子、つまり天と地の仲介者であり、三〇〇〇年の歴史を誇る文明圏の至高の支配者だと見なされていたことを思えば、まったく驚くべき期待である。イエズス会士のなかにはエリート層に囲まれて暮らし、皇帝との個人的なつながりのおかげで数多の特典を享受した人たちも多い。しかし、宮廷に迎えられなかった者もいる。また、イエズス会を含めキリスト教の宣教師たちが中国やその隣国で迫害を受けたこともある。迫害が始まると、教会は破壊され、キリスト教関連の書物は焼かれ、宣教師は拘禁されるか退去させられるかであった。絞首刑や斬首など、さらにひどい刑罰を受けた宣教師たちもいる。改宗者はとくに過酷な扱いを受けた。

広東で働いていたフランス人イエズス会士ペリソン神父は、同じくイエズス会士のスペイン人アントニオ・アレンド神父から聞いた迫害の話を書き記している。アレンド神父は現在のヴェトナムとタイの一部に広がるコーチシナ王国の首都で働いていた。この王国の支配者は「若く、非常に迷信深い」とイエズス会士は記している。「中国の坊主ども（かれらは偶像に仕える司祭だ）に心酔し、自らの王国に招聘した。王が何事も相談するおじが二人いるが、その一人はわれらの教えの敵であると公言してはばからない」。この神父の記録によれば、一七〇〇年初め、王はすべての教会を破壊せよと命じた。市内五カ所にあった宣教師の家が略奪に遭い、召使たちは捕らえられた。宣教師たちは投獄されたが、スペイン人のアレンドだけは「数学者」の称号と、王宮近くに小さな園を与えられ、外出も自由に許された[35]。宣教師も科学者であれば、いくらか有利な立場に立てたのは確かである。

キリスト教に対する反発がときおり強まったにしても、概してイエズス会は北京の皇帝たちとよい関係を保ち、厳しい扱いを免れることが多かった。とくに康熙帝はイエズス会と親しかった。なかでもフランス人ブーヴェ神父は宮廷の一員のように振る舞い、皇帝に進講し、行幸に随行した。イエズス会にはもう一人、博学のフランス人神父がいた。ドミニク・パレナンという名のこの神父は康熙帝の狩りや遠征に随行し、帝国の詳しい地図が必要だと説き、皇帝の命を受けて中国全土の地図を作った。ほかにも宮廷画家や建築家として乾隆帝に仕え、名高い北京の夏の離宮のデザインに一役買ったイエズス会士たちがいる。結局のところ、イエズス会が中国にいられなくなったのは中国人のせいではなく、ローマの教会指導部のせいだった。

騒動は、「典礼論争」と呼ばれる問題をめぐって起きた。論争は、先祖崇敬の儀式として死者へ供物を捧げる中国の習慣をめぐるもので、延々と続き、結局は破壊的な結末を招いた。中国では儒学者たちの間でも、銘版を奉納して孔子に尊敬を表すなど、伝統的儀式が行われていた。ローマの教会指導部はこうした習慣を、とくに弔いにあたって紙銭を燃やし、死者に食べ物や香を捧げる習わしを、異教の儀式であり、キリスト教に対する攻撃だと見なし、禁止しなければならないと考えた。突きつめればこの議論の核心は、キリスト教が西欧以外の文化を受け入れられるかどうかという点にあった。リッチやその後継者たちの多くは、中国人の儀式は非宗教的なものであり、認めるべきだと考えた。中国人をキリスト教に改宗させるには、ある種の妥協が必要だと知っていたからだ。とりわけ儀式は伝統的な儒教の倫理道徳体系の要であったから、これについては柔軟な考え方が求められた。リッチはその時代には珍しい多文化主義提唱者だったのだ。四〇〇年ほど早く生まれてしまったと言えるだろう。論争は何年も続き、ついに一七四二年には教皇ベネディクト十四世が大勅書を発布した。こうした儀式を行うことは許されないとする内容であった。中国文化とカトリックの教義は混じり合うことはできないとされたのだ。二十世紀になるまで、この決定に異を唱えた教皇は一人もいなかった。

イエズス会はほかのいくつかのカトリック修道会を敵に回していた。中国の伝統儀式が禁じられて三一年後、ローマはイエズス会という修道会そのものを禁止し、この禁令は一八一四年まで解かれなかった。一九三〇年代の半ばまで、宣教師たちは、中国の伝統儀式を認めないという趣旨の誓いを立てなければならなかった。教会がようやく方針を変え、中国のキリスト教徒にこの種の儀式の挙行を許したのは一九三八年になってからである。

第四章 ☼

黄金の象

一六〇〇年代初め、黄金時代を迎えたバンダ・アチェでは、浅い流れの中で催される宴会が一日中続き、人びとは動物を激しく闘わせる見世物に打ち興じた。ここスマトラ島の北の端では独裁者イスカンダル・ムダが圧政を敷いていた。胡椒の買いつけにやってきたヨーロッパ人たちは、やがて島の別の場所に目を向け始めた。

アチェン港の状況はすばらしい。立派な係留施設があり、海辺の空気は健康的だ。

——イエズス会司祭ド・プレマール（一六九九年二月十七日）[1]

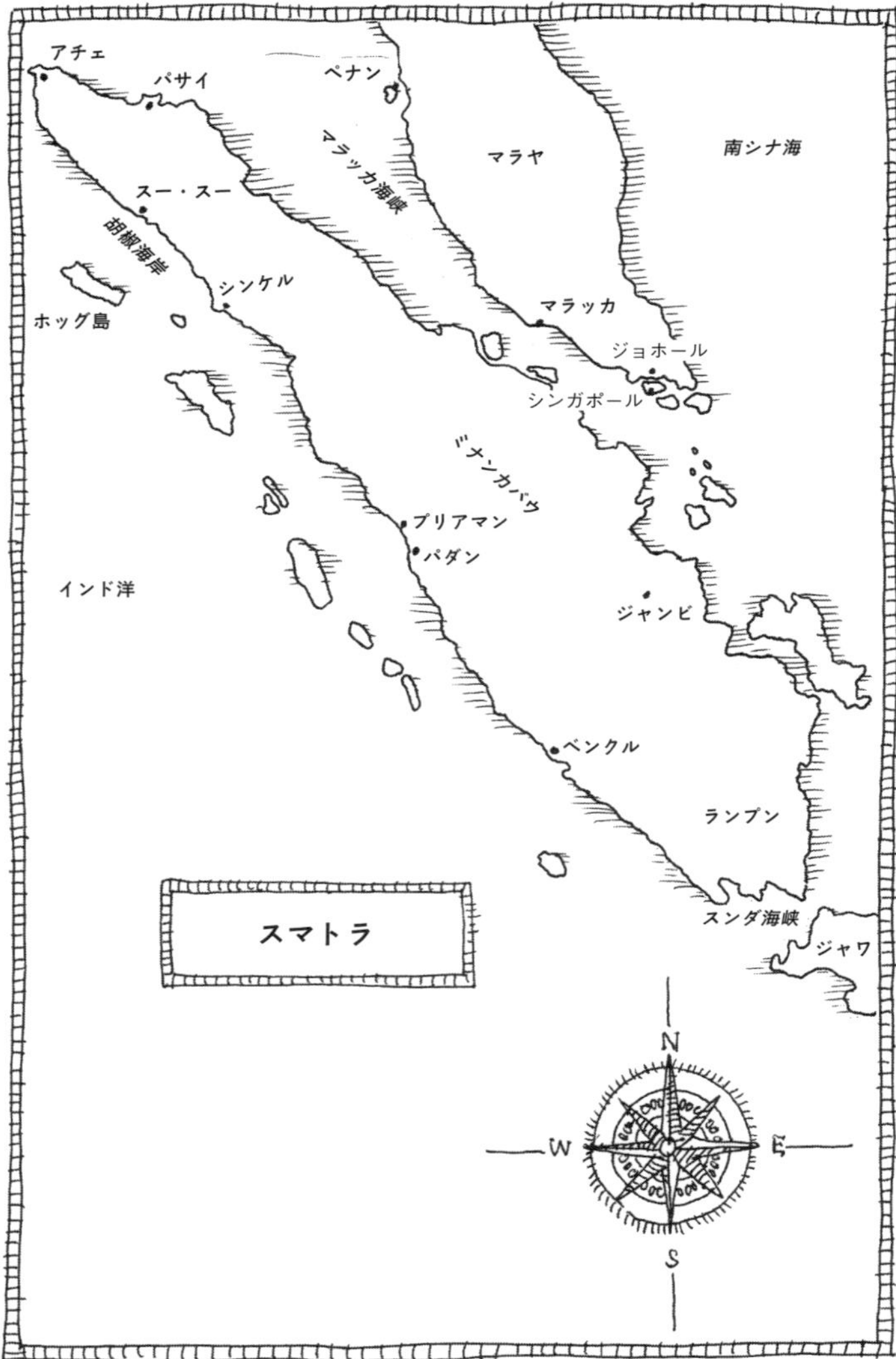
アチェ
パサイ
ペナン
マラッカ海峡
マラヤ
南シナ海
スー・スー
胡椒海岸
シンケル
ホッグ島
マラッカ
ジョホール
シンガポール
ミナンカバウ
プリアマン
パダン
インド洋
ジャンビ
ベンクル
ランプン
スンダ海峡
ジャワ
スマトラ
N
W
E
S

十六世紀初頭、ポルトガルは新たにマラッカを占領し、これによってインド洋の胡椒取引を独占する絶好の機会をつかみ取った。マラッカはインド洋と南シナ海・東シナ海を結ぶ交易の要であり、戦略的要所だった。マラッカ海峡を一またぎすれば、もうそこは広大なスマトラ島だ。伝説の東インド諸島の西端の地が、早く来いと手招きしていた。

スマトラは赤道をまたいで広がり、その北半分はアジア大陸に、南半分はジャワ島に向かって延びる島だ。西岸には緑濃い熱帯林で覆われた高い山々が連なり、そこから胡椒の産地である高原地帯へと無数の川が流れ落ちていた。島の人びとは川を伝って大事な胡椒の荷を運び、外国の商人に売った。島の東岸のマラッカ海峡に面する低地は、昔から外国人を惹きつけ、南東部パレンバンには早くも十世紀から中国人がクベバ（コショウ属の一種だが、黒胡椒とは別種）を求めてやってきた。クベバは料理の香りづけに使われ、精力剤としても効果があると考えられていた。十四世紀になると中国人は、北東部の新しい港湾都市パサイにまでやってきた。マラッカと同様、このパサイもイスラームの町であった。すでに何百年もの間インド洋を往復していたイスラームの商人たちは、十四〜十五世紀には東南アジア各地の港に拠点を築き上げていた。

一五一一年のマラッカ制圧後間もなく、ポルトガル人はマレー人の陰謀渦巻く世界に巻き込まれていく。この地の支配者たちは互いに主導権争いを繰り返し、ときに地位を奪い合っていた。ポルトガル人たちは概して慎重で、貿易に支障が出ない限り介入しようとはせず、紛争の原因となる現地の政治状況もよくわからなかった。だが、介入して失敗した例もある。スマトラ北東部沿岸の港湾都市パサイとピディが対立したときがそうだった。スマトラ北部の人びとはポルトガルの仲介を歓迎するどころか、新しいスルタン国、アチェのもとで結束したのだ。アチェはこの海峡周辺でもっとも恐るべき強国となった。スルタンの宮廷のあったバンダ・アチェは世界最大級の胡椒貿易港として成長し、イスラームの学問の中心として世に知られるようになった。

今日の西欧でバンダ・アチェは、二〇〇四年に大津波に襲われ、一一万八〇〇〇人が犠牲になったインドネシア北部の地として知られている。だが十六〜十七世紀初頭、ここは繁栄の極みにあった。イギリス人がアチンと呼んだこの町では、日々あらゆる楽しみが味わえた。澄みきった流れのほとりで人びとは水浴びに興じ、賑やかな市場には芳醇なスパイス類をはじめ多種多様な商品が並んでいた。訪れた外国人が残した記録から、この町の富と美しさを垣間見ることができる。外国人たちはこの町を心底楽しんだようである。つらく苦しい航海を経てきた人たちにとってアチェはまさに楽園であったろう。川と海と森に囲まれたこの町は緑の霧にすっぽり包まれていたとも言える。熱帯の緑は町の境界を越えてはるかかなたまで広がっていた。住民は壮健で、胡椒と黄金が豊富であった。一六九九年にアチェを訪れたイエズス会のフランス人宣教師ド・プレマール神父は、港を「初めて見たとき、この景色は絵描きか詩人の空想の産物だと思った。(…)この有望な地には心地よきものがすべてである」、「アチンの黄金は世界でもっとも純度が高いとされている」[2]と書き記している。

十六世紀、アチェはパサイとピディが連合してもかなわないほど強大になり、ポルトガルでさえ、胡椒貿易港としてのその優位性を認めないわけにはいかなかった。ポルトガルの進出によってインド南西部沿岸やマラッカから追い出されたムスリム商人たちは、引き寄せられるようにアチェにやってきて、胡椒などのスパイスや樟脳や黄金を買った。十七世紀初頭にヨーロッパの胡椒市場が急拡大すると、オランダやイギリスの商人たちもこうした取引に加わった。

もう一つ、アチェの市場で盛んに売られていたものにキンマがある。これは、スマトラ島でよく育つキンマという植物の葉で石灰やビンロウジを包んだもので、東南アジアのチューインガムとも呼べるだろう。高価なナツメグやクローブは、スマトラ島とジャワ島の間に横たわる狭いスンダ海峡を通ってこの港に運ばれてきたが、それはこのルートをとれば、マラッカのポルトガル人とはまったく接触せずにスパイスを運ぶことができたからだ。ちなみに、スンダ海峡は一八八三年、ニクラカタウ火山が噴火した地として知られている。この噴火でジャワとスマトラの住民三万六〇〇〇人が命を失った。

アチェはインド洋、東インド諸島、南シナ海、東シナ海へと影響力を広げ、東インド諸島のなかでもっとも利用しやすい中継港として発展した。ここで外国商人たちは、遠いモルッカ諸島やバンダ諸島から運ばれてきたクローブやナツメグを、またスマトラやジャワで育った胡椒を買いつけ、インドのグジャラートやベンガルをはじめ、東南部コロマンデル海岸で織られた上質の織物をアチェ人に売った。インドの織布はインドネシアで人気が高く、胡椒との物々交換に大いに使われた。十七世紀初頭、あるイギリス人商人がアチェについてこう書き記している。アチェの港は「ベンガル地方やジャワ島、モルッカ諸島、そして中国全土との交易に利用しやすく、(…)またポルトガル人の交易とインド諸島におけるかれらの勢力をそぎ、衰退させるに都合のよい場所に位置している(3)」

イギリス人航海者で初めてスマトラ島の印象を書き記したのはジョン・デイヴィスである。十六世紀末、北極圏の探検で優れた業績を挙げたデイヴィスは水先案内人として（イギリス人としては異例だが）オランダ船に雇われ、東インド諸島へ渡った。スマトラ島は「快楽の園」のようだと、デイヴィスは日記に書いている。[4] 地は「美しく肥沃で（…）胡椒はあり余るほどあり、農園が一マイル四方に広がっている」[5]。またスマトラには「金や銅の鉱山が多く、さまざまな種類のゴムや香油、多様な薬草（スパイス）があり、それにインディゴが手に入る」[6]。この時代に東インド諸島へ旅をしたヨーロッパ人のご多分にもれず、デイヴィスも地球の裏側のこの地により多くの船を呼び寄せようと、交易の魅力を並べ立てたのだった。

デイヴィスが訪れたアチェは、たしかに活況を呈する豊かな港であった。商品は溢れ、気候はことのほか温暖で、「空気は穏やかで、気持がよい。ここでは毎朝たっぷりと露が降りる。小雨になることもある」[7]。デイヴィスによれば、この広大な港湾都市は「森の中に建てられており、実際にそこに行き当たるまで一軒の家も見ることができない」[8]。われわれは中へ入ることはできなかったが、家々や行き交う大勢の人びとを見た。それでわたしは、この町はこのあたり一帯に広がっていると考える。大きな広場が三カ所にあった。そのどれにも毎日市が立ち、あらゆる商品が売られていた」。竹やバナナ、ココナツやパイナップルなどの木々の間に家々が広がっていた。

一五九八年、デイヴィスは主任航海士として、オランダの第二次インドネシア遠征隊に加わった。この隊を率いたのはコルネリウス・ハウトマン。その三年前の第一次遠征隊がすさまじい破壊行為を行ったとして悪名高い指揮官であった。[9] ハウトマンの武装艦隊は、ジャワ島北西部の豊かな胡椒貿易港バンテンをはじめ各地の港を次々と砲撃し、捕虜をむごたらしく虐殺して、その後何世紀も繰り返されることになるオランダ人の残虐行為の、ごく初期の実例をつくったのだった。この艦隊の資金を提供したのはヴァンヴェール社（「遠国会社」の意）という、のちにオランダ東インド会社の設立に加わった商会である。艦隊の乗組員の三分の二は壊血病やほかの病気で命を落とした（二八カ月に及んだ航海を生き延びたのは二四〇人のうちわずか八七人。十六世紀の標準から見ても、異常に高い死亡率である）。それでもハウトマンは第二次遠征隊を任された。オランダ船が海を渡ってアジアへ行き、胡椒を持ち帰ることができると証明したその功績が認められたのである。

ハウトマンが率いた第二次遠征隊は、苦しい航海を二年間しのいだのち、アチェに到達した。そのときの様子をイギリス人航海士デイヴィスはこう書き記している。「湾の中に小型帆船が四隻見えた。三隻はアラビアの船、もう一隻はペグ（ビルマ）の船だ。胡椒を積みに来ていたのだ」[10]。艦隊がここに停泊した三カ月の間、アチェの老スルタン、アラーウッディーン・リアーヤット・シャーは、胡椒を求めて遠い国から来た異様な風体の男たちについて慎重に探りを入れた。一五八八年に権力を握ったこのスルタンは老獪な暴君であった。オランダという国は知らなかったが、驚いたことにイギリスについては聞いたことがあるという。饗宴の席でスルタンはイギリス人に会ってみたいとはっきり言った。オランダ人は面白くなかったろう。だが、スルタンのたび重なる要請にオランダ人もついに折れ、デイヴィスはスルタンへの拝謁を許された。

デイヴィスによればこのスルタンは「頑強だが、ひどく粗野な、太った男」であった。年齢は百歳だと「人びとは言っている」。スルタンはイングランドについて次々に質問した。とくに「女王について、女王の臣民について、またあれほど強大なスペイン王に勝利した戦いについて熱心に尋ねた（スルタンはスペインとは全ヨーロッパのことだと思っていた）[11]」。一五八八年にイギリス海軍がスペインの無敵艦隊を破ったニュースは、スマトラに届いていたようである。アチェを訪れる商人たちのネットワークはそれほど広く張り巡らされていたのだ（全ヨーロッパがスペインだとスルタンが考えていたのも無理からぬことだった。ポルトガル王位は一五八〇年からスペイン王に継承されていたし、オランダはスペイン領であり、オランダ人もイギリス人もアジアへの航海では目立った実績を挙げていなかったからだ。ポルトガルがスペインのくびきから解放されたのは一六四〇年、オランダが独立したのは一六四八年である）。スルタンはデイヴィスの答えが大いに気に入ったようだった。だがその一カ月後、スルタンはこの不用心な客人たちを罠にかける。デイヴィスほか数人は運よく逃れて命拾いをし、艦隊の一隻を無事に脱出させることができた。しかし、コルネリウス・ハウトマンはデイヴィスほどの強運に恵まれず、毒殺された。弟は捕虜となった。

スルタン国アチェはスマトラ北部で圧政を敷き、最盛期には東部や西部沿岸をはじめ、金が採れる中部のミナンカバウ高原の村々も支配下に収めた。マレー半島南端のジョホールをはじめ、ほかのスルタン国はアチェの領土的野心に戦々恐々としており、マラッカ海峡地域ではよく戦争が起きた。同盟関係は流動的で、イスラームのスルタンがポルトガルと組んでアチェに戦いを挑むこともあった。マラッカのポルトガル人は、自分たちの交易権が脅かされる恐れが出ると、隣国のジョホールや、海峡の向こうのアチェを攻撃したが、一五二一年にバンダ・アチェを制圧しようとして失敗してからは、ふたたびこの町に手を出そうとはしなかった。とはいえ、ポルトガルはこれらスルタン王国への侵略を一五回以上も行っている。一方、アチェの大艦隊は十六世紀に少なくとも四回、ポルトガル領マラッカを包囲し、ときにははるか遠方のトルコにまで援軍を求めたこともある。十七世紀に入ってからも数十年間にわたり、アチェはマラッカに対する軍事行動を続けた。

十七世紀後半、バンダ・アチェは港町としてまだ栄えてはいたものの、何代かにわたって続いた女性スルタンのもとで国力の衰えが目立ち始めていた。世界を股にかけた冒険家ウィリアム・ダンピアが、乗っていた船が難破したためアチェに六カ月間とどまったのは一六八八年のことだ。この町についてダンピアは、概して生活水準が高く、外国人がひっきりなしに訪れると書き記している。家々はミンダナオ島（フィリピン）で見た家と同じように、杭の上に建っているが、アチェには「金鉱があるとまた外国人がよく集まってくる。そのため〔ミンダナオよりも〕豊かであり、物質的に恵まれている」[12]。ダンピアによると、この港湾都市は島の北西端に近い川のほとりに立ち、海からは三キロほど離れている。「町には七〇〇〜八〇〇〇軒ほどの家が立ち、実に多くの外国人商人がいる。イギリス人、オランダ人、デーン人、ポルトガル人、中国人、グジャラート人らだ。概してこの町の住居はミンダナオでわたしが見た家々よりも広く、家財もそろっているようである」[13]。

外国の商人たちがアチェに集まってきたのは胡椒を買いつけるためだ。胡椒の実は、東南アジアが輸出した最初の換金作物であった。イスラーム商人が黒胡椒をインドからスマトラ北部へ初めて持ち込んだのは、正確にはわからないが、十五世紀のことだ。胡椒のつる植物がスマトラ島をはじめ、マレー半島やジャワ島北部でよく育ち、広がっていったことは疑いようもない。胡椒は、熱帯の森を拓いた水はけのよい土壌で簡単に栽培することができ、一五〇〇年までには、ピディやパサイなどスマトラ島北東部沿岸やマレー半島の一部の港で取引されていた。ヨーロッパで黒胡椒の需要が拡大するにつれて、栽培は島の南部や内陸へと広がった。初めのうちスマトラではあまり見られなかった胡椒農園も、十六世紀になると島の西部沿岸で数を増していった。

一五九八年、デイヴィスはスマトラ北部で生い茂る胡椒について、「その伸びるさまは植え付けた根から生えるホップのようであり、そばに立つ支柱にからみついて広がり、成長して丈高い茂みとなる」と書いている[14]。十七世紀初頭に胡椒市場が急拡大すると、間もなく胡椒の農園は全島に広がり、スマトラは世界最大の胡椒供給地となった。インドでさえ、胡椒の需要がとくに増大すると、生産コストがいくらか安いスマトラから胡椒を輸入した。

十七世紀初頭、オランダとイギリスが胡椒取引に参入すると、胡椒の生産はさらに拡大した。ポルトガルはまだ胡椒取引に加わっていたが、次第に影響力を失っていく。十六世紀、ポルトガルは供給をわざと制限して胡椒の値を高止まりさせていたが、生産が拡大すると価格が下がり、胡椒の需要はさらに高まっていった。

北ヨーロッパの二カ国はスマトラで胡椒農園の開発を急速に進め、やがてこの島は胡椒工場の様相を呈していく。スマトラ各地の海岸——北はアチェ、東はジャンビやパレンバン、西はプリアマンやその他の小さな港町、南はランプン——から胡椒が送り出された。胡椒の主な生育地である島の中央の高原は、全域に多くの川が網の目のように広がっており、人びとは年に二回、川上の村から河口の港町へと船で胡椒を運んだ。ここの川で船を操れるヨーロッパ人は一人もいなかった。胡椒の収穫期、早朝の港には数百枚もの軽い筏が音もなく入ってくる。数千個に及ぶ胡椒袋がこうして運ばれるのだった。港では中国のジャンク船やポルトガルのキャラック船やオランダやイギリスの商船が待ち構えていた。

世界で六番目に大きな島であるスマトラの全域に胡椒栽培が広がったことは、ヨーロッパでの需要の拡大を反映していた。実際、ヨーロッパの要求はとどまるところを知らなかった。インドネシアの胡椒はさらに中国でも市場を広げた。一六七〇年代、ヨーロッパへ出荷された胡椒の量は六三五〇トンあまりにのぼった。それ以前の数十年間の倍の量である。[15] この時代になると、胡椒は主に喜望峰を回るルートで運ばれた。レヴァントを通る伝統的なイスラーム商人のルートがついに取って代わられたのだ。十八世紀初めにかけて、東南アジアからの胡椒の輸出量はいくらか減ったが、世紀の変わり目には約一万三〇〇〇トンとふたたび急増、一九〇〇年までには約二万二〇〇〇トンに達した。その八割はスマトラ産であった。長い年月の間に、スマトラの人びとは森を切り拓いて胡椒農園を造り、土壌が枯渇すればまた新しい農園へと移り住んで市場に適応してきた。歴史家アンソニー・リードによれば、スマトラが世界の胡椒生産を一手に引き受けていた数世紀の間に胡椒栽培のために森が伐採された地域は、陸地のおよそ一・六パーセントにあたる七六〇〇平方キロあまりであった。当時の胡椒農園が栄えた地は、いまでは草原になっている。

胡椒を求めるヨーロッパの熱狂がスマトラ島の運命を変えたのだった。

一六〇一年二月十三日、レッド・ドラゴン、ヘクター、スーザン、アセンションと名づけられた四隻の船が、テムズ河畔ウーリッジからアチェに向けて出航した。六〇〇トンのドラゴン号を先頭に、イギリス東インド会社が送り出した最初の船団である。指揮を執ったジェームズ・ランカスターは、スペイン無敵艦隊と戦い、ブラジルの港でポルトガル船を襲撃するなど武勲で知られた船長であったが、このランカスターをはじめ、イギリス人の船長で東インド諸島への航海を無事に終えた人はそれまで一人もいなかった。ランカスターが一〇年前に加わった遠征隊は遭難し、わずかに生き残った者たちは漂流者としてイギリスへたどり着いたのだった。一五九六年に別の船長が率いる遠征隊が派遣されたが、船も乗員もすべて失われた。一方、オランダはジャワ島北西端の胡椒港、バンテンに無事に到達していた。この遠征隊の資金を賄ったのは、のちにオランダ東インド会社（VOC）として一体化したいくつかの会社である。オランダはアチェをはじめインドネシア各所の港に商人を寄留させていた。

オランダはすでにアジアへ向けて二〇隻以上を送り出しており、そのなかで無事に帰港した船には胡椒などのスパイスが山と積まれていた。オランダの商人や船長たちはみなヤン・ホイフェン・ヴァン・リンスホーテンの著作『東方案内記（*Itinerario*）』を読んでいたに違いない。一五九六年に出版されたこの書は、インドのゴアで長年仕事をしたオランダ人著者の経験から生まれた大著であり、アジアでの取引の進め方や航海をめぐる広範なガイドブックであった。インドのマラバル海岸をはじめ、とりわけジャワには胡椒があり余るほどあると、現地の様子を生き生きと描いているこの大作に、商人たちは大いに意欲をかき立てられただろう。「大量の胡椒があり、インドやマラバル産のものより良質の胡椒が実に豊富にあるので、一隻の船は年に（ポルトガルの目方にして）四〇〇〇〜五〇〇〇キンタールの荷を積むことができるだろう[16]」

胡椒貿易をオランダに独占されてしまうことを恐れたロンドンの商人たちは、それまで失敗が続いてはいたものの、東インド諸島への遠征に乗り出したいとエリザベス女王に働きかけた。一六〇〇年、女王はついに同意し、東インド会社に特許状を与えた。商人たちは遠征のための資金を調達し、こうしてのちに大英帝国そのものを具現することになる商事会社が生まれた。その創始期の重役となったランカスターは、賢明にもドラゴン号の航海士としてジョン・デイヴィスを雇い入れた。その当時、東インド諸島に行ったことがあるイギリス人航海士はデイヴィスただ一人であった。現存する航海記録にわずかに触れられているだけだが、デイヴィスはなくてはならぬ存在だったに違いない。

航海が幸先のよいスタートを切ったとは言えない。船団はテムズ川とダウンズ（イングランド南東部沿岸の停泊地）に何週間もとどまることになった。順風が吹かない限り、小型で不安定な船を操るのは難しかったからだ。船団は赤道付近でふたたび逆風に行く手を遮られてしまう。そこでイギリス人は一隻のポルトガル船を襲い、略奪した。奪い取ったのは「ワインの大樽一四六本、油の入った甕一七六個と樽一二本、穀粉入りの樽や桶五五個であった。これはその後の航海に大いに役立った。総指揮官は略奪品をすべての船に分け、乗組員にそれぞれの分け前を公平に与えた[17]。それにしても、出だしで後れをとったために、航海は難儀を極めた。船団が南アフリカのテーブルベイに到達するまでに七カ月もかかったが、その間に壊血病が猛威を振るった。生き残った乗組員の多くはすっかり体力が衰え、帆の操作も投錨もできないほど弱っていたから、船員を見下していた商人たちも一肌脱がないわけにはいかなかった。船団のうちの三隻で、商人たちが交代で中檣帆（トップスル）の操作にあたった。これは普通なら平（ひら）の船員がする仕事であった。

ドラゴン号だけは壊血病の被害がそれほど深刻でなかった。それまで何回か熱帯への航海を経験していたランカスターは「レモン汁を入れた壜を数本」持って乗船し、船上のすべての人に「毎朝三スプーン」ずつ飲ませたからだ[18]。船団が十月の末にテーブルベイから出航するまでに、ほかの三隻では、おびただしい数――全乗組員の四分の一を超す一〇五人――の男たちが命を落としていた。ともあれ、死を免れた者たちは休息を十分にとり、これからの航海に備えて、現地調達した食糧もたっぷり積み込んでいた。ランカスターが考案した壊血病の予防法が、東インド会社のその後の航海に引き継がれなかったのは残念なことである。

喜望峰を回った後、船団は逆風に見舞われたが、クリスマス前にはマダガスカル島〔北東部の〕アントンジル湾に錨を下ろすことができた。ここでランカスターは食料を買い込んだ。乗組員のさらに二〇人が病に倒れたが、一六〇二年三月、船団は湾を離れ、五月にはニコバル諸島に着いた。一行がついにアチェの港に入ったのは、イングランドを出航して実に一六カ月後の六月であった。壊血病や赤痢で多くの乗組員が失われたが、それでも乗員不足のために船を沈めるまでにはなっていなかった。

アチェの港でイギリス人たちは「さまざまな国から来た船が一六～一八隻ほど」停泊しているのを見た。グジャラート、ベンガル、カリカット、ペグ、「パタニエ」（マレー半島東岸の港湾都市、パッターニ）などから来た船だ。植民地も帝国もまだ存在しなかったこの時代、イギリス人は単に胡椒の豊富なスマトラと商売をしたがっている商人集団にすぎず、嘆願者として、女王の手紙を携えてやってきたのだ。ランカスターはエリザベス女王から「最強にして偉大なるアチェの王」に宛てた長文の手書きを託されていた。だらだらと続くこの手紙は、イギリスの敵であるスペインとポルトガルやオランダの悪口を随所に織り交ぜながら、現地の産物を買い入れる許可を求める内容だった。長い治世の晩年を迎えていたエリザベスは、これほど遠い国での取引は大きな賭けだと知っていて、追従と愛の言葉でスルタンの心をつかもうとしていた。この書簡からは抜け目のない支配者の心理がうかがえる。わが国は香辛料などの産物に乏しいが、相手国には豊かな産物があり、それを手に入れるのは危険を伴う事業だということを女王はよく知っていたのだ。

書き出しで、貿易とは基本的に価値あるものだと説くエリザベスの書簡は、実に立派な文書だ。神が「創られた善きもの」が「広い世界のもっとも遠隔の地」に散らばっているのは神がそうお定めになったからだという。「（…）こうお定めになられたのは、国と国とが互いを求め合う関係になるためでありましょう。こうして生まれるのは互いの交流であり、またある国で過剰なまでに産出され、ほかの国で欠乏している商品や産物の取引でありますが、それだけではなく、すべての人びとの間に愛と友情が生じますから、当然これは神からの賜物でありましょう」[19]。なんとも皮肉なことに、この書簡は通商から愛が生まれますと何回も繰り返している。またエリザベスは、イギリス人は信用できると強調し、厳粛な約束の言葉を重ねている。イギリスの商人は「誠意ある取引を行い、かれらの語る言葉は真実であります。商人たちが貴国の求められる物品や商品をわが方から運ぶことによって〔誠意あることの〕善き証明となり、こうした始まりによってわれら両国の善き臣民の間の愛がとこしえに固められんことを願うものであります」。老獪な女王はさらに、イギリスは貿易相手としてスペインやポルトガルよりもはるかに優れているとアチェのスルタンに確約してこう言っている。「陛下にこれまでお仕えしてきたポルトガル人やスペイン人——かれらはわが国の敵でありますが——よりもさらに励み、より大きなご満足をいただけますように」

ランカスターの小船団がアチェに到着して間もなく、スルタンの使いとして二人のオランダ人商人がイギリス船にやってきた。幸運なことに、老スルタン、アラーウッディーン・リアーヤット・シャーはまだ実権を握っていて、三年前にデイヴィスを引見したときのように、いまだにイギリス女王に関心があるという。スペイン王に勝利したイギリス女王の名はアチェ中にとどろき渡っていると、ランカスターはオランダの使者から告げられた。

デイヴィスとの会見はスルタンの心に強い印象を残していたようだ。ランカスターはすぐさまヘクター号の船長ジョン・ミドルトンら四、五名をスルタンのもとに遣わし、女王の親書を捧呈するために拝謁を賜りたいと口上を述べさせた。会見はうまくいった。スルタンは上機嫌で一行をもてなし、願いをすべて聞き入れた。イギリスのこの商人団にスルタンがなぜこれほど好意を示したかはわからないが、アチェ人がポルトガル人に対して長年抱いていた敵意が一役買ったことは否めない。

到着から三日目にランカスターは三〇人ほどを引き連れて上陸した。一行はまずオランダ人商人の家に案内され、そこでスルタンからの迎えの使者を待つことになった。使者はやってきたが、ランカスターは女王の親書を使者には渡せない、重要な書簡は自分で奏呈するのがわが国の習いであると言い張った。使者は書簡の封印をじっくりあらため、女王の名を書きとめると、無言で立ち去っていった。

しばらくすると、ラッパを吹き太鼓を打ち鳴らす大音響が聞こえてきた。驚いたイギリス人たちが外に出てみると、六頭の巨大な象と群衆が近づいてくる。王宮への迎えの乗り物であった。「なかでもいちばん大きい象は背丈が三〜四メートルほどもあり、その背は深紅のビロードで覆われ、小さな城のようなかたちをした輿が置かれ（象かご）、（…）その中央に金の大鉢が載っていた。女王陛下の親書はここに収められたうえ、美しい飾りのついた絹の布で覆われた[20]」。ランカスターは別の象に乗り、部下とともにスルタンの館に向かった。大勢の住民がついてきた。こうして女王の親書を先頭に、お祭りのような行列が始まった。

宮廷でランカスターは親書とともに女王からの贈り物の数々を披露した。銀製の鉢と杯、精巧な作りの短剣、剣を吊りさげるための刺繍入りベルト、そしてスルタンがもっとも喜んだ羽根飾りなどである。それから大宴会が始まった。肉料理は黄金の皿に盛られていた。イスラームの教えは酒を禁じていたが、スルタンは食事のとき「アラック」というコメの酒を飲んでいた。この酒は「わたしたちが知るアクアビット〔ジャガイモを主原料とした蒸留酒〕のように強く、ほんの少し飲んだだけで眠くなる[21]」。スルタンの許しを得て、ランカスターは注がれた酒を水で薄めて飲んだ。それから「乙女たち」が音楽に合わせて踊った。「女たちは立派な衣装をつけ、ブレスレットや宝石で身を飾っていた。踊りはスルタンの特別なご厚意のしるしであった。このような踊りが披露されるのは、スルタンが賓客を迎えたときに限られていたからだ[22]」

宴会に同席し、女たちの踊りを見てこう書いた商人がどう感じたかを、わたしたちは永久に知ることはできない。日記をつけた当時の多くの商人や船長たちの例にもれず、この無名の筆者も起きた事実を忠実に記録はしても、自分の感情は胸の内にしまっておいた。船長をはじめ東インド会社の遠征に加わった上級の乗組員たちはみな、のちに続く人びとの参考のために経験を書きとめるように指示されていた。日記は個人のためでないことをこの人たちはよく知っていて、感情を交えないように注意して書いたのである。

ランカスターは宴会を辞すにあたって、スルタン・アラーウッディーン・リアーヤット・シャーから贈り物を拝領した。「見事な金糸細工が施された」白い更紗の長衣、凝った飾りの付いたトルコ製ベルト、それに二本のクリス（アチェでは誰もが身につけている短剣）であった。こうしてイギリス東インド会社とアチェ・スルタン国との最初の交流は、見事な贈り物の交換で和やかに終わった。とりわけ美しさで目立ったのは金糸で飾られた更紗の長衣であった。

やがてアラーウッディーンはイギリス人の入港の自由を認めたほか、無関税貿易などの特権も与えた。しかし、老獪なスルタンはイギリス人がアチェに商館——貿易代理店や倉庫の役割をする——を建てることは認めなかった。またイギリス人と排他的貿易条約を結ぼうともしなかった。おそらくスルタンは、インド洋に広がるイスラーム商人たちのネットワークを通して、ポルトガルがインド南西部の各所に築いた商館を領土進出の拠点に利用していることを耳にしていたのだろう。このスルタンは外国人がアチェに事業の恒久的な拠点を設けることを許さなかった。先見の明のある政策である。そのおかげで、スマトラ島北端のアチェは十九世紀がほぼ終わるまで、独立王国として存続した。

イギリス人はスルタンの決定に落胆したものの、交渉を長引かせるわけにもいかなかったため、早々に胡椒の買いつけを始めた。そのためにこそはるばると東インドまで来たのだった。さっそく問題が持ち上がった。船をいっぱいにするほどの胡椒が手に入らなかったのだ。それに、胡椒の値段はジョン・デイヴィスから聞いていた予想値をはるかに上回っていた。困ったランカスターは、スルタンとある計画を立てた。マラッカ海峡でポルトガル船を略奪しようというのだ。出航に先立ち、ランカスターはスーザン号をスマトラ島西岸の胡椒港、プリアマンに派遣し、アチェには数人の商人を残して胡椒の買いつけを続けさせた。

九月初旬、ドラゴン、アセンション、ヘクターの三隻はマラッカ海峡に向けて出航した。小型の誘導船(ピンネース)が一隻と、冒険に加わろうというオランダ船一隻が行動をともにした。海峡の入り口で、インドからマラッカに向かうポルトガルの大型キャラック船サント・アントニオ号に遭遇すると、戦闘の火ぶたが切られた。大型船は数のうえで勝る追跡船を振り切ることができず、間もなく降伏した。ポルトガル船には更紗、コメなどの商品が積まれ、子どもを含む男女六〇〇人が乗っていた。イギリス人は更紗をはじめ(更紗はこの地域で大きな需要があり、胡椒と交換できた)積み荷をすべて分捕ったが、乗組員や乗客には手を出さず、ランカスターは十月の末にアチェに戻った。居残っていた商人たちもアチェでよい待遇を受け、胡椒をはじめシナモンやクローブをアセンション号の船倉がいっぱいになるほどたくさん買いつけていた。

老スルタンはランカスターがポルトガル人に「大勝利した」ことを大いに喜び、上機嫌でジョークまで飛ばした――余のために「美しいポルトガルの乙女」を調達するという、いちばん大事な仕事を忘れたのかと。「いやいや、ご前に差し出すまでもない卑しい女ばかりでございました」。ランカスターのこの答えが気に入ったスルタンは大笑してこう言った。「わが王国で何なりと望みの物があれば言うがよい。喜んで与えて進ぜよう」[23]。ランカスターがスルタンの好意に乗ずることはなかっただろう。航海記録からうかがえるランカスターは、積み荷で船をいっぱいにすることと無事にイギリスへ帰り着くことしか頭にない実務家であった。ランカスターはポルトガル船からの略奪品の一部をスルタンに献上し、別れのあいさつをした。

十一月初旬、アセンション号はロンドンへ帰還の途についた。ドラゴン号とヘクター号はスマトラ島西岸に沿って南下し、ジャワ島のバンテンへ向かう。バンテンでは胡椒をアチェよりもかなり安価で入手できると聞いたからだ。スマトラ島を去る前にプリアマン港に立ち寄ったが、ここはスーザン号がかねてから胡椒の積み込みをしていた港だ。ここの胡椒は島の奥地、ミナンカバウと呼ばれる地域で栽培されているという。またその地には「黄金が豊富にある。山々から大量の雨水が流れ落ちた後で川砂を洗うと、細かな塵や粉のような黄金が採れる。黄金は山から運ばれてくる」のだと言われていた[24]。

スーザン号はイギリスへ帰国の途についたが、ランカスターはドラゴン号とヘクター号を率いて航海を続け、十二月六日にバンテンに入港した。大砲を一発とどろかせて到着を知らせ、幼い王とその取り巻きの貴族たちとの会見に臨んだ。ランカスターはここでもエリザベス女王からの親書を捧呈したので、間もなく両者の間に協定が結ばれ、イギリス人は大量の胡椒を安価で買いつけることができた。一六〇三年二月までに二隻の船は荷積みを終え、出航の用意ができていた。しかしその間にヘクター号の船長ジョン・ミドルトンが病死してしまう。優れた船乗りを輩出した一家の出で、周囲から慕われ、東インド会社の草創に重要な役割を果たしたミドルトンの死は大きな痛手であった。ジョンの弟のヘンリー・ミドルトンが船長職を引き継ぎ、ロンドンへの帰りの航海の指揮を執った（後年、ヘンリーは会社の船で東インド諸島へふたたびやってくることになる）。ランカスターはバンテンに商人を三人在留させた。そこに拠点を築き、船が戻ってきたときの荷積みの準備をしておくためである。

ロンドンへの復路は、往路に劣らず困難だった。ヘクター号とドラゴン号はマダガスカル南方でひどい嵐に見舞われ、それ以降ずっと浸水に悩まされた。気を取り直す間もなく、一行は五月初めにふたたび暴風雨に遭遇する。激しい渦に巻き込まれ、ドラゴン号の舵は鉄製の取り付け部分から外れてしまった。舵が使えないまま、船は風に流され荒波に翻弄されて、一時は喜望峰沖一五～二〇キロまで近づいたものの、あっという間に南方へ、雹や雪や霙のただなかへ放り出されてしまう。その間、ヘクター号はずっと近くにいた。舵のないドラゴン号の乗組員たちはヘクター号に移ろうとして必死だった。ランカスターだけは船を離れようとしなかった。だが、やがて何をやっても船は救えないと見ると、ランカスターはヘクター号の船長に単独で先を急ぐように命じたという。

その翌日、ヘクター号はまだドラゴン号から見えるところにいた。ランカスターを大海の真ん中に置き去りにできなかったのだ。数日後、壊れた舵は船大工がなんとか修理して使えるようになり、ドラゴン号はヘクター号の乗組員に助けられながら進めるようになった。六月六日、二隻は南回帰線を通過し、その一〇日後セントヘレナ島にたどり着いた。アフリカ西岸沖一八〇〇キロの大西洋上にあるこの島で、乗組員たちはようやく陸に上がり、水と食料を補充することができたのである。

ドラゴン号とヘクター号は一六〇三年九月にイングランドに帰還した。だが祖国はランカスターが出発したときとは、経済的、政治的にまったく別の国になっていた。エリザベス一世は没し、王座にあるのはジェームズ一世であった。疫病が流行り、胡椒市場は活気がなかった。大陸ではオランダとの競争が激しく、東インド会社の胡椒はなかなか売れなかった。そのうえ、新国王は胡椒の在庫をしこたま抱えていた。おそらく一年前、ポルトガルのキャラック船を襲撃して得た略奪品であろう。まず売らなければならないのは国王の胡椒だったから、東インド会社の商人が自分たちの胡椒を売り切るには何年もかかったという。

喜望峰回りで遠いインド洋へ出る長い航海は多くの命を奪った。ランカスターの船で出港時から働いていた四八〇人のうち、生還できたのは半数である。死亡率は、ヴァスコ・ダ・ガマが初めて喜望峰を回った一〇〇年ほど前から下がっていなかった。とはいえ、ランカスターの指揮下の四隻は四五〇トンあまりの胡椒を持ち帰り、そのうえインド洋でポルトガル船を略奪したのだった。イギリス船は胡椒を持ち帰ることができる――これが見事に証明されたわけである。ランカスターはこの業績によってナイトに叙せられた。また東インド会社は、胡椒が供給過剰気味であるにもかかわらず、第二次遠征の計画を立てた。イギリスは胡椒貿易に参入したのである。

早くもそのわずか数年後、イギリス東インド会社は胡椒輸入の独占権を得ようと動き出した。当初、会社の設立をエリザベス女王に願い出たとき、商人たちは独占権など求めていなかったのだが、今回もオランダの脅威が理由に挙げられた。商人たちは嘆願書で、オランダとの競争は衰退につながると訴えている。「[オランダが]潮時を見計らい、われわれに損害を与えるのは必定であります。わが国で質の悪い胡椒を安価で売り、わが社の良質の胡椒の値を暴落させるという手に出るかもしれません。（…）あるいは、われわれが日々経験しているとおり、かれらはほかのさまざまな手を使うでしょう[25]」一六〇九年十一月、国王は布告を発し、東インド会社以外から胡椒を買うことを禁じた。こうして国内市場を独占した東インド会社は、大陸への再輸出という儲けが大きく活気のある事業に乗り出した。大陸はイングランドよりはるかに大きな市場であった。誰もが使う胡椒は東インド会社の基幹商品となり、またアジアからヨーロッパへ帰ってくる東インド貿易船のバラストとしても役立った。

もし今日、あの時代に難破した胡椒船の宝探しをしたら、がっかりすることが多いだろう。一六〇六年、インドのコーチンで胡椒の実を積み込んできたポルトガルのキャラック船が、リスボン沖で沈没した。長い柱状になって船から流れ出た黒胡椒を、沿岸の住民は命がけで回収しようとしたという[26]。この沈没船は一九九三年に発掘されたが、考古学者が見つけたのは、厚い層になった黒胡椒の実と、その下に埋まったわずかばかりの金銀細工品や中国製の陶器だけであった。

ランカスターが受けた歓待が先例となり、その後も長らく外国商人たちはアチェの宮廷で厚いもてなしを受けた。国王の書状が象の背上の金の鉢に恭しく置かれる。外国使節は行列をつくって王宮へと向かう。大宴会が開かれる。外国の賓客のために、動物たちを闘わせる余興も催されただろう。スルタン国アチェはイスカンダル・ムダのもとで繁栄の極みに達した。それはまさに富と官能的快楽の時代、動物の血を流して楽しむ競技や壮大な見世物が好まれた時代であった。イスカンダル・ムダとは、ランカスターと親交を結んだあの老スルタン、アラーウッディーン・リアーヤット・シャーの孫で、一六〇七年に権力の座に就いた。

イスカンダル・ムダは、スマトラ島中部の胡椒産地一帯を統一することで、祖父の時代よりもいっそう強大なアチェを築き上げた。[27] スマトラでの胡椒取引の大部分はこのスルタンに牛耳られていたから、外国商人は勝手にほかの港へ行くことはできなかった。だがアチェ周辺の胡椒農園は、十七世紀初めまでにはすでに荒廃が始まっていて、商船は胡椒をさらに積み込もうとすれば、プリアマンやティクなど西岸の港に立ち寄らなければならなかった。

このスルタンは、ヨーロッパ人の真鍮の大砲を前にすくみ上がるような男ではなかった。イスカンダル・ムダは、胡椒が高値で売れると見れば、自分の重装軍艦を使ってインドへ胡椒を運んだ。一六二二年には、オランダとイギリスをアチェの（西海岸のいくつかの重要な港を含む）胡椒市場から締め出すということまでやってのけた。

黄金もまたアチェに途方もない富をもたらした。商人たちは日誌でしばしば黄金の皿に言及している。スマトラ島中部の川でふるいにかけて採った黄金は、ミナンカバウの山地で精錬された。ランカスターは、スーザン号と合流するためヘクター号とドラゴン号を率いてプリアマンに立ち寄ったとき、黄金の川の噂を耳にした。イスカンダル・ムダは一〇〇バハル（およそ約一八トン）の黄金を所有し、三〇〇人の金細工師を抱えていると言われた。[28] また、このスルタンは一〇〇〇人の女性を、近衛兵として身辺に召し抱えているとも噂されていた。アチェの勇猛な女性たちは、十九世紀にはスマトラ島北西部沿岸の防衛戦に加わり、胡椒貿易の新たな参入者となったアメリカを相手に武器をとって闘うことになる。

暴君イスカンダル・ムダは、誰であれ邪魔する者をすべて滅ぼしながら領土を広げ、富を築いていった。大艦隊を組んで遠隔の各地を襲撃したため、どこでもマレー人はムダを心底恐れていた。マレー半島では一六一八年にパハンを、一六一九年にケダを、一六二〇年には錫が採れるバンカ島のペラクなどの町々を占領している。一六二九年、マラッカとその近くのジョホールの制圧を試みたものの、占領には成功しなかった。大砲を備えた強大な艦隊を率いていたムダにしては意外な取りこぼしであった。

宿敵ポルトガルを撃つべく、イスカンダル・ムダがマラッカに送り出したのは、二万近い兵を乗せた二三六隻からなる大艦隊であった。七月初旬、大型ガレー船三六隻をはじめとするアチェの船隊がマラッカ沖に押し寄せ、町を包囲した。あるポルトガル人はそのときの模様を「見渡す限り、海には船しか見えなかった[29]」と書き記している。だが、ポルトガル勢は備えができており、兵数のうえではるかに劣勢だったが勇敢に戦った。八月、町の城壁の外にあるマドレ・デ・デウス女子修道院がアチェ人に攻撃されたので、やむなく焼き払ったが、マラッカの城壁は防備が固く、アチェ人の突破を許さなかった。十月、闘いの潮目が変わった。ポルトガル勢が、スリランカから駆けつけた五隻の援軍とともに町から六・五キロほど離れた河口を封鎖したのだ。ここにアチェの艦隊のほぼすべての艇が集まっていた。昼夜分かたぬ砲撃を受けたアチェの船に逃げ場はなかった。

十一月の末、ポルトガルと同盟関係にあったジョホールのスルタンが、数千の兵を乗せた六〇隻の船を率いて封鎖に参加、約四〇〇〇のアチェ兵はジャングルに逃げ込まざるを得なかった。ポルトガル人もあえて追手を差し向けなかったほど、厳しい環境の密林であった。「かれら［アチェ人］の全艦隊が、川にはまったままの状態であった。大小の大砲や多くの病人が取り残された。戦利品もいくらか残され、総督閣下は兵士たちに略奪を許された[30]」と書き残したのは、ポルトガルの将官でマラッカ総司令官を務めたアントニオ・ピント・ダ・フォンセカである。その後の数カ月間に、何人かのアチェ兵が密林から出てきてポルトガル勢に投降した。この大海戦でアチェの攻撃力は大きく損なわれ、イスカンダル・ムダは二度とマラッカに兵を向けなかった。

長く君臨したこのスルタンは、とりわけ残酷な刑罰を科したことで知られる。一六三七年と一六三八年にアチェを訪れたコーンウォール出身の商人ピーター・マンディは、手足や鼻、唇や局部（生殖器）のない人たちを見かけた。「身体の一部を切断され傷つけられた人びとを町で見かけた」とマンディはその様子を書き記している。[31]「かれらは竹や籐で作った義足をつけ、竹馬に乗ったような格好で歩く」。イスカンダル・ムダは生涯を終えるまでに、男性後継者たちをすべて殺してしまったので、義理の息子のイスカンダル・サニが跡を継いだ。このスルタンは在位期間こそ短かったが、先王と同じく残忍であった。一六三六年に権力を掌握すると、この新しい支配者は四〇〇人に反逆の疑いをかけ、マンディによれば「冷酷で血なまぐさい処刑」を行い、命を絶った。マンディは日記に「手の込んだ実にさまざまな拷問」について書いている。「八つ裂きや鋸による切断、あるいは罪人を木に縛り付け、その身体を少しずつ鋸挽きにするなどの刑が行われた。また大きく広げた足の踵を鉄輪にかけて逆さ吊りにする刑もあった。主人や夫の財宝のありかを白状させようと、溶かした鉛を男の尻や女の膣に注ぎ入れる拷問もあった」。[32]溶けた鉛が体内に流し込まれる――そんな拷問に耐えられる人がいただろうか。

支配者たちの暴虐はアチェの人びとの間に恐れと嫌悪感を引き起こした。イスカンダル・サニが死ぬと、アチェの主だった有力者たちは残忍な処刑はもうこりごりとばかり、女性を王位に就けた。

十七世紀の残りの期間、一六四一～一六九九年まで続けて四人の女性がアチェの王位に就いた。

とはいえ、戦争好きのイスカンダル・ムダとその義理の息子が支配した間、アチェの人びとがさまざまな見世物を楽しんだことも事実である。贅を尽くした宴会や行列、動物を闘わせるゲームや狩りなど、スルタンたちの派手な遊びはよく知られており、一般住民が参加することもあった。イスカンダル・ムダが在位した約三〇年間は、宴会や式典や外国人賓客のもてなしなど、とくに壮麗な催しが開かれた。豪華な宴会では数百種の料理や飲み尽くせないほどの酒（ライスワイン）が供された。ムダは、王族の婚礼にあたっては数カ月もかけて祝いの宴を張り、富と権力を誇示したという。水辺の祭りや動物を闘わせる見世物は一日中続き、象や水牛や雄羊が血を流した。アチェのスルタン国が繁栄の絶頂にあった当時、スマトラ北部の森全域に動物の角のぶつかり合う音や象の咆哮が響き渡っていたという。

人の富は何頭の象を所有しているかで表された。むろんイスカンダル・ムダが誰よりも多く、一説には九〇〇頭を所有し、それぞれ名前をつけていた。スマトラ島北部で捕らえられた象はほとんどすべてがスルタンの所有物になった。アチェを訪れた外国の使節のなかにはスルタンから象を賜った者もいたが、これはたいそうな名誉であった。ムダの統治時代、スマトラ島北部の森には野生の象が広く生息し、スルタンが象狩りに熱中していることを、胡椒を求めてアチェにやってきた商人たちはみなよく知っていた。

スルタンのきらびやかな行列でひときわ目を引いたのは、もちろん象である。豪華な飾りを付けた象の後ろに、馬や貴人や槍兵をはじめ召使や奴隷や何千人もの兵士が従った。スルタン自身が象の背に乗るときは、純金の鞍を象の背に置いた。アチェが繁栄を極めたこの時代、ヨーロッパの商人たちはアチェの港だけでなくスマトラ西岸一帯で胡椒を買う権利をめぐり、激しい競争を繰り広げていた。

イスカンダル・サニ治世下の一六三七年四月、ピーター・マンディは賑やかな大パレードを見物した。イスラームの大祝日にあたるその日、たくさんの人や象が行列をつくって王宮からモスクへと進んだ。当時の王イスカンダル・サニは象を一〇〇〇頭飼っていた。マンディの詳しい記述から、王の行列がどんなものだったかを見ることにしよう。「それから象の一隊がやってきた。象はそれぞれ背に小さな塔のようなかたちをした輿を乗せ、輿の中には赤い服を着て槍を手にした兵士が立っていた。兵士は頭に金飾りの付いたターバンを巻いていた」とマンディの記録は続く。「最初の列の象（一列は四頭）はそれぞれ二本の大刀を、というよりも鉄の大鎌のようなものを牙に結びつけていた。（…）次にまた多くの象がやってきた。同じくその背には輿というか、架台のようなものを乗せていたが、輿の周りには高い柵がめぐらされ、中に小型の機関砲が据えられていた。（…）傍らには砲手がいる。（…）たくさんの象が長い旗で飾られ（…）鉄砲を持った人たち、長矛を手にした兵士たち（…）豪華な鞍と馬具を付けた駿馬の列が見えたかと思うと（…）次に宦官の一団が続く。鞍付きの馬にまたがった近衛兵たちだ。（…）それから王の姿が見えた。足元まで豪華な飾りで覆われた巨象に乗っている。（…）王の輿は地上からひときわ高く、豪華な飾りが施され、二重の高い天蓋で、つまりアーチで覆われていた」

「王の命令で音楽が（…）代わる代わる、あるいは全員で（…）奏でられた。（…）こうした音楽は耳触りで騒々しく、やかましかった。（…）行進そのものも混乱しており、人が山となって集まっただけのように見え、秩序をもたらす空間も時間もなかった。とはいえ、これらすべては見て珍しく、不思議な光景であった。多くの巨大な象が、さまざまなやり方で装具を付けられ、武装され、豪華に飾り立てられていた。このほかにも（場所がないため行列に加われない）たくさんの象が、行列が通る傍らのあちこちにいた[33]」

ここでもマンディは、実際に見た者としてアチェの生活を生き生きと描き出している。行列がモスクに着くまでどのくらいの時間がかかったかは記されていないが、マンディは押し合いへし合いする人たちや象が通り過ぎていくさまをたっぷりと時間をかけて見物したに違いない。マンディが残した行列のスケッチには画面の隅々にまで無数の見物人が描き込まれている。マンディの絵は、まさに十七世紀から届いた絵はがきとも言えるだろう。

翌日、スルタンは象を闘わせる競技を催し、マンディをはじめ外国人たちを招待した。およそ一五〇頭の象が円陣をつくり、中央で荒れ狂った二頭が闘う。マンディによれば、象たちは「互いに力の限り相手を傷つけ、巨体を突っ込んだり、相手を押しのけたりしていたが、やがてついに後退する象が出た[34]」。

アチェの人たちは余暇の時間がたっぷりあったようで、象をはじめ、さまざまな動物を闘わせて楽しんだ。アチェで動物の闘技を見たイギリス人はマンディのほかにもたくさんいたが、ウィリアム・キーリングもその一人だ。キーリングは優れた船乗りで、東インド会社が組んだ一六〇四年の第二次遠征隊で一隻の船長を務めた人物である。一〇〇頭もの象を闘わせる競技を見物し、水牛の闘いについてはこう書き記している。「力技であるが、駆け引きがあり、そこでは一種の会話が行われているようである。獣を闘わせる競技を数々見てきたが、そのなかでもっとも楽しいものだ[35]」。一六〇七年、キーリングは困難が続いた第三次遠征の指揮を執った。スマトラ島のプリアマンに着くまでに一六カ月もかかった航海であった。キーリングはその後さらに東のモルッカ諸島まで航海を続けたが、そこでオランダ東インド会社の社員たちの殺害をたくらんだと嫌疑をかけられた。だが、なんとか無事に難を逃れ、一六一五年には三十五歳でふたたび遠征隊を率いた。

キーリングは妻を人一倍愛していた。バンテンやジャカルタに駐留して東インドでの商務を統括するよう命じられたときは、妻と離れ離れになるのは嫌だと言っている。だが妻を同伴しての航海は許されなかった。見送りに来た妻は、夫の船がダウンズを出航するその瞬間まで船上にとどまって別れを惜しんだという。東インド会社がのちに指示を変えたので、キーリングは船団を率いてバンテンから帰国した。

アチェで動物を闘わせる競技を見物した船長がもう一人いる。経験豊かな船乗りで、一六一三年に東インド会社の第一〇次遠征隊を率いたトーマス・ベストだ。まず六頭の象が、次に四頭の水牛が戦ったが、「実に見事な、荒々しい闘いぶりであった。獣は猛り狂い、引き離すには後ろ足に結びつけた綱を六〇〜八〇人がかりで引っ張らなくてはならなかった」とベストはその様子を書き記している[36]。競技の締めくくりは一〇〜一二頭の雄羊の闘いだった。「これも同じく見事であった。見世物は日が暮れてあたりが見えなくなるまで続いた」[37]。それからイスカンダル・ムダの宴会が始まった。「少なくとも四〇種を超える料理とともに、強い酒が供された。その量たるや、酒豪ぞろいの軍隊でも飲みきれないほどであった」[38]

キーリングもベストも胡椒をイングランドに持ち帰ったが、スルタンを説得して通商条約を結ぶことはできなかった。老獪なスルタンは外国人と酒を酌み交わし、豪華な宴会や見世物に招いて歓待したが、自国の胡椒を売るにあたって、どの国に対しても独占的取引を許そうとはしなかった。

イスカンダル・ムダとその義理の息子がたびたび催した動物の闘技を、後継スルタンたちは好まず、大がかりな見世物はその後五〇年あまりの間に廃れていった。今日ではスマトラ、東南アジア、インドに生息するアジアゾウは絶滅が危惧されている。輸出貿易や生息地である森林の減少、病気などがその原因であろう。アジアで象の背に乗って楽しむのは、いまでは観光客だけである。

流れの中の饗宴

アチェのスルタンたちは宴会を開いて人をもてなすのが好きだった。なかでも喜ばれたのは、流れの中の饗宴であろう。想像してほしい――冷たく澄んだ水が流れる浅い川に浸りながら、そこで一日中ご馳走を食べるのだ。交易商人たちは熱帯の壮麗な自然に触れながら、よくそんなもてなしを受けた。酒(ライスワイン)を飲み、黄金の皿に盛ったご馳走に舌鼓を打つ。日が暮れれば、宿所に帰って一寝入りする。

十七世紀、長い航海の間めったに入浴できなかった交易商人たちは、清水の満ち溢れる地、アチェに夢中になった。水がこれほど豊かだから、アチェの人たちは沐浴が好きなのだと歴史家アンソニー・リードは指摘している。この町はアチェ川の河口で発達し、アンダマン海に面していた。イギリスの海賊ダンピアはアチェ滞在中にこんな観察を記録している。「この地の人たちは(ミンダナオでもそうだが)非常に迷信深く、身体を洗って汚れから身を清めることが大切だと信じている。だから川や流れのそばに住みたがる。(…)町に近いアチェ川はいつも老若男女の人びとでいっぱいだ。(…)病人でさえ、沐浴のためにここに運ばれてくる[39]」

アチェでは、川沿いのあちこちに沐浴場や美しい園が設けられていた。人びとはきれい好きで、身体を清潔に保つことが大事だと知っていた。当時、沐浴の効果を理解していたヨーロッパ人はほとんどいなかったろう。近代的な下水処理の仕組みも衛生思想も存在せず、室内用便器の中身を部屋の窓から投げ捨てていた時代である。身体を洗うための水は井戸から運んでこなければならず、風呂の用意は後回しになるのが常だった。ほかにも家事は山ほどあったのだ。

一六一三年、トーマス・ベストは部下たちとともにイスカンダル・ムダに招かれて川辺にやってきた。ムダは流れの中に座を占め、五〜六時間も座っていたが、その間ずっと甥が純金のひしゃくを使ってその身体に清水をかけ続けたという。実際にその場にいたイギリス人商人の詳しい記録によると、ベストがオランダ人商人らとともに案内された川は町から一〇〜一一キロほど離れていた。「かれらは沐浴場に到着した。王は流れの中に設けられた座所に進み、われらが艦長とオランダの商人らや主だった家臣たちはみな王につき従い、流れの中に入っていた。岸辺に見物人が大勢いるのが見えた。かれの甥が金のひしゃくでその身体に水を注ぎ、これを五、六時間ほども続けた。やがて盛大な宴会が始まった。山ほどのご馳走とアラック酒を供するのが当地のやり方である。宴会が終わると、一同は王宮に戻る。イギリス人奏者が行列の先頭でラッパを奏で、王の前には女たちが歌い踊りながら進んだ[40]」

一日がかりの大饗宴の模様を記した人物がもう一人いる。ウィリアム・キーリングはイスカンダル・ムダの治世が始まって間もない一六一六年五月、流れの中の宴会に招かれた。その記述から、キーリングがこの宴会を純粋に楽しんだ様子がわかる。自身の感想をめったに表さないキーリングにしては珍しいことである。「命令により(…)わたしは川の水のわき出るところまで王のお伴をした。そこは町から八〜九キロあまり離れていただろうか。そこでわたしたちは王の饗宴にあずかった。王と貴族たちは腰までの深さの流れの中に座っていた。これほど冷たく、清らかな水を、いままでわたしは目にしたことも、触れたこともない[41]」。当時、キーリングの仲間の多くが赤痢に感染し、命を落としていた。かれ自身ものちにこの病に侵されるのだが、当面の心配事は胡椒の積み入れであった。日が経つにつれ、さらに多くの部下が病に倒れ、胡椒はますます大きな重圧になっていた。キーリングは日記にこう書いている。「人を遣わして王の胡椒三〇〇バヤル(ママ)をプリアマンで買いつけた。一バハルはおよそ三九五イギリス・ポンドである[42]」。また、別の日にはこんなことを書いた。「ドラゴン号に乗っていたが、ペッパーコーン号の胡椒の荷積みも迅速に進むよう準備をしなければならない。わたしの身体はといえば、長引く赤痢にすっかりやられてしまった[43]」。仕事のことが頭を離れなかったキーティングだが、流れの中の宴会を心ゆくまで楽しんだようだ。なにしろ、いままで目にしたことも、触れたこともないほど「冷たく清らかな流れ」に身を置いたのだ。キーリングは一六一七年にイギリスへ帰国し、その後は二度と海へ出ていない。赤痢で身体が弱ったキーリングは一六二〇年、四十四歳の若さで世を去った。

十七世紀も後半になると、はるばるスマトラ島まで胡椒の買いつけにやってきたイギリスやオランダの商人のために、賑やかな行列や宴会を催すなどということは、単なる思い出話と化してしまう。陽気なヨーロッパ人が巨象の背に揺られて喜んだ舞台は、いまや武力闘争の場になっていた。貿易と利益と支配をめぐる争いが、とくにオランダがアジア全域でスパイス貿易を独占しようと突き進むにつれて熾烈化していった。十七世紀、アジア貿易はオランダが支配した。それを可能にしたのは、高速船と貿易独占に向けた残虐なまでの取り組みである。オランダはシナモン（スリランカ）、クローブ（モルッカ諸島）、ナツメグやメース（バンダ諸島）などの取引を独占し、これらスパイスが自分たちの手を通さない限り入手できないようにした。また、供給をわざと抑え、ヨーロッパでの価格を吊り上げた。オランダ人以外からこれらのスパイスを買い入れて捕まれば、誰であれ死刑に処せられた。オランダ人は自分たちが提示する取引条件に同意しないスルタンがいれば、そのスルタンが治めている港を封鎖した。たとえばアチェは、一六五〇年代にオランダに封鎖され、ひどい打撃を被った。アジアのスパイス貿易港は多くが食糧の搬入を船に頼っていたから、港が封鎖されれば飢えが待っていた。

十七世紀初頭のことだが、イギリスとオランダの商人たちがアチェやバンテンの勢力の及ばない地域で胡椒を買いつけようとした時期がある。バンテンはジャワ島北西部の胡椒が豊富に採れるスルタン国であったがスマトラ南部から南西部地域の胡椒貿易も支配するほどの力を持っていた。アチェやバンテンから独立していたのはただ一地域、スマトラ東部のジャンビであった。推計だが、ジャンビの港まで川を下る筏は一枚につき一五〇ピクル（約九トン）の胡椒を積むことができ、ジャンビ高地から毎年四～五万個もの胡椒袋が下流の町へと運ばれたと言われている。[44]ジャンビの町は沿岸から一三〇キロほど内陸にあり、そこへ行くには航行は可能だが危険な川を一三〇キロほどさかのぼらなくてはならなかった。それでもイギリスやオランダの（さらにポルトガルや中国の、またマレーやジャワからの）商人たちは胡椒を買おうと、この町に集まってきた。

内陸の流れの急な川や支流で胡椒を積み込んだ小船を操るのは至難の技だったから、ヨーロッパ人はこの仕事を現地の人に任せるしかなかった。島の人たちは筏を操る技術にかけては定評があったが、それでも激流のなかで筏が転覆することもあったろう。硬い胡椒の実が水に強かったのは幸いだ。ヨーロッパ人は下流地域の支配者たちと価格交渉をしたが、港までの胡椒の輸送は上流の村々の責任とされた。またヨーロッパ人は胡椒の生育と輸送を保証する協定を地元領主たちと結んでいた。

スマトラ東部でしばらくの間イギリス人とオランダ人が共存した、これは異例の状況であった。それができたのは、ジャンビとその近くのパレンバンに胡椒が豊富にあったからだ。それ以外の地域では、オランダ人はそれほど寛大ではなかった。

第五章 ※ イギリスの進出

一六八五年、イギリス東インド会社はスマトラ島南西海岸の険しい地、ベンクーレンに胡椒植民地を建設した。赤字経営が何年も続くと現地住民は胡椒栽培を強制されたが、この植民地は一度として利益をあげることができなかった。それでもイギリス人は一四〇年間もこの地にとどまった。

商品と見なされたこれらスマトラの産物のなかで、もっとも重要、かつ豊富なのは胡椒であった。これこそかの地における東インド会社の通商の目的であった。東インド会社の社員や傘下の商人たちは、胡椒以外のすべての商品を自由に取引することが許されていたが、会社は胡椒だけはけっして手離そうとしなかった。

——ウィリアム・マースデン（一八一一年）[1]

※

ここ［ベンクーレン］はわたしがこれまで訪れたなかで、間違いなくもっとも悲惨な地である。わたしを取り囲む破壊と荒廃の状況を、どうしたら十分に伝えられるだろうか。自然がもたらす数々の障害に加え、悪政がはびこり、神の恐るべき摂理の表れとして地震が打ち続くこの地には、まくらする家とてない。

——トーマス・スタンフォード・ラッフルズ（一八一八年）[2]

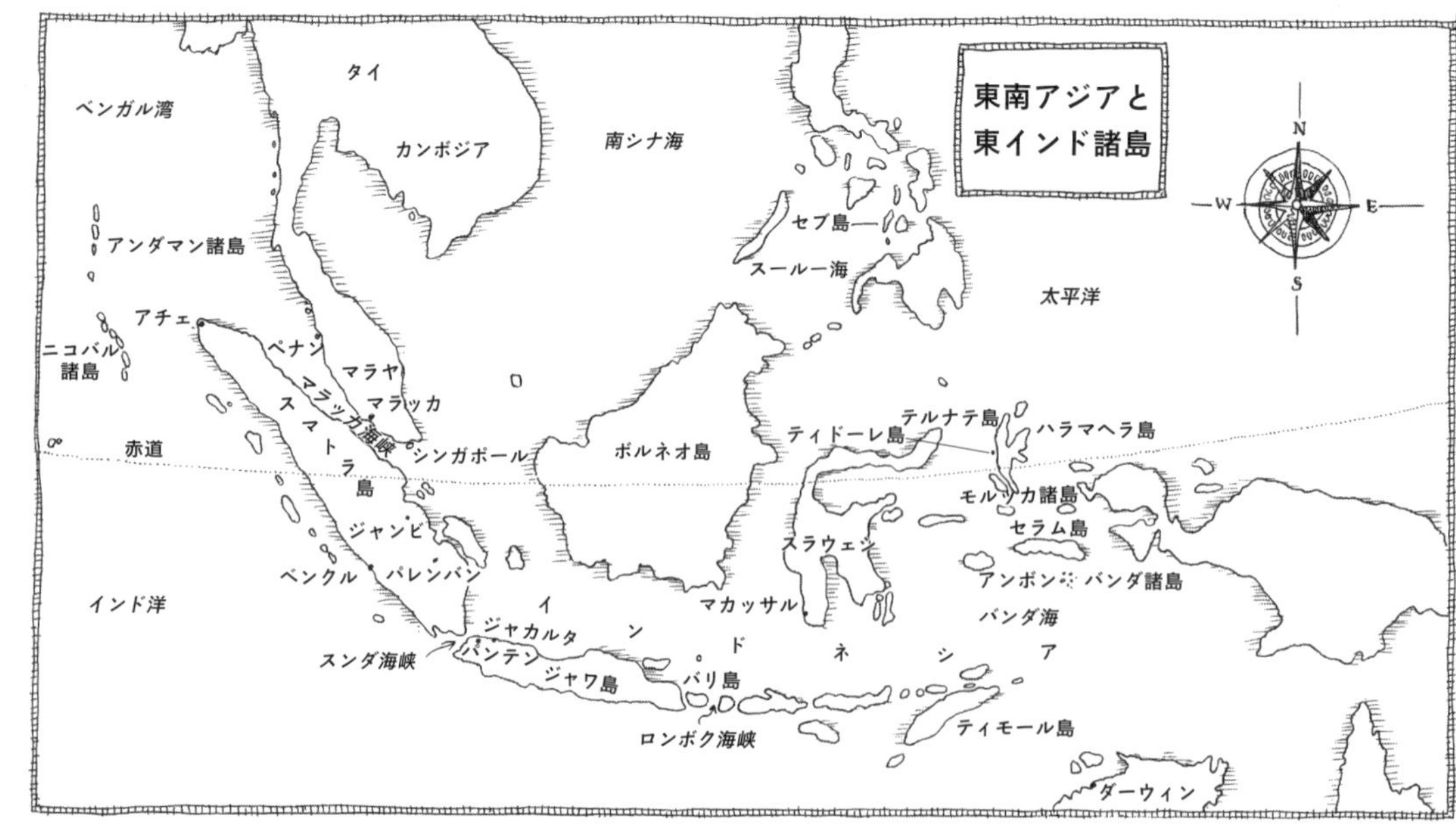
東南アジアと
東インド諸島
N
W
E
S
ベンガル湾
タイ
カンボジア
南シナ海
セブ島
スールー海
太平洋
アンダマン諸島
アチェ
ニコバル
諸島
ペナン
マラヤ
マラッカ
マラッカ海峡
スマトラ島
赤道
0°
シンガポール
ボルネオ島
テルナテ島
ティドーレ島
ハラマヘラ島
モルッカ諸島
セラム島
ジャンビ
スラウェシ
アンボン
バンダ諸島
ベンクル
パレンバン
インド洋
マカッサル
バンダ海
インドネシア
ジャカルタ
スンダ海峡
バンテン
ジャワ島
バリ島
ロンボク海峡
ティモール島
ダーウィン

極東の島々で採れる〔ナツメグやクローブなどの〕スパイスと違って、黒胡椒をある一地域にとどめておくことはできず、そのため胡椒取引を独占するのは難しいことをアムステルダムの有力者たちは知っていた。それでも十七世紀後半にオランダは、せめてインドの胡椒だけでも独占しようと、大胆な動きを見せ始めた。オランダ東インド会社の司令官レイクロフ・ファン・フーンス率いる軍は、コラムやカンヌールなど、ポルトガルとその同盟者の重要拠点を次々と侵略し、マラバル海岸で存在感を大いに強めていった。一六六三年、フーンスは至宝の港、コーチンを手中に収める。しかし、オランダは完全に勝利したわけではなかった。カリカットがどうしても屈しなかったのだ。それどころか、カリカットを治めていたヒンドゥーのザモリン家の王はイギリスを招聘し、古くからの海路の要衝に商館を開かせた。その後二〇年あまりの間に、イギリスはマラバル海岸のほかの町々にも商館を建設していった。なかでもアンジェンゴとタラセリーはいまでも良質の胡椒の産地として有名だ。オランダはイギリスの胡椒船を砲撃して追い出しにかかった。不安を募らせたイギリス人が訴えている。「オランダがインドの胡椒貿易の独占というかねてよりの企みを武力で押し通そうとするなら（…）われわれはマラバル海岸の拠点をいつまで維持できるだろうか。われらはかれらの企みを阻止すべく全力を尽くす義務を、国王陛下と国家に対して負っている[3]」

しかし攻撃に出たものの、オランダはマラバル海岸からイギリスを追い払うことはできなかった[4]。一七〇一年、オランダ東インド会社の軍司令官マグヌス・ヴィヘルマンは「胡椒とは、みんながその周りで踊る花嫁である」という名言を引用しながら、この不愉快な事態に不満を表明した。「この花嫁には愛人がたくさんいる。イギリス、デンマーク、ポルトガル、スーラトなどからやってきた商人たちだ。(…)だが、ここでわが社が立ち向かうべき最大のライバルはイギリスだ。イギリスこそもっとも強大、かつもっとも有害な競争相手である[5]」

マラバル海岸に進出はしたが、イギリスにとって胡椒の取引先としてはインドよりもインドネシアが重要だった。胡椒取引がとりわけ盛んだった一六七二年は、イギリス東インド会社が胡椒の輸入量を大きく伸ばした年で、インドネシアからヨーロッパへ三〇〇〇トン超の胡椒を出荷した。それに比べると、インドのマラバル海岸からの出荷量は約二一〇トンにとどまった[6]。その後、胡椒市場に変動はあったものの、九年後にイギリス東インド会社は一八〇〇トン超の胡椒を東南アジアから輸入していた。これはヨーロッパにおける黒胡椒の消費量のおよそ半分であった。実際、イギリス東インド会社の存在はインドネシアの胡椒に依存していたと言えよう。胡椒の大部分がスマトラ島やジャワ島のバンテンで船積みされたことは、すでに見てきたとおりである。バンテンは、ジャワ島とスマトラ島を隔てるスンダ海峡に面した港で、オランダ東インド会社が堅固な本拠地を構えるバタヴィアからはわずか八〇キロしか離れていなかった。

バンテンにはイギリス、フランス、デンマーク、中国など各地から商人が集まり、それぞれ商館を開き、倉庫を構えていた。イギリス人がバタヴィアのオランダ人を相手にビールやワインの商いをすることさえあった。世紀の初頭にはオランダ人がバンテンの外国貿易を潰しにかかった時期もあったが、この港町は立ち直り、拡大し、繁栄していった。この町は中国人が多いことでも知られていて、中国系の住民はれんが造りの家々が立ち並ぶ一画に住んでいた。町にはまた店舗や市場や王の広場があり、酒場など外国人目当ての娯楽施設も賑わっていた。

一六七一年、イギリスはこの町に新しく二つの商館を建てた。その後の四年間、イギリスの胡椒取引は興隆を極め、一六七〇年代の末になるとバンテンはオランダ人の鼻先にぶら下がる自由港になっていた。諸外国のなかでも最大の商館を構えていたのはイギリスだった。オランダはバタヴィアに商館を置いてはいたが、その主な目的は胡椒取引というよりも、政界の情報を得るためであった。オランダ東インド会社のバタヴィア総督コルネリウス・スペールマンはこうした状況が面白くなかった。仕事熱心で、高い教育を受け、マレー語も話せたスペールマンは、好戦的で腐敗した行政官であった。働き始めて間もない頃、取引で私利を図ったとして停職処分を受けたことがあった。それでもスペールマンは、オランダ東インド会社のアジアにおける最高ポストに任じられた一六八一年までに、インド南東部のコロマンデル海岸で——そこは二枚舌のヨーロッパ人が横行闊歩する地であった——いくつかの商館の長を務め、スラウェシ（セレベス）島南部マカッサルに戦争を仕掛けて制圧し、重要な胡椒港をオランダの支配下に置いている。この戦いはスペールマンを栄達の軌道に乗せ、敵に恐怖心を植えつけた。

バンテンのイギリス東インド会社の商館は、アジアでもっとも古い商館だった。一六〇二年にジェームズ・ランカスターがここに交易所を開いて以来営業を続けており、会社の経営上の序列では正式な「管区（プレジデンシー）」となっていた。スルタンが治めるバンテンは胡椒の豊かな供給源であったから、イギリス商館がこの地の胡椒を大量に保管していたことは言うまでもないが、それに加えてスマトラ東部ジャンビで会社が買いつけた胡椒も大部分がここに保管されていた。ところが一六七九年、ジャンビのイギリス商館がマラッカ海峡を越えてジョホールから攻め込んできたマレー人に破壊されてしまう。ジャンビからの胡椒ルートは途絶え、イギリスはバンテン産胡椒にほとんど頼りきりになった。不安定な状況に追い込まれたイギリス人は不安を募らせていった。バタヴィアは目と鼻の先だったのだ。

バタヴィアのオランダ人は、バンテンのイギリス商館を目の敵にしていた。とくにスペールマンがバタヴィア総督に就任してから、敵対感情は募る一方であった。一六八一年、バンテンで老スルタンとその息子の間に内乱が勃発した。スペールマンはこれに乗じて行動を起こす。オランダ東インド会社のインドネシアにおける最大の敵を潰しにかかったのだ。

一六八二年、バンテンの支配権をめぐりスルタンとその息子が戦闘状態に入った。父が町を包囲するなか、息子は数百の手勢を率いて市内の要塞に立てこもった。砲撃を受けたイギリス商館や倉庫のなかで、恐怖にかられたある商人は、オランダがやってくれば闘いの潮目は確実に変わるだろうと不安な気持ちを書き残している。オランダがスルタンの息子の側についていたからだ。「噂ではオランダ人が援軍を送り込んでくるらしい。オランダ勢が上陸すれば、バンテンは確実にあいつらのものになる」(7)。また「われわれは戦いの行方を注視している。危機に瀕したわが商館を守るべく、われわれは防備を強化し、日夜警戒を怠らずにいる。それぞれマスケット銃をはじめ、手に入るあらゆる武器で守りを固め、(激しく襲いかかってくるに違いない)敵の急襲に備えている」とも記している。

オランダ勢がバンテンを攻撃しスルタンの軍隊を圧倒すると、この無名のイギリス人商人はその様子をこう書いた。「[オランダ人は]あっという間にジャワ人を追い散らし、若王の要塞に迎え入れられて、自分たちの紋章旗を高々と掲げた（父王軍に追い詰められていた若王は、〔オランダの加勢がなければ〕あと幾日ももちこたえられなかったであろう）。まだ老スルタンの軍に破壊されずに残っていたものはその日、オランダ人にあらかた焼き払われた。オランダ人は町中のいたるところで勝利の行進を行った。われわれは商館の門を固く閉ざしていたから、被害を受けることはなかった。フランス、デンマーク、中国（…）の商館も同様である」。これら外国の商人たちは、オランダ人が来たからには、自分たちはもうこの町にはいられないと、すでにわかっていたに違いない。

オランダの傀儡の若いスルタンは、即位後間もなくイギリス人をはじめ――オランダ人以外の――ヨーロッパ人はバンテンから出て行くよう命じた。町から撤去し、「できる限り迅速に商品を船に積み、スルタンの国から立ち去る」ことが求められたイギリス人は、急いで荷をまとめ、積みきれない商品を館内に残したまま商館を閉鎖した。残った商品は、八レアル銀貨二万二〇〇〇枚の価値があったという。（スペイン・レアル、あるいは八レアル銀貨は、大航海時代にもっとも広く流通した通貨の一つで、銀二五・五グラム、一ポルトガル・クルザードに相当した）。「こうして、わが社の由緒あるバンテン商館の歴史は閉じられた。ここはわれらが七〇年あまりにわたって定住し、盛んに通商を行ってきた地である」とイギリス人商人は嘆いている。「イギリス人が、アフリカから出陣したときのハンニバルのように勇敢であったとは到底言えない。われわれは神と人を、そして自分たちの手抜かりを呪った。また、王たちの忘恩には心底がっかりさせられた。われらはこの国の乳母であり父親であった（と言ってもいいだろう）。スルタンの父親のもとでイギリスがそのような役割をしたことは広く当地の住民すべてが認めるところであるが、これは分不相応な評価ではないだろう。この国の貿易の興隆を助け、今日ある姿に育てたのはわれらである」。植民者の父権主義が感じられるこうした感想は、その後数世紀にわたり帝国建設を正当化したイギリス独特の視座を表していると言えよう。オランダ人とは異なり、イギリス人は自分たちのことを、貿易によって相手国を豊かにすることにしか関心がない善意に溢れた人間だと考えるのが好きだった。かつてイギリス東インド会社の初航海でランカスター船長が運んだエリザベス女王の親書にも、すでにこれは表れていた。

オランダ人はバンテンが自分たちの商業的利益をふたたび脅かすことがないように念を入れて対策を講じた。オランダの支配のもと、スマトラ島南部にまで広がるスルタンの領土内で育った胡椒はすべて契約価格でオランダ東インド会社に売られることになった。また、スルタンは年間一〇〇バハル(約一八トン)の胡椒をオランダ東インド会社に納めることとされた。いまやバンテンはオランダ東インド会社最大の胡椒供給地であり、ある種の従属国であった。オランダはこの町に要塞を築き、スペールマンにちなんでスペールウィク要塞と名づけた。周囲に濠を巡らし、分厚く高い城壁に四八門の大砲を据えたいかめしい要塞であった。スルタンは、宮殿内にとどまった一三〇人ほどのオランダ兵守備隊に、常時警護されていた。「この兵たちの役目は、表面上はあらゆる攻撃からスルタンの身を守ることであったが、実際はスルタンをオランダ東インド会社の支配下に留め置くことであった」とヨハン・スプリンテル・スタヴォリヌスは鋭い観察記録を残している(8)。スタヴォリヌスは東インド会社の貿易船の船長で、優れた観察者であった。一七六九年、スタヴォリヌスはバタヴィアからバンテンへ船を出し、そこで黒胡椒約五四〇トン、白胡椒約一・三トンをスルタンから買い入れて船に積み込んだ。「いかなる身分の者であれ[スルタンの]臣下は何人(なんぴと)も、またスルタンの息子たちでさえ、オランダの守備隊長に知られることなく、直接スルタンに近づくことは許されなかった。隊長はスルタンの客人について門番から逐一報告を受け、ときおりその情報を要塞の司令官に伝えた」。また、スタヴォリヌスによれば「ジャワ人やバンテン人は何人(なんぴと)たりとも、要塞の敷地内で夜を過ごすことは許されなかった」

ジャワ島のこの町バンテンは大型船が安全に投錨できる深い湾の奥に位置し、アチェと同じくココナツ林に抱かれ、家々は林のなかに散在していた。

オランダがバンテンを制圧すると、イギリス東インド会社の東南アジアからの胡椒輸入量はたちまち大幅に減った。新スルタンはオランダ人にバンテンでの独占貿易権を与えたうえに、ランプンの胡椒についてもオランダ東インド会社に同様の権利を認めたからだ。ランプンはスマトラ島南部スンダ海峡に近い地域で、バンテン・スルタン国の属領であった。そのためイギリスは、胡椒取引のできる港をインドネシアのどこかほかに見つけなければならなくなった。オランダはすでにスマトラ東部のジャンビと、それに続くパレンバンでも胡椒貿易を独占していたから、イギリスは東部沿岸には手が出せなかった。この時点で、イギリスがオランダの独占を受け入れ、インドネシアの胡椒貿易から完全撤退しなかったのは、これに国家の威信がかかっていたからであり、また儲けたいという人びとの強い欲求があったからだ（利益はすべて会社に入るわけではなく、一部は「私貿易」の利潤として商人たちの懐に入った）。イギリス人に言わせれば、オランダ人はバンテン制圧作戦で胡椒貿易を牛耳ろうという魂胆をむき出しにしたのだった――マラバル海岸でオランダ東インド会社のやつらがどんな攻勢を仕掛けてきたかを忘れるな。イギリスにとって事態は深刻だった。胡椒はほかのスパイスより取引量がはるかに多かったし、心情的にもあきらめられない商品だ。なにしろ、東インド会社は胡椒取引のために設立されたのだから。

バンテンから追われたことで、イギリス人は貴重な教訓を学んだ。インドネシアで商館を建てたければ、本格的な要塞を築かなければならない。[9] すでにイギリスはセントヘレナ島、ボンベイ、マドラス（セント・ジョージ要塞）などスパイス・ルート沿いに要塞を築いていたものの、大部分のイギリス商館はわずか数人の雇い人がいるだけであった。一方、オランダは商館を兵士たちに守らせ、バタヴィアに大きな城を築き、極東のモルッカ諸島にも要塞を建てていた。もしイギリスが、スパイス貿易だけでなく茶の取引など成長著しい分野でも引き続き存在感を示そうと思えば、要塞を築き兵士を駐屯させなければばならない。だが、これには多大な、会社の不安定な財政状況に照らせば途方もない額の出費が伴った。こうしてイギリス東インド会社は歴史上、重要な転機を迎えた――交易に取って代わって植民地主義が頭をもたげ始めたのだ。

ベンクーレン（現ベンクル）はスマトラ島南西部沿岸プリアマンの南方四八〇キロに位置する辺鄙な港で、当初イギリス人は、ここを金のかかる要塞の有望な候補地とは見なしていなかった。だが、オランダの動きが刺激となって事態が進み、やがてこの辺鄙な開拓地は、イギリス東インド会社の命運と切っても切れない不名誉なつながりで結ばれることになる。

その頃インドのマドラスで、ボストン出身のエリフ・イェールという男がイギリス東インド会社で働いていた。[10] マドラスは胡椒の買いつけにスマトラへ向かう船の重要な出港地であった。一六八四年、一時的にこの港の責任者に任ぜられたイェールは、二人の部下――元兵士で教師のラルフ・オードとウィリアム・コーリーという名の男――をアチェに、商館を再建するための交渉役として派遣した。当時アチェを治めていた女性スルタンのザキアドゥッディーン・イナヤットはイギリスからの客人を丁寧に迎え入れ、礼儀正しく話を聞いたが、その最大の関心は、イギリス人がかぶっていたかつらに向けられたようだ。かつらを脱いでもらえまいかと乞われたオードは、そのとおりにしたと伝えられている。

アチェの歴代の支配者たちと同じく、この女性スルタンも独立を重んじ、イギリス人が自らの領内にれんが造りの要塞を建てるのを認めようとはしなかった。マドラス総督がアチェの王宮を黄金でいっぱいにしてくれたとしても、れんが造りの建物は、要塞どころか家一軒さえ、建設を許すつもりはないとスルタンは言った。というのも、恒久的な建造物は領土拡張の基地として利用されることがあると、この女性スルタンは知っていたからだ。「最大限の好意」として、材木と板を使うなら要塞建設を許してもいいだろうと、イギリス人は告げられた。こうした言葉から、スマトラ島へのヨーロッパ人の侵入がすでに不安を引き起こしていたことが見てとれる。だが、二人のイギリス人の努力はまったく無駄ではなかったようだ。

オードとコーリーと時を同じくして、プリアマンなど西海岸の地方領主たちの一団がアチェを訪れていた。イギリスにとって都合のよいことに、領主たちは自分たちをオランダ人から守ってほしいとアチェの女性スルタンに願い出ていたのだ。領主たちはさっそく、イギリス人に要塞を建ててほしいと求めた。オランダ人を寄せつけないためであった。見返りに胡椒の独占取引を認めるという。イギリスにとっては願ってもない話である。交渉が進み、合意書がマドラスで調印された。東インド会社を代表して交渉を進めたのはエリフ・イェールであった。ところが、プリアマンに向けてイギリスの遠征隊が出航する間際になって、東インド会社はベンクーレンの領主たちから商館建設の招聘状を受け取り、マドラスの会社幹部はこれを受け入れてしまった。その理由はおそらく、すでにオランダがプリアマンに制圧部隊を送り出していたからだろう。

オランダとの対決を避けようとしたイギリス人にとって、ベンクーレンは絶好の地に映ったかもしれない。しかし、実際のところ、オランダ人を回避するのは、この比較的辺鄙な開拓地にいてさえ不可能だった。オランダ支配下のバンテンとバタヴィアの影響はスマトラ島南部のすべての港に及んでおり、バンテンの主要な胡椒供給地シレバルはベンクーレンのすぐ近くだったのだ。

イギリス人はベンクーレンの北の、島の西岸のいくつかの村でオランダ人の妨害を受けながらも、驚くべき忍耐力を発揮して地歩固めを続けた。一六八五年、イギリスはマールバラ砦を築き、ベンクーレンを西スマトラにおける事業の本拠地と定め、以後一四〇年もここにとどまった。のちに「ジョン会社」の愛称で呼ばれたイギリス東インド会社は、ベンクーレンへの進出を決めた決定を最後まで悔やむことになる。

ボストン出身の胡椒商人で、プリアマンでの要塞建設をめぐり、結果的には不首尾に終わった交渉を率いたエリフ・イェールは、間もなくマドラスの長官兼総督に任ぜられ、のちにイェール大学設立に際して、私貿易で築いた莫大な財産を寄付した。イェールは、スマトラにはおそらく一度も行かなかったが、一六八八年にはアチェ商館建設にあたって一役買っている。一六九二年、アチェとの私貿易を通して私腹を肥やしたとしてマドラス総督の職を解かれ、投獄されたが、釈放後はマドラスでふたたび私的な取引を続けた。インドを後にしたのは一六九九年になってからだった。

イギリス人が初めてベンクーレンに到着してから何年も経ってからだが、東インド会社の重役は次のような嘆きの言葉を書き残している。「プリアマンでの植民に関するわれわれの命令をすべて破り、勝手な判断でベンクーレンのごとき健康に悪い地にわれわれの船を送り、われわれの力と富を浪費し、多くの男たちの命を危険にさらしたことは、総督およびフォート・セント・ジョージ（マドラス）の商館会議の幹部たちが犯した致命的な、まさに悔やんでも悔やみきれない過ちである。あの地にはより多くの胡椒があると聞いての判断であったろうが、われわれはプリアマンをめぐる指令を出す前からそのことは承知していた。しかし、われわれはベンクーレンをはじめシレバルに近い地はいずれも避けたのである。バタヴィアに近すぎるというのがその理由であったし、われわれは長年の経験の積み重ねによりあの地が健康によくないことを知っていた。よってわれわれは、プリアマンを植民の中心地としてフォート・セント・ジョージのような堅固で安全な拠点とすべく、熟慮のうえで命令を発していたのである(11)」

アチェが楽園なら、ベンクーレンは地獄であった。辺鄙でじめじめしたこの村は、波が荒いために船で近づくのは難しく、東インド会社がインドネシアで地歩を固める拠点とするにはまことに不適切な地であった。ベンクーレン川の河口に近い丘の上に建てられたヨーク砦は、周囲をマラリアの温床となる沼地に囲まれていた。砦は間もなく三キロほど離れた適地に、囚人や地元労働者の手によって建て直されたが、新しく建ったマールバラ砦はお粗末な出来栄えだった。一方で、軍用品の不足が恒常的に続いた。また、ベンクーレンで働きたいというイギリス兵は多くはいなかったから、東インド会社は南スラウェシのブギ族やインド人の兵士、あるいは「トパーズ」と呼ばれる男たち（ポルトガル人の子孫のキリスト教徒）を雇い入れて、少ない人員の増強を図った。一時、イギリス人はマダガスカルの奴隷を兵士として使うことまで考えたという。

わずかな守備兵に守られた砦は脆弱で、イギリス人は二度ここから退却している。一度は一七一九年、不当な仕打ちを受けたインドネシア人たちが建設途上のマールバラ砦を襲い、町に火を放ったため、イギリス人は湾内に停泊していた会社の船に乗り込んで難を逃れた。二度目は一七六〇年、イギリス人は現地の人びとを味方につけることができず、フランス海軍准将デスタン伯爵率いる艦隊に屈するという屈辱を味わった。ところが艦隊に疫病が広がったため、デスタン伯爵は数カ月も経たないうちに植民をあきらめてしまった。

こうしてベンクーレンはふたたびイギリス人のものとなったが、東インド会社は秩序を回復できなかった。「胡椒農園の多くは荒れ放題で、人びとは落ち着きがなく、耕作の再開に後ろ向きだ」と、学者ウィリアム・マースデンは書き記している。[12] マースデンは東インド会社の社員として一七七一年から七九年までベンクーレンに住み、スマトラ史の大著をものした。ベンクーレンの北のモコ・モコのスルタンは地域の有力者だったが、この人も領内で〔胡椒農園の〕破壊を命じていた。こうしてベンクーレンとシレバルの胡椒農園は壊滅状態に陥った。

初めからベンクーレンは墓場のようなところだった。交易所を建ててわずか四カ月後、疫病がこの狭い開拓地全体に野火のように広がった。現地の人びとの絶望ぶりが手紙によく表れている。「われらはみな病のために互いに助け合うことができなくなっている。当地にやってきた大勢のなかで元気な者は三〇人にも満たない」と、一六八六年から九〇年まで開拓地の責任者を務めたベンジャミン・ブルームはマドラスの幹部に書き送った。[13] またブルームはベンクーレンの北方の開拓地インドラプナにいるラルフ・オードに、死亡者数が恐ろしいほど増え続けていると打ち明けた。「毎日、人が死んでいく。これまでで最悪の状態だ。死者を葬るための墓掘り人も、遺体を町の外に運び出す運搬人もいない[14]」。オードの返信によれば、インドラプナの状況も悲惨であった。「病が蔓延するそちらの状況を聞いて気の毒に思うが、当地の事情も少しもよいとは言えず、むしろさらにひどい」とオードは訴えている。「当地の黒人で健康な者は一人もいない。死んでいるか死にかけている者ばかり、その他の者も働くことはまったくできない[15]」。ベンクーレン植民地の創設者であったオードは一六八六年にプリアマンで死んだ。オランダ人に毒殺されたとも言われている。

幹部社員の悩みの種は、瀕死の病人ばかりではなかった。オランダ人が襲撃してくるかもしれなかった。ブルームは、ベンクーレンの北方一一〇キロほどにある胡椒の産地セブラト一帯を治める領主（ラージャ）に手紙を送っている。手紙は「われわれが当地に開拓地を開くにあたって貴殿は、必要なときはいつでもわれわれを支持し支援すると約束してくださいました」と始まる。「そこでお願いする次第です。これまではその必要もありませんでしたが、いまやお心変わりがないことを示していただくときが来ました。もしオランダ人やジャワ人がシレバルにやってきたら（…）ご承知のとおり、それは当地を攻撃しようとねらってのことですが（…）貴殿にはできるだけ迅速に戻って来ていただきたい。（…）いま当地での貴殿の存在はいつにも増して肝要であります[16]」。たしかにオランダ人は近くに迫っていたが、実際にベンクーレンを攻撃してはこなかった。

多くの死者が出たが、生まれたばかりの開拓地はどうにか生き延び、その北方と南方の居住区（レジデンシー）はイギリス領の一部となった。だがベンクーレンの暮らしは閉ざされていた。スマトラ島の険しい山々や危険なジャングルを前にしては、探検の意欲も萎えてしまう。外部居住区と呼ばれた胡椒農園に、年に一度の点検に出かけなければならない社員は、この仕事をひどく怖がった。毎日をやり過ごすために酒におぼれる者も多かった。社員の間で飲酒が広がっていた。一七一六年七月の一カ月に、マールバラ砦の「高等」文官一九人は「（クラレット）ワイン七四ダース半、バートン産エールやペールビール二四ダース半、マディラ・ワイン二樽（一樽一〇五ガロン入り）と四二ガロン、（ペルシアの）シラーズ・ワイン六瓶、ゴア（ヤシ酒）一六四ガロン」を飲み干した。[17]この年、ワインの費用だけでもスマトラからの胡椒の輸出額を上回ったと言われている。

死の罠として知られた辺鄙な駐屯地で働く人を採用するのは容易ではなかった。砦の幹部の多くが卑劣な連中だったとしても驚くにはあたらない。海賊で交易商人であったウィリアム・ダンピアは一六九〇年に五カ月間、砲手としてこの砦で働いた。ダンピアによれば、一六九〇年から九二年まで「砦の長」を務めたジェームズ・ソードンは憎むべき卑劣漢であった。ソードンは「下の者に対して傲慢かつ冷酷極まりなく、マレー人が住む近隣地域の管理をあまりにも無分別に行っていたので、わたしはうんざりした。（…）実に粗野で野蛮な気性の男の下で働いた」とダンピアは書いている。「このような人物なので、その名を挙げるのは差し控えたい。またこの男にまつわる具体的な話をこの書類に書き連ねたいとも思わない。しかし、通告はしておきたい。というのも、商館で行われている悪行について知ることは、わが国全体の、とりわけ栄えある東インド会社の利益にかかわるからだ[18]」

あまりにもひどい行為に及んだために、一七一八年の総督代理リチャード・ファーマーのように停職処分を受け、投獄された者もいる。一八〇七年にはトーマス・パーという駐在官が、怒り狂ったマレー人に首をはねられた。パーは「ブギ隊」と呼ばれる、南スラウェシからの避難者たちが作る一種の地域防衛隊を解散させ、強制的にコーヒー栽培を始めようとして人びとの怒りを買ったのだった。現地人の扱いがより人道的であったとされるジョゼフ・コレットでさえ、管理下にある者たちを子ども扱いする典型的なイギリスの植民地主義者であったようだ。一七一二〜一六年、ベンクーレンの総督代理を務めたコレットは、自分のやり方を自慢してこう書いている。「かれらに対処するにあたってわたしは、賢い男なら妻の扱いはかくあるべしと思われる方法を用いている。つまり、瑣末なことに関してはやさしく接するが、重要な問題では断固とした態度を示すのだ[19]」

コレットの一日は午前七時、バター付きパンとボヒー茶（当時好まれた中国産の茶）の朝食で始まった。[20]午前中は仕事をし、昼食をとる。鶏肉、ハト肉、ザリガニ、カニ、クルマエビの料理が供される。「それぞれ絶品で、添え物も美味である」。「飲み物用の大型ボウルからうまいビール」を飲み、「腹ごなしにパイプを楽しんでから」仕事に戻る。「時間があれば四時には外に出て、六時まで乗馬か散歩をする。わたしが馬に乗れば騎兵が付き従い、馬前にイギリス国旗が掲げられる。このほかにも、わたしが外出するときは、たいていブギ族の歩兵が護衛につく」。西スマトラでイギリス人は優れた戦士として誉れ高いブギ族をとくに徴用し、胡椒農場の監督や兵士として働かせた。

実際、コレットはどこへ行くにも護衛を従えていた。「歩くとき、わたしの前にはラッパ銃を携えた歩兵が四人、後ろにはブギ兵が護衛についてくる」とコレットは書いている。「もしわたしが要塞の外で食事をしたり宿泊したりすれば、護衛兵の数はさらに増えるだろうが、まだそんなことをしたことはない」

コレットは六時になると仕事を切り上げ、家に帰って「ふたたび座してしばし休み、それから夕食となる。グラスを傾け、パイプをくゆらしてから寝室へ行き、眠りにつく前に為すべきことにあたる。家には召使二人と二人の奴隷がいる。その一人は女だが、王からの贈り物というわけではない。（…）醜聞を避けたいので、この女は別の家に住まわせ、そこでアイロンかけなど家事をさせているので、わが家の敷居をまたぐことはない。（…）要塞の周辺のマレー人町には家が七、八〇〇軒もあろうか。どの家も人がいっぱい住んでいる」

コレットが召使や奴隷たちにかしずかれながら豪華な食卓に向かっているとき、いわゆるイギリス人居住区に住む現地人たちは三度の食事に事欠く暮らしをしていた。ベンクーレンでイギリスは、住民を飢餓に追い込むさまざまな施策をとった。その手始めとなったのが、住民に強制して一定の本数の胡椒を育てさせ、契約価格で買い取る制度であった。

ベンクーレンの設立からわずか一〇年後、レドゥンホール街にあるイギリス東インド会社の本社では、重役たちがスマトラ南西部の胡椒貿易の低迷に頭を悩ませていた。損失は年を追うごとに膨らんでいた。要塞を建て、兵を維持する高額の出費を埋め合わせる手立てとてなく、この事業全体が社の財源の枯渇につながるのは明白であった。なんらかの手を打つ必要に迫られたベンクーレンの幹部社員は、強制栽培を決意する。ありていに言えば、これは奴隷制であった。これによって胡椒生産を拡大し、安定供給を常に確保して、会社の財務状況を好転させようとしたのだ。結果として保留地とも農園とも呼べる農場が生まれ、現地の人びとに災いをもたらした。従来、スマトラ南西部での胡椒栽培——胡椒のつる植物を育て、農園を維持する仕事——を担っていたのは、主に川の上流の村々の家族であった。普通は男たちがジャングルを切り開いて農園を作り、女や子どもが胡椒を植え、収穫した。女たちは胡椒を地元の市場で売っていた[21]。

この農業システムをイギリス人はおおむね破壊した。そればかりでなく、胡椒の供給について地域の領主たちと契約を結んだことで、スマトラ西部の社会組織も破壊したのだった。一六九五年、領主たちは「年間二〇〇〇本の胡椒を育て、イギリス人担当官に協力して、これら協定を確実に実施することを臣民に義務づけた[22]」。十六歳以上の未婚男性のノルマは既婚者の半分であった。達成が難しかったノルマは一七二四年には減らされたが、それでも一家族につき一〇〇〇本、独身男性は一人五〇〇本であった。これだけの本数を育てるのはとてつもない仕事だったから、結婚して二倍の胡椒を育てるのは到底無理だと、多くの若者が村を出て行った。イギリス支配下のスマトラ南西部では、独身女性の数が男性をはるかに上回っていたと多くの研究者が指摘している。既婚女性は家族で育てた胡椒を地元市場で売ることができなくなった。そんな仕事は女のすることではないというのがイギリス人の考えであった。

ノルマを達成できなかった家族には厳しい罰が待っていた。男も女も罰金が科され、投獄された。罰則は年々厳しさを増していった。ベンクーレンの設立からわずか五年後の一六九〇年、ウィリアム・ダンピアは地域の二人の領主が投獄されたのを目撃している。「砦への胡椒の納入量が、総督が命じた量に届かなかったという、ただそれだけの理由」であった。

胡椒は生存に必要な作物ではない。生きるために農家はさらにコメも育てなければならなかった。イギリス人は何年にもわたって胡椒を求め続け、これが深刻なコメ不足を引き起こし、人びとは半飢餓状態に陥っていった。農家は東インド会社が定めた割り当て分の胡椒を育てるのが精いっぱいで、食用作物にまで手が回らなかったのだ。ベンクーレンのある幹部社員による一七四一年の記録には「当地ではこれまで経験したことがないほどコメが不足しているため、人びとは住まいを捨て、家族のための食糧を求めて六日も七日もかけて内陸部へ移動する。多くはここ数カ月というもの、木の根や木の葉しか口にしていない。悲惨な境遇は筆舌に尽くしがたい」とある。[23]

イギリス人の最優先課題は利益を上げることだった。だが、栽培量を増やそうと強制を強めても、会社は赤字を出し続けた。一七五五年のある報告書は、胡椒の収穫量が期待外れで、そのため会社の資金流出が止まらないと訴えているが、これは象徴的な一文である。重役たちはマールバラ要塞へこう書き送った。「胡椒への投資の増額については、会社全体の利益に照らして目下検討中である。年間で少なくとも二隻の船に積み込むに足る量の生産ができないとなれば、貴殿らによる細心の経営努力と節約によって出費が最小限に抑えられたとしても、西海岸におけるわれらの植民地が社の資産を引き続き枯渇させていくのは必定である[24]」

ロンドン本社の幹部は、生産ノルマを確実に達成させるためには居住区の検分をより頻繁に行うべきだと強く求めた。だがそんなことをしても無駄だった。スマトラ島南西部の胡椒事業は利益を生まなかった。だが、その後もイギリス人は、国家の威信とこの地方をオランダの手に渡すまいという意地に支えられ、来る年も来る年もスマトラ島にとどまった。

現地人は生まれつき怠惰であり、十分な量の胡椒を生産できないのはこれが原因だとする東インド会社の確信は、一度として揺らぐことがなかった。マールバラ砦からの手紙はどれも、やる気のない怠惰な「マレー人」を非難する言葉で満ちている。もっとも扱いにくい人物は処罰するつもりだとも書かれていた。一七四六年、マールバラ要塞の幹部社員はこんなことを言っている。「マンナとライェ［現ライス］の居住区の住民は［胡椒の栽培にあたって］きわめて怠惰であります。頑固で無知なマレー人をして自分たちの利益に気づかせるのは非常に困難な仕事で、粗野な気質を持つこうした者どもに接する際に、各位が常々推奨されておられる慈悲深い態度はまったく効果がないこと、また取るに足りないこのような者どもに対し、今回だけは厳しさをもって対処する必要があることを、われわれは経験から学んでいる次第であります[25]」

またこの手紙は、数人のブギ族の男たちが仕事を放り出して村に帰ってしまったと嘆いている。「ブギ族はセイロンやマラバル沿岸などでオランダ人に雇われ、勇敢で信頼できると評価されておりますが、当地ではマレー人と交わり、当初は見られなかった怠惰で横着な性癖を、たちまちのうちに身につけるのであります」

自身もマレー語を学び、現地人に対していくらか思いやりのある見方をした学者のウィリアム・マースデンさえも、「原住民の生来の怠惰」に言及しているが[26]、少なくとも「かれらは胡椒栽培からほとんど利益を得ていない」と認めてはいる。マースデンの指摘によれば、イギリスの支配地域では胡椒の価格がかなり低かった。「男一人の収入は、年間八〜一二ドルに満たない」。胡椒の安値はベンクーレンが辺鄙な場所だからであり、スマトラ島のほかの地域では胡椒栽培は成功しているとマースデンは指摘した。また、スマトラ島北西沿岸で興隆し始めた胡椒貿易港に触れ、「島の北部は人口も多く、よい港がたくさんある」と言っている。「これら地域の人びとはより独立心が強く、私貿易人と取引できる条件のもとでなければ、胡椒農園で働こうとしない[27]」

入植地ベンクーレンはその居住区も含め、船でのアクセスが難しかったため、中国人ら東洋の胡椒商人はこの地域での取引に慎重にならざるを得ず、競争相手のいないイギリス人は胡椒を安値で買うことができた。ただ、イギリスがベンクーレンに中国人を招こうとしたのも事実である。当時、中国系移民が多く住みついていたバタヴィアをしのぐ定住先として発展させようとのねらいだった[28]。結局、ベンクーレンはそうならなかったが、それでもここには「中国バザール」や飲茶の店などが建てられた。ジョゼフ・ハーロックが総督を務めた一七四六〜五二年、ベンクーレンのイギリス人居住区で栽培された胡椒は大部分がヨーロッパではなく中国へ送られた。ヨーロッパ向け輸出は一七五〇年代後半になって回復した。

東インド会社は自分たちのひどい政策がベンクーレンの経営がうまくいかない理由だとは、想像だにしていなかった。幹部たちは、山間部の住民を沿岸部に移住させ、胡椒の栽培にあたらせるという気の利いた生産拡大計画を考えついた。一七五四年の文書にはこうある。「この地方は人があまり住まない地であるからして、山の住人の沿岸部への移住を促進することを、事務管理担当の諸兄に進言する次第である。われわれはすでに現地の二人の領主と交渉を進め、その臣下をすべて山から移住させる約束を取りつけている。その数は五〇〇〜六〇〇世帯になる見込みだ[29]」

強制移住が実を結ばないことがわかると、気の利いた計画がもう一つ持ち上がった——バンダ諸島とモルッカ諸島の貴重なナツメグやクローブの木をベンクーレンに植えようというのだ。これは、スパイス貿易のオランダの独占を破りたいライバル国すべてが共有する大いなる夢であった。イギリス人もフランス人も、極東のモルッカ諸島から苗木を盗み出し、どこかよそで育てようと企んでいた。ついにこれに成功したのが片腕のフランス人、ピエール・ポワヴルである（英語読みではピーター・ペッパー。実名だ）。宣教師であったポワヴルは、のちに植物研究に進んだ。その著作はもっとも早くから森林保護を呼びかけた書として知られている。ナツメグとクローブをモーリシャス島に密輸するという一種の海賊行為を働いたのは一七五〇年代のことだ。アジアで活躍したヨーロッパ人冒険家の一人に数えられるポワヴルは、リヨンの裕福な絹物商の家に生まれ、一時フランス東インド会社（一六六四年設立）で働いたこともある。若くして宣教師として中国や東南アジアを旅し、のちにバタヴィアの戦闘で片腕を失った。一七六〇年代、インドやインドネシアに向かう胡椒商人たちがしばしば立ち寄るインド洋上の二つの島、モーリシャス島とレユニオン島の総督を務めた[30]。

一七九六年、イギリスはモルッカ諸島の支配権をオランダから一時的に奪い取った。チャンス到来である。イギリスはナツメグとクローブの苗木を極東の島々からスマトラ西部へ移植した。それまでベンクーレンでの移植実験はことごとく失敗していたのだが、このときイギリスはオランダの報復を恐れずに大量の苗木を移植することができた。園芸実験は成功し、一八一一～一六年の間に約一九トンのナツメグと約二・八トンのクローブがベンクーレンからインドやイギリスに向けて出荷された。だが、モルッカ諸島から苗木を調達し、ベンクーレンで農園を維持するには多額のコストがかかり、利益を上げることはできなかった。それでもマールバラ砦の幹部社員たちはあきらめず、会社の農園や私有農園に植えられたナツメグとクローブが、胡椒のために建てられたこの植民地を救ってくれるだろうと、東インド会社がベンクーレンから手を引くその日まで期待し続けた。

トーマス・スタンフォード・ラッフルズが二人目の妻ソフィアとともにベンクーレンにやってきた一八一八年、この植民地はとりわけ悲惨な状態にあり、新任の副総督はそこで目にしたことに深い衝撃を受けた。強制栽培のシステムはすでに長年にわたって会社の求めに応じきれていなかったし、ここスマトラ島南西部の住民は打ちひしがれていた。ベンクーレンに到着後間もなく、ラッフルズはロンドンの重役たちに次のような手紙を送っている。「疑いの余地のないことですが、いま住民たちは現地駐在官の事実上の奴隷になっております。西［インド諸島］のアフリカ人が奴隷にされているのと同じですが、唯一の違いは、前者は住民に対して永続的な所有権を持たず、その当面の関心が労働力だけにあることです。これが結果として過酷な搾取の誘因となっています」[31]

絶望的な状態にあるこの過疎の地を見たラッフルズは、人口減少は会社の厳しい政策が原因だとすぐさま見抜いた。「当地の現状は筆舌に尽くしがたいものがあります」とラッフルズは重役会に訴えている。「この地方は荒廃地同然になっております。居残った労働者は去って行った者たちの義務をも負うことになり、気力も活力も喪失しています。決められた数量の胡椒を栽培しなかった、あるいは一定の量の胡椒の実を納めなかった農家は、現地駐在官の判断で体刑を含む刑罰を受けることになりますが、これについてベンクーレンの主たる行政機関が関与することはまったくありません。悲惨な状況にある住民を支えるために、最近当局は多大な費用をかけてベンガル［インド］からコメを搬入せざるを得なくなりました。要するにこれがこのシステムの結果であります。このような制度のもと、活力をもって仕事に励むことなどできるでしょうか！[32]」

奴隷制度廃止論者であったラッフルズは、ベンクーレンの奴隷を目にして憤慨し、手紙の最後に熱心に訴えた。「不幸なアフリカ人たち、いや、ここでは会社が公に所有する奴隷を意味しておりますが、かれらのために申し上げます。現在この植民地には、男や女や子どもの奴隷がおり、その数は二〇〇人を超えましょう。その多くは、以前に東インド会社に買われた奴隷の子としてベンクーレンで生まれています。これまでかれらは当地の業務を果たすために不可欠な存在であると、また自由人よりも幸せだと見なされてきました。この二つの見方のどちらにも、わたしは与(くみ)することができません。かれらは会社の船の荷積みや荷降ろしの重労働に就いていますが、このような仕事には自由労働者を雇うべきであります。道徳について教えを受けたことが一度としてないかれらは、多くがふしだらで堕落しています――女たちは囚人どもを相手にふしだらな行為を繰り返し（「種族保存のため」だと監督官から聞きましたが）、子どもたちは裸のまま、悪徳と悲惨さのなかに放り出されております」

イギリスのやり方の弊害を見抜く慧眼の社員が、ついにスマトラ西部にやってきたのだった。ラッフルズは持ち前の行動力を発揮し、信条とする「リベラル」帝国主義――「文明の進んだ」イギリスの保護のもとで、原住民は帝国から大きな利益を受けるという考え方――を実践し、スマトラ西部で奴隷制を廃止し、胡椒の「自由」栽培システムを構築した。ただし、胡椒を栽培しない原住民は二ドルの年貢か、あるいは胡椒五〇ポンド〔約二三キロ〕を東インド会社の倉庫に納めなければならなかった[33]。二ドルは、かれらにとっては巨額であった。

ラッフルズは、まるで熱心な校長のようにあちこちの居住区を回り、債務者に対する罰則を緩和し、南部居住区ではイギリス人職員を異動させて代わりにブギ族を置き、闘鶏を禁じ、クリス〔短剣〕の携帯を禁じる規則を撤回するなどの改革を進めた。クリスとは長めの短剣で、刃が波打っているものが多い。あのジェームズ・ランカスター船長が一六〇二年、アチェのスルタンから賜ったのもクリスであった。一七一一年、スマトラを訪れた〔イギリス人〕貿易商チャールズ・ロッキャーはこう書いている。「マレー人は働くときも、遊ぶときも常に抜き身の短刀を腰に帯びている。これがない限り身なりを整えたことにならない。また、短剣のほかにも大刀や盾などの武器を持たずに出歩くことはけっしてない[34]」。武器の顕示を禁止されたことは大いなる恥辱であったと、現地の領主たちから告げられたラッフルズは、こうした習慣を初めて知ったのだった。

一四〇年にわたってスマトラ西部を支配したイギリス東インド会社の歴史を一つの楽曲にたとえれば、ベンクーレンでラッフルズが行ったことは、ちょっとした装飾音のようなものだろう。ラッフルズは帝国主義者であったが、マレーシアやインドネシアの人びとに真摯な関心を寄せた。東インド会社の社員にしては優れた洞察力を持っていたと言える。伝記を書いたエミリー・ハーンは「ラッフルズの人となりの大部分を構成していた人道主義の原理が、かれの救いとなった」と指摘している。「帝国主義的思考様式に何ほどの言い訳が通用するにせよ、それを提供できるのはラッフルズである。かれが活躍したのは、王国と東インド会社の利益が多少なりとも一つにまとまった時期であった。おそらくはそれだからだろう、ラッフルズは、かれ以前に東インド会社の勢力を海外で伸長させてきた男たちとは別のタイプの人間だった[35]」

ラッフルズがインドネシアに来たのはこれが初めてではなく、ジャワ総督をほぼ五年務めた経験があった。ジャワはナポレオン戦争中にイギリスがオランダから奪い取った島で、イギリスはフランスが敗北するまで島を手離そうとしなかったが、のちにオランダに返還したため、ラッフルズは職を失ったのだった。こうした複雑な展開になったのも、イギリスはオランダに不信感を抱いてはいたものの、それよりもフランスの帝国主義政策を強く警戒していたからだろう。ベンクーレンはジャワに似ていた。ジャワでもラッフルズは強制栽培などオランダの悪しきシステムを廃止し、人道的で公正な行政や労働の仕組みを導入していた。

貧しい船長の息子として一七八一年、ジャマイカ沖の船上で生まれたラッフルズは、育ちからいえば爵位とは縁が遠いと思われた〔が、功績によりナイトの称号を授与され、サーの称号で呼ばれた〕。正規の教育は受けなかったものの十四歳で東インド会社の事務員として働き始める。その後一〇年、勤勉で聡明で、上の者とよい関係を築く能力に恵まれたラッフルズは出世の階段を上り続けた。一八〇五年、若いラッフルズは大きな転機を迎える。マレーシア西岸沖のペナン島へ、新任の総督のスタッフとして派遣されたのだ。ここはイギリス人がプリンス・オヴ・ウェールズ島と呼び、マラッカの代替地として胡椒産出の主要な植民地にしようとしていた島だが、この試みはあまり成功しなかった（実際、イギリス艦隊を補給し、胡椒やキンマなど商品を調達するには、アチェのほうが地理的に優れていた。イギリスは一七六二年にアチェのスルタンに貿易拠点を開かせてほしいと願い出ている。この要請が何回も退けられたため、会社は結局、一七八六年にペナンに拠点を開いた)。

熱心なラッフルズはペナンでマレー語を学んだ。そんなことをしようとした社員はそれまで誰もいなかった。やがてラッフルズは植民地運営に不可欠な人材となった。とりわけインド総督ミントー伯爵に引き立てられたが、これはマラッカ住民のペナンへの強制移住計画にラッフルズが激しく反論したことが認められたからだった。ペナンの商館会議は、住民をすべて移住させてマラッカを壊滅状態にし、それによってペナンの活性化を図ろうとしたことがあったが、ラッフルズの熱心な反論に遭い、思いとどまった。

一八一〇年、ミントー伯爵はこのお気に入りの部下をマラッカに派遣した。ラッフルズに与えられた任務は、そこでジャワ島に関する情報を集め、イギリスの目下の強敵フランスをこの島から追い出すための侵攻計画を進めることだった。マラッカを、イギリスはその一五年前、フランスがオランダに攻め入って同国を併合したときオランダから奪い取っていた。イギリスが恐れていたのは、ジャワに艦隊を置いているフランスが、そこを拠点にインドネシアやマレーシアを奪取するかもしれないことだった。すでにミントー伯爵は、マダガスカル沿岸のモーリシャス、レユニオンの両島からはフランスを手際よく追い出していて、これによってフランスはインドを急襲できなくなってしまった。ミントー伯爵はジャワでも同じ手を使おうとしていたのだ。

マラッカにいた当時のラッフルズの姿を今日でも垣間見ることができるのは、アブドゥッラー・ビン・アブドゥル・カディールのおかげだ。マレーシアの代表的な学者となったカディールは、書写生としてラッフルズの事務所に雇われたとき、わずか十三歳であった。カディール少年はすでにコーランを書写したり、宗教を教えたりして報酬を得ていたが、ラッフルズとその最初の妻オリヴィアに会って、二人にすっかり魅せられてしまった。自伝『アブドゥッラー物語』で、深い愛情を込めてラッフルズを描写している。

「私が見たラッフルズ氏の外観は、中肉中背、高くもなく低くもない、ふとってもいないしやせてもいない。広い額は思慮深さの、丸い頭と前につき出た額は知性の、ブロンドの髪は勇気の、大きな耳はよき聴き手のしるしであった。眉(まゆ)は厚く、左の眼はわずかに斜視で、鼻すじは通り、頬(ほほ)はややくぼみ、唇(くちびる)は薄く、弁舌の才を示していた。彼の声は耳におだやかで、口は幅広く、首は長く、顔色はあまり冴(さ)えず、胸幅は広く、腰は細く、足は普通の大きさで、歩く時はちょっと前かがみに歩いた」

「彼の性格はというと、私にはいつも考えごとをしているように見えた。彼はおだやかな態度で人びとに敬意を払うことが出来た。また彼は人と話す時は相手にふさわしい敬称を使った。人びとにいたわりをもち、貧しい人びとに対しても親切であった。そして〔難しい〕会話を非常に巧みに終わらせることが出来た。話す時はほほえみを絶やさなかった」[36]〔『アブドゥッラー物語――あるマレー人の自伝』中原道子訳、平凡社、一九八〇年。一部変更〕

動植物の熱心な収集家でもあったラッフルズは、本物の博物学コレクションを行く先々で築いていった。マラッカでは「空や地や海、高地や町や密林の生きもの、飛んでいるものであれ、地を這うものであれ、成長したものであれ、芽を出したものであれ、すべて金になった」[37]

スマトラでもラッフルズは探検に情熱を傾けた。ここでラッフルズは大好きなこの道楽にすべてのエネルギーを注ぐことができたのだ。ただ面白いからといってスマトラ島の奥地に出かけて行ったのは、東インド会社の社員ではラッフルズが初めてだったろう。とはいえ、そのラッフルズにも、イギリス人を敵視すると言われていた奥地の村を訪ねるという目的はあったようだ。大名行列のような探検旅行をジャワで経験してきたラッフルズはスマトラでも同じようにしたかった。ベンクーレンに到着して間もなくラッフルズは令夫人と現地係官数名を伴い、南部のイギリス人居住区へと出発する。五〇人のポーターが、食料や手荷物を運んだ。

東インド会社の出資によりロンドンで発行されていた新聞は、この三週間の旅行を「貴金属が豊富な」、限りなく豊かな島の「発見」だと大々的に持ち上げた。[38]『アジアティック・ジャーナル』紙はこう報じている。「スマトラはこれまでほとんど知られていなかった。(…)ヨーロッパの施設はすべて沿岸部にあり、ヨーロッパ人は内陸部へ入ったことがない。奥地へ入ろうとすれば、それは絶望的な試みだと見なされていた。内陸部の住民は野蛮で、山々は通行不能とされ、(…)そうであれば、残された選択肢はただ一つ、自分で道を切り開くほかないと副総督は考えた。そしていま、その企ては成功の冠に輝いている」

この東インド会社の新聞は、スマトラ島の人口は一〇〇万を超えると推定している(不正確な数字ではあるが、おそらくラッフルズ本人の見積もりであろう)。さらに「少し努力すれば、イギリスはジャワから得られるよりもはるかに多くの資源をスマトラで見出すことができるだろう」という副総督の意見を律義に付け加えてもいる。ラッフルズはスマトラを「救う」という熱い思いを抱き、この島をオランダの手に渡すまいと、熱意に溢れてはいたが不毛な運動を展開した。スマトラをオランダから守るために、この島にイギリスの植民地を建設しようなどと、ラッフルズでなければほかに誰が考えつくだろう。「スマトラはヨーロッパの一国の影響下に置かれるべきであり、そのヨーロッパの一国とは当然イギリスであることはまったく疑いがない」とラッフルズは言い切っている。[39]アチェのスルタンと交渉することに会社は難色を示したが、それでもラッフルズはアチェ人の独立を約束する協定を練り上げた。この協定は、中国への最速の海路、つまりマラッカ海峡をイギリスが確保するための計画の一環であった。海峡の一方の端にアチェが、もう一方の端にシンガポールが位置していた。一八一九年――シンガポールがイギリスの自由貿易港に指定された年――アチェはイギリスとの間で「防衛同盟」を結ぶこと、イギリスの承認なくして外国人の居住を認めず、外国との協定も結ばないこと、さらにアチェのすべての港でイギリス東インド会社の取引を認めることなどを誓う協定に調印した。

ラッフルズは限りない活力に満ち溢れていたようだ。スマトラ島を探検し、南部居住地への旅行の模様を多くの手紙に書き記している。これらの手紙はラッフルズの死後、妻が公開したが、そこから浮かび上がるラッフルズは、王国の影響力拡大に邁進する東インド会社の社員ではなく、周囲の状況を記録しながら探検を続ける理性的な旅行者であった。

ラッフルズは親しい文通相手のサマーセット侯爵夫人に書き送っている――何日もかけて険しい山路や川床を歩いた末に「これまで見たこともないような景色が開けました。(…)わたしたちは広大な盆地にいました。周囲には三〇〇〇メートル級の山々が連なっています。足元の地はたとえようもなく肥沃で、見渡す限り目も鮮やかな草木が生い茂っています」。ラッフルズは情熱に溢れていたが、旅の困難さを隠すようなことはしなかった。「レブ・タプで朝食をとった後(…)プロ・レバルというところへ進み、そこで夜を過ごすことにしました。(…)夜中に象の群れが近づいてくる音で目が覚めました。(…)近づいてこなかったのは幸運でした」

「森を抜けるときヒルに悩まされるという、大いなる不都合が生じたことをお話しないわけにはいきません。ヒルはブーツや靴の中にまで入り込むので、靴の中は血だらけになります。夜になると、わたしたちは雨風をしのぐために木の陰で休みますが、すると木の葉からヒルが落ちてきます。朝、目が覚めると体中あちこちから血が出ているのです――ヒルに襲われるとはまったく思ってもみませんでした」[40]。こうした「不都合」があったにせよ、恐れを知らぬ夫婦はあきらめず、毎日の厳しい行程をこなして旅を続けた。

プロ・レバルを出発したラッフルズの一行は、次の目的地まで一二時間も歩いたが、これがこの旅のもっとも困難な道程であった。「今日も昨日も、人が住んだり耕作したりした形跡は見ておりません。ここでは自然が何物にも邪魔されずにすべてを支配しているのです。ただ、象の足跡はあちらこちらに残っています。森の奥地を探りに来たのは、動物のなかでも象だけのようです」とラッフルズの手紙は続く。

「でも、わたしたちは順調に旅を進めております。ときには疲れきってしまうこともありますが、不平を口にする者は誰一人おりません。妻はよく頑張っております。これまで遭遇した最大の不運といえば、夜の間に豪雨に見舞われたことです。木の葉に覆われた宿所に雨が四方八方から降ってきて、わたしどもは一人残らずずぶ濡れになってしまいました。食料が尽きるまであと二日行程が残っております。人足の多くはどこかへ逃げてしまいました。かれらはたしかに疲労困憊していました。旅が早く終わればいいと、わたしたちは思い始めています。それでも、まだ残っている鳥肉でおいしいディナーを楽しむことにしました。ワインもコメもたっぷりあるので、誰も運命をのろったりしておりません[41]」

ラッフルズ夫妻はその後もスマトラ島内陸部へと、苦しい調査旅行に出かけ、金の産地ミナンカバウに到達した。ここにもヒンドゥー教や仏教の古い文明の遺跡が残っていた。古代都市の跡を見つけ

世界最大の花

ラッフルズ夫妻と探検旅行に同行した外科医で博物学者のジョゼフ・アーノルド博士が、植物界の奇跡に遭遇したのはプロ・レバルでのことだった。世界最大の花を見つけたのだ。「ここでこそ、わたしたちの旅を通してもっとも重大な発見があったところだ。それは、筆舌に尽くしがたいほど実に巨大な花であった」とラッフルズは書き記している。「おそらくは世界でもっとも大きく、もっとも豪華な花だろう。ほかのどんな花とも違っているので、たとえて説明することができない。その大きさには誰でも驚くに違いない。花弁の端から端まで九〇センチ以上ある。その蜜腺は幅も奥行きも二三センチほどあり、七リットルもの水をためることができそうだ。花全体の重さは六・八キロだ[42]」

実際、ラッフルズが発見した花はいまでは絶滅に近い状態にある。重さが九〜一〇キロ、直径七〇センチ〜一メートルというこの奇妙な植物に遭遇するとは、ラッフルズは実に珍しい経験をしたものだ。派手で不格好で、まるで無鉄砲なアーティストが森の真ん中に据えた巨大なオブジェのようなこの花は、水分と栄養分を与えてくれる宿主なくしてはいられない寄生植物である。ラッフルズが見つけたのは実に幸運であった。というのも、つぼみが開き、大きく咲き開くまでの期間は一年のうち八日しかないのだ。この短い期間を過ぎると花はたちまちしおれてしまう。この花はヨーロッパ人発見者の名を冠してラフレシアと命名されたが、実は最初の発見者は別にいる。フランス人外科医で博物学者のルイ・オーギュスト・デシャンが一七九七年、ジャワ島でこの花を発見していた[43]。

「豊かな植生ほど、マレー諸島の森を特徴づけるものはありません。当地の花々やさまざまなつる草や樹木の大きいことといったら、イングランドの植物はまことにちっぽけで、矮小だとさえ言えるかもしれません」とラッフルズは公爵夫人に書き送っている。「当地の森の木に比べれば、お屋敷の樫の木などまるで小人でございましょう[44]」

たこと、土地は驚くほど肥沃で、人びとが温かく迎えてくれたことを、ラッフルズは熱心に報告している（ラッフルズは以前、ジャワ島で壮大なボロブドゥール仏教遺跡を発見していた）。またラッフルズは、この地の人びとの願いはただ一つ、オランダ人が西海岸のパダンに入らないことだとも書いている。そんな願いを聞いたラッフルズは小躍りしたに違いない。「マレー諸島全土の最高権力者であるミナンカブのスルタンと条件付き協定に入りたいと考えます。言うまでもなく、ヘイスティングズ卿閣下のご承認をいただいたうえでのことでありますが[45]」（ヘイスティングズ卿とはイギリス領インドの建設者の一人であり、絶大な権力を持つベンガル総督ウォレン・ヘイスティングズのことであった）。

ラッフルズは何年もインドネシアやマレーシアに滞在したが、その間ずっとオランダのことが頭から離れなかったようだ――いずれオランダはインドネシア諸島とマラッカ海峡で貿易の支配権を握るのではないか。そうすれば「啓蒙的な」イギリスは締め出されてしまう。「インドネシア諸島からスンダ海峡を通りマラッカへといたる唯一の海路は、オランダに握られています」とラッフルズは嘆いている。「イギリスはといえば、喜望峰から中国にいたる地域のどこにも拠点とすべき領土を一寸として持たず、水や食料を補給できる友好的な港もまったく有していないのであります[46]」「プリンス・オヴ・ウェールズ島［ペナン］における［わが社率いる］政府の権威は、現在のところ、マラッカ以南に及んでおりません。またオランダはベンクーレンにおける［わが社率いる］政府の権威を、スマトラ西部にあるこの不便な岩だらけの岸辺にとどめておこうとするに違いありません」

ラッフルズはオランダ憎し、とばかり、十九世紀に特有の凝った文体で――「不合理なまでに邪悪」などという表現を使いながら――悪口を言っている。オランダに対する敵愾心を燃やしたラッフルズは、どこかイギリスが支配する地で自由貿易を花開かせたいと考えるようになった。

ミントー伯爵に宛てた一八一一年の手紙で、ラッフルズはこう訴えている。「東洋の島々やマレー諸島の各国に対して、オランダがとっている商業政策はあらゆる点で自然の正義に反し、進んだ文明国にふさわしくないばかりでなく、不条理そのものであり、不合理なまでに邪悪と呼べるレベルにさえ達していないと申せましょう」[47]。ラッフルズは、ナツメグ、メース、クローブ、シナモンをオランダ人以外から買った者を死刑に処すという悪法を取り上げ、これは「犯罪に対して甚だしく不釣り合いな」刑罰だと言っているのだ。さらにラッフルズは、オランダ人はあきれたことに「諸国から運ばれてきたもっとも貴重な産品を破壊し、廃棄しています。大したこともない自分たちの取引を有利に進めるためにそんなことをしているのです。ヨーロッパへの供給を抑えて独占価格を維持するため、産品の残余分は大方燃やしてしまいます」と指摘する（ここでラッフルズは、品不足による価格の高止まりをねらったスパイスの焼き払いを非難している）。こうしたやり方を見れば、「リベラルな考え方をする理性的な人間なら誰でも、軽蔑と嫌悪を覚えるでありましょう」。オランダに対するこうした強烈な反感をバネにして、ラッフルズはそのもっとも輝かしい業績――シンガポール建設――を成し遂げたのだった。

イギリスがペナンとベンクーレンに建てた植民地はどちらも辺鄙な場所にあり、インドと中国の間の通過点としては役に立たなかった。そこでラッフルズは、「まず為すべきは、マラッカ海峡の南端の至便な地に基地を築くことだと考えました。中国貿易をはじめアジア域内交易に携わる人びとの行路の途上にあり、かれらを保護し、必要なものを満たしてやることができる基地は（…）マレー諸国の通商や相互交流を援助し保護する手段となり得ますし、またオランダ勢の本拠地にきわめて近いこの基地から、かれらの政策の行方を観察することもできます。必要ならその影響力への対抗手段をとることができるでしょう」[48]――二人目の妻ソフィアが愛情を込めて書いた伝記には、ラッフルズのこのような考えが記されている。

　マラッカ海峡の南の入り口にあるシンガポールは、こうした理想的条件を満たしていた。ラッフルズはすぐさま理想の実現に取りかかり、一八一九年二月二九日、ここにイギリス国旗を掲げた。地元の領主をはじめ、当時マレー半島を勢力下に置き、オランダの支援を受けていなかったジョホール王国のスルタンと協定を取り交わしたうえでのことだった。オランダはこれに激しく抗議し、東インド会社も当初は反対したが、ラッフルズは臆することなく、植民地主義的土地の強奪というこのすばらしい活動に邁進した。今度もラッフルズは、会社と王国の影響力を広げるという、自らの信念に基づいて行動した。つまり、〔シンガポール建設の〕目的は領土ではなく「貿易であり、今後必要に応じて、われわれが政治的影響力を拡張する際の支点とするため」であった。それに加えて、ラッフルズはここに新しい港ができれば、船乗りたちは「より遠方にあり、不健全で物価の高いバタヴィアまで足を延ばす必要がなくなるだろう」とも期待していた。ことは期待どおりに運んだ――シンガポールは確かにバタヴィアに取って代わり、言うまでもなく、いまでは世界有数の貿易港である。

　しかし、会社はラッフルズに十分に報いなかった。ラッフルズがベンクーレンに着任して六年が過ぎたとき、会社はこの植民地を閉鎖した。赤字を出し続けたスマトラ南西部のイギリス人居住区はすべて放棄され、オランダの手に渡った。スマトラ島で暮らしていた間に、ラッフルズは四人の子どもを失ったうえ、過労や病気のせいですっかり健康を害してしまった。そのうえ、一八二四年にこの島を離れるにあたって全財産まで失った。妻のソフィアと帰国の途についたが、乗船した船で火災が起きたのだ。ベンクーレン沖でのことだった。ラッフルズの所持金も個人的に入手した貴重品も——博物学の収集品や希少本、マレーシアやインドネシアの工芸品、自ら記した原稿や文書や地図など——すべて焼失した。命こそ助かったものの、夫妻はすべてを失ったのだった。またこの船に夫妻は「完璧なノアの方舟」を乗せていた。「これまで知られていなかった鳥、獣、魚、興味深い植物で、われわれが船に乗せなかったものはほとんどない。生きた獏や新種の虎や色鮮やかな雉などを飼いならして航海に出た」とラッフルズは書いている。

マレーシア文学も計り知れない損失を被った。アブドゥッラーはこう書いている。「わたしは呆然とした。なぜなら、あの古い時代のマレー語やその他の言葉で書かれた本のすべてが、さまざまな国から「ラッフルズ氏によって」集められた本のすべてが、失われたことを頭に描いたからだ(49)」。ラッフルズ夫妻は勇敢にも立ち直り、別の船でロンドンへ帰った。しかしラッフルズは二度と健康と富を取り戻すことはできなかった。「話すときはほほえみを絶やさなかった」人はその二年後、四十五歳でこの世を去った。

一八二四年、イギリスとオランダは、のちに悪評を買うことになる協約を締結する。南アジアで植民地政策を——そして胡椒貿易を——進めるにあたって、それぞれの領域を定める協約で、これを機にイギリスはインドへの関与を強めていった。それまでずっと準政府機関として機能してきたオランダ東インド会社は当時はすでに解散しており、代わって政府が表舞台に出てきた。一方、イギリス東インド会社はまだなんとか存続していたが、余命いくばくもないのは明らかで、実際、この会社に取って代わったのがイギリス政府であった。つまり、交渉はアジア貿易から得られる利益に関心のあるヨーロッパ二カ国の政府によって行われたのだ。何世紀もの間、競い合い、戦い、憎み合ってきたものの、両国は交渉をまとめるべきときが来たことを知っていて、スマトラは合意を成立させるための捨て駒だった。

実際、まるでチェスの駒を動かすようなやりとりだった。イギリスはスマトラをオランダに渡し、オランダはマラッカをイギリスに渡した。オランダが支配していたマラッカはそれまで数百年にわたり、代わる代わるヨーロッパの貿易大国に支配されてきたが、いまふたたびイギリスの手に渡った。シンガポールはイギリスの自由貿易港となった。こうしてマラッカ海峡における利益を守り、中国への安定した行路と儲けの大きい対中貿易を確保したイギリスは、ついに「喜望峰から中国にいたる地域に拠点とすべき領土」を、「一寸」どころではなく有することになったのだった。

オランダは、一八二四年の協約によってインドネシアの群島を手に入れた。広範に散在する島々を治めるために、オランダはインドのマラバル海岸南西部からコロマンデル海岸東部にいたる地域の領有権と商館を譲り渡し、シンガポールに関する権利を放棄せざるを得なかった。

スマトラの引き渡しは協約の無味乾燥な条文で次のように記されている。「本協約によりマールバラ砦の商館およびスマトラ島におけるイギリスの所有物はすべてネーデルラント連合王国（オランダ）国王に譲渡される。さらに同島においてイギリスはいかなる開拓地も建設しないこと、またイギリス当局は同島における土着の領主あるいは国家といかなる協定であれ結ばないことを、イギリス国王はここに保証する」(50)

スマトラに一四〇年間とどまったイギリスは、ついに島から出て行った。ナツメグやクローブの栽培事業にすべてを賭けてベンクーレンの農園にやってきたイギリス人たちは幻滅し、抗議した――極東のモルッカ諸島でオランダの独占に対抗しようとしたわれわれの行動を会社は奨励し、農園を保護し支援すると何度も約束したではないか。スパイス農園の人びとは自分たちが「大英帝国に立派な貢献をしている、それどころか国家の大事業を推進している」と信じていた[51]。投資に見合う利益はまだ上がっていないが、それでも会社は撤退するという。「ベンクーレンのわれわれは破滅も同然の状態だ。育てていた樹木が一本残らず根こそぎにされたようなものだ」と、農園主たちは憤慨して訴えた[52]。

　スマトラ島の住民はどうなったのか。イギリスに取って代わったオランダは胡椒の強制栽培制度をふたたび制定した。人びとは運命を受け入れるほかなかった。一八二五年の譲渡式典では、一人の老いた地元領主が居並ぶオランダとイギリスの役人たちをじっと見つめながら抗議した。実際、それくらいしかできることはなかった。列強にとってスマトラは、領土のやりとりをする際に使う駒でしかなかったのだ。「わが国の譲渡について、わたしは抗議します」とこの領主は声を上げた。「わたしとわたしの同胞をオランダへと、あるいはそれ以外のどこかの国へと、まるで家畜のように引き渡す権威を、そこにおられるどなたがお持ちだというのか。イギリス人がわれわれに飽き飽きしたというなら、立ち去ればいいでしょう。だが、われわれをオランダに引き渡す権利をイギリスが持っているとは認めることができません。(…)わが国は征服されたことは一度もないのです。ここにお集まりのイギリスとオランダの紳士方に申し上げたい。もしこのわたしに力と意志が備わっていたら、剣に訴えてでもこの譲渡に抵抗するでしょう。だが、力弱く、あなた方の軍隊に対抗できる兵を持たないわたしは、おとなしく従うほかはありません[53]」

　一八二四年の英蘭協約は、領土的野心についてはわざと明言を避けたのだと歴史家たちは指摘する。オランダが〔インドネシア〕列島に専念し、フランスやほかのライバル諸国を〔この地域から〕締め出しておいてくれるなら、イギリスは干渉するつもりはなかった。貴重な中国へのルートさえ確保できれば、それでよかったのだ。植民地支配の用語を使って表現するなら、協約の約定によって、インドネシアはオランダに「属し」、マレーシアはイギリスが影響下に置くという暗黙の了解が成り立ったのだった。協約は、スマトラ島でのイギリスの入植地建設を禁止したが、交易まで禁止したわけではない。またこの協約の条項によれば、オランダはその支配下にあるインドネシアの港で、自国の船に課す関税の二倍以上の関税をイギリスに課してはならないとされた。また、地元領主たちは、イギリスともオランダとも独占協定を結んではならないとされた。以前取り交わされた協定はすべて無効とされた。

一八二四年の協約はアジア貿易に関してオランダとイギリスの領域を定めたわけだが、その背景にある時代の動きにほとんどのスマトラ人は気づかなかった。アチェの人びとは、オランダから独立して存続できるとまだ信じていたが、これは一八一九年にラッフルズが仲立ちした協定があったからだ。イギリスがアチェと防衛同盟を結び、アチェをオランダから守ると約束する協定であった。さらに一八二四年の協約にアチェの独立を公に承認する覚書が付されたことで、アチェの人びとは安心していた。だが、当時もしオランダがアチェを攻撃していたら、イギリスはアチェの味方についただろうか――疑わしいことである。

十九世紀も半ばになると、オランダは戦略的要衝のアチェについて、このまま支配圏外に置いてよいものかと懸念を募らせていく。一八二〇年代に続いたジャワ戦争ののち、オランダはスマトラに軍を派遣、一八三〇年にはジャンビを、一八五〇年代には東部沿岸地域を制圧した。スマトラ島のほぼ全域を確保したオランダは一八七三年、ついにアチェへと向かうが、そのときすでにイギリスと新たな協定を結んでいた。オランダのアチェ介入を明確に認める文言を含む協定であった。アチェの人びとはトルコ、イギリス、アメリカなど各国に訴えたが見て見ぬふりをされた。

スマトラ北部の独立心旺盛な人びとが、おいそれと外国支配を受け入れるはずはなかった。この地の人びとはイスカンダル・ムダの時代からヨーロッパ人の襲来にあたって並外れた反発力を発揮してきたのだ。アチェの人びとは勇敢に戦い、自分たちの土地を守ろうとした。抵抗の強さにオランダ人は舌を巻いたという。

一八七三年三月、オランダは権力の中枢バンダ・アチェを攻撃した。しかしオランダ勢は意外にも戦闘準備が十分でなく、司令官が戦死すると、撤退してしまう。その年の後半、オランダは周到に準備した大規模な遠征隊を投入、スルタンの宮殿を制圧し、今度こそこの町を手に入れた。しかし、これは抗争の幕引きとはならなかった。むしろ、やがてオランダ人一万、アチェ人五万の命を奪うことになる長い戦争の始まりであった。

アチェの陥落を見て、スマトラ北部各地の領主や首長たちはただちに結集し、領土防衛に立ち上がった。だがこうした蜂起が失敗に終わると、抵抗運動は聖戦としての色合いを深めていく。地域のウラマー、つまり聖職者たちが運動を組織した。一八八五年、抵抗運動の指導者トゥンク・チ・ディ・ティロはオランダ支配地域のアチェ人にこう訴えた。「不信心者(カーフィル)どもを恐れてはならない。不信心者の力や見事な持ち物、優れた装備や兵士たちと、われわれの力と富と装備とを比べてはならない。われわれにはイスラームの民がいる。偉大なる神のほかに、力と富と優れた軍を持つものがいるだろうか。（…）勝敗を決めるお方は、神をおいてほかにない[54]」

一八九〇年代に戦況がアチェに不利になると、抵抗運動指導者たちは論調を変え、死後の栄光を歌い上げるようになった。今日のイスラーム過激派は、自爆テロの実行者を募るとき同じような言葉を使っている。

殉教者（シャヒード）として死ぬのはわけもないこと、くすぐられて倒れ込み、寝返りをうつようなもの（…）
やがて天の姫君がそばに寄り添い、
おまえを膝に抱き、血をぬぐい去ってくださる
姫君の心はすべておまえのもの（…）
天の姫君が目に見えるなら
人はみんなオランダ人と闘いに行くだろう[55]

オランダはアチェの制圧に三〇年かかった。アチェの人びとはその後もオランダ支配に激しく抵抗し、第二次世界大戦中に日本がこの島を制圧すると、これを歓迎した。オランダに対する憎しみが日本に対する感情を上回ったのである。

十七〜十九世紀にかけてスマトラ島は世界有数の胡椒の産地であったが、この島の人びとは、この漿果のゆえにひどい犠牲を強いられた。第二次世界大戦後、広域に散らばる胡椒農園は大方が放棄され、胡椒はいまなおインドネシアで栽培されているものの、スマトラ島はこの産業で戦前の栄光を取り戻してはいない。

第六章 ☼ オランダの脅威

十七世紀初頭、アンボン島で一〇人のイギリス人がオランダ人に斬首される事件が起き、これを機にオランダとイギリスの相互憎悪はいっそう根深いものとなった。ほかの地域ではオランダ東インド会社のヤン・ピーテルスゾーン・クーン総督の政策がバンダ人の虐殺を引き起こしていた。クーンが東インド会社のアジアにおける本拠地と定めたバタヴィアは、主要な海港として発展した。

経験からすでにご承知のことと思いますが、アジアにおける貿易を推進、維持するためには、重役会が所有するところの武器によってこれを保護し、支えていかなくてはなりません。またこれら武器の費用は貿易から上がる利益によって賄わなくてはなりません。したがって、われわれは戦わずに貿易をすることも、貿易をせずに戦うこともできないのであります。

——オランダ東インド会社の重役会「十七人会」に宛ててヤン・ピーテルスゾーン・クーンがジャワ島バンテンから書き送った手紙（一六一四年）[1]

☼

あいつらほどの大盗人は、どこを探しても見つかりはしまい。

——オランダの船乗りたちを評したイギリス人海賊ウィリアム・ダンピアの言葉（一六八五年）[2]

イギリス東インド会社がエリザベス一世から特許状を与えられたのは一六〇〇年、オランダ東インド会社が設立されたのはそのわずか二年後であった。さっそく胡椒が数百万トンという単位でヨーロッパに流れ込み始めた。以後二〇〇年にわたり、北ヨーロッパの二つの貿易会社はしのぎを削ることになる。一六二一年にヨーロッパで取引された胡椒はおよそ三三〇〇トンにのぼった[3]。インドネシアではイギリスとオランダの競争が始まり、胡椒の仕入れ値が大きく上がった。二社の競争入札で大袋一〇個分（およそ二九〇キロ）の胡椒の価格が、一六〇〇年から一六二〇年の間に五倍に跳ね上がったという。おかげでジャンビやパレンバンなどスマトラ島東部の領主たちは大いに潤った。アチェ、ジャンビ、パレンバン、バンテンなど各地の栽培者は開墾地を広げて胡椒の作付けを増やした。増大するヨーロッパの需要を満たすためだ。中国でも胡椒市場は拡大の一途をたどっていた。

しかし、インドネシアでもほかの地域を見れば、胡椒の需要が増えたからといって住民が潤うことはなかった。世界で唯一、ナツメグの木が自生していたバンダ諸島でも――島民は食料を輸入に頼っていたが――オランダ東インド会社はナツメグ（とメース）の取引を強引に独占しようとした。極東の諸島では、イギリスやオランダの東インド会社の船が姿を現すとたちまち不穏な事件が起きるのだった。

高騰する仕入れ値が二つの会社の利益を圧迫し、オランダが政治的理由からイギリスと良好な関係を維持せざるを得なくと、ライバル二社は協力という、どちらも忌み嫌う選択肢を考えないわけにははいかなくなった。一六一九年、インドネシアにおけるスパイスの仕入れ値を抑えようと二社は協定を結び、クローブとナツメグの取引に関してはオランダが三分の二を、残りをイギリスが受け持つことにした。バンテンでの胡椒取引については二社で平等に分担し、入札は行わないことにした。二社の間で問題が起きた場合は、イギリス国王とオランダ連邦議会が解決にあたることも決められた。さらにイギリス東インド会社は、共通の利益を守るための出費を負担しなければならないとされた。つまり、イギリスはオランダの要塞のための費用を一部負担することになったのだ。こんな条項があれば、協定が反故になるのは目に見えていた。(4)

アジアにいたオランダ人たちは、二国間貿易協定を成立させた政治事情など知る由もなかった。総督としてオランダ東インド会社のアジア貿易を取り仕切り、残忍さで知られたヤン・ピーテルスゾーン・クーン(在職一六一九～二三年、一六二七～二九年)は、そんな協定が存在することさえ信じられなかったという。協定はイギリス東インド会社を利するばかりだと言い切ったクーンは、アムステルダムの上司に宛てて、「モルッカでもアンボンでもバンダでも」イギリスには「砂一粒さえ主張する権利はありません」と苦情を述べている。(5)「もし神の栄光とわが国の繁栄のために偉大な業績を望んでおられるなら、どうかわれわれの周囲にいるイギリス人を追い払っていただきたい(6)」

クーンは若い頃、簿記を学んだと言われているが、十七世紀オランダの栄光から連想されるおおらかな商人とは正反対の人物で、オランダ東インド会社によるスパイス貿易の独占を主張し、そのため冷酷な手段に訴えることも辞さなかった。モルッカ諸島にオランダ人入植者を定住させ、奴隷労働を使って食料を自給させる計画を立てたこともある。これにはさすがの重役会も、それで先住の島民は生き残れるのかと疑問符をつけた。「無人の海、無人の地、そして死人からは一銭の利益も上がらないではないか」[7]。クーンは出世の階段を順調に上り、一六〇七年に二十歳で初航海に出た。わずか二年後には、東インド会社の二隻の船の司令官として極東諸島に向かう。一六一九年、三十二歳で総督に任命され、オランダ東インド会社のアジアの組織内で最高の地位を手に入れたクーンは、会社の権威を巧みに振りかざしながら、諸島の住民と会社との間で取引の独占契約を成立させる仕事をすばやく進めていった。

クーンの経歴には暴力が始終ついてまわった。諸島に対するクーンの態度を方向づけたのは、バンダ島民がオランダ提督ピーテル・フェルフーフェンとその部下四六人を殺害した一六〇九年の事件だったことは疑いがない。フェルフーフェンは首をはねられたのだった。この事件は、重役会「十七人会」の指示を受けたフェルフーフェンが、ナツメグ取引の独占契約を取り付けようと交渉を進めていたところに起きたのだが、ちょうど同じとき、バンダ諸島ではウィリアム・キーリング船長率いるイギリス東インド会社の第三次遠征隊がナツメグの船積みをしていた。オランダ人はすぐさま疑いの目をイギリス人に向けた。キーリングが原住民を扇動してフェルフーフェンらを襲撃させたに違いないというわけだ[8]。キーリングは繰り返し身の潔白を訴え、オランダ人に妨害されながらも、積み荷を終えるまでは、島から引き揚げようとはしなかった。その後、オランダはフェルフーフェンが虐殺された島を封鎖した。島民は飢えに苦しみ、どうにか餓死を免れた人びとはオランダ東インド会社と独占取引契約を結ぶことになった。オランダはこの契約がバンダ諸島全域に適用するものと見なしていたが、ことは思いどおりには進まなかった。続く何年もの間、イギリス船がときおりやってきたのだ。バンダの島々、とくにアイ島やルン島の人びとは、自分たちを虐殺しかねないオランダ人から守ってほしいと、イギリス人に保護を求めたのだった。

アンボンの虐殺

オランダとイギリスはどちらも極東の島々の豊かな産物をねらっていた。一歩先んじたのは組織に優れ資金にも恵まれたオランダである。オランダは一六〇五年にアンボン島をポルトガルから奪い、一六〇七年にはかつてスペインの基地であったテルナテ島東部に要塞を建てて、ポルトガルとスペインをこの地域から追い払った。オランダ人は、こうして得た成果を、ときどきやってくるイギリス人たちと分け合おうなどとは毛頭考えなかった。

イギリスとオランダのライバル関係はそもそもの初めから憎しみに満ちていた。しかし、十七世紀初め、南シナ海のはるかかなたに浮かぶ小島で一つの事件が起き、それを機に両国間の敵意は消えがたいものとなる。一六二一年、あるイギリス人船長はアンボンについて「バンダとモルッカの島々の中間に女王のように君臨し、多くの商館がもたらす産物で賑わうオランダ人が愛する町だ」と書いている。(9) 海風に運ばれたクローブの香りが漂うこの町で、オランダ人は一〇人のイギリス人を拷問にかけて斬首した。一六二三年のアンボンの虐殺として知られる事件である。

アンボン島のアンボンに要塞を建てたオランダは、ここをクローブ生産の中心に据えようとしていた。周囲に堀をめぐらし、青銅の大砲を随所に据えた防衛強固なこの要塞には、およそ二〇〇人のオランダ兵と一握りの日本人傭兵からなる守備隊が詰めていた。町の中には非武装の商人の一団が駐在するイギリス商館があり、オランダ人はこのイギリス人たちに疑いをかけた——イギリス船の到着を待って、われらが商館長ヘルマン・ファン・スピュールトを殺し、守備隊を追い出そうと企んでいるに違いない、と。イギリス人は数のうえで圧倒的に少なかったし、武器を持っていないのは明らかだった。しかし、両国が貿易協定を結んだ一六一九年以来緊張した雰囲気が続いていたから、スピュールトがこの疑いを現実の脅威として受け取めた可能性はある。オランダ人は嫌疑の理由として、ある日本兵がオランダ人の夜警に守備隊の兵力についてあれこれ訊いたことを挙げている。状況からすると、他意のない質問で、この男はただ歩き回っていて、夜警とおしゃべりがしたかっただけかもしれない。いまとなってはわからないが、オランダ人はこの男が襲撃計画に協力するために情報収集をしていると見たようだ。男に訊きただして問題をはっきりさせる代わりに、オランダ人は男を捕らえて拷問にかけ、陰謀の自白を引き出した。一〇人のイギリス人はすぐさま拘束された。

逮捕された不運なイギリス人たちも拷問にかけられ、自白を迫られた。この島で生き残ったあるイギリス人が記録し、小冊子にしてイングランドで発表した拷問の描写は、オランダ人の残虐性の記録として長い間人びとの記憶にとどまった。サミュエル・コールソンは同朋のエドワード・コリンズが水責めの刑で苦しむ姿を目の当たりにし、オランダに対して陰謀を企んだと自白した。オランダ人が考案した水責めは、刑人を地上六〇センチほどの高さに吊り上げることから始まる。刑人の手足を大きく広げておき、鉄製の横木のついたドア枠にくくり付ける。首と顔の周りに布を巻き、じょうご状に引き伸ばしておいて、台に上った刑吏が水を「頭の上からゆっくりと注ぐ。布が水でいっぱいになる。口や鼻へ、さらに上の方まで水がくるので、刑人は息を詰まらせ、水を吸い込むことになる。ゆっくりと注がれる水は体内に入り、鼻や耳や目から染み出てくる。息を詰まらせた刑人はやがて気を失い、卒倒する。(…)すると刑人を下ろし、水を吐き出させる。少し回復したところで、ふたたび吊るし上げ、水を注ぐのである。(…)身体全体が二、三倍に、頬が大きな袋のように膨らみ、両の目が見開いたまま額から飛び出すまで、拷問は続けられる」[10]。刑人が自白を拒めば、足や肘、手のひらや脇の下にろうそくの火がつけられた。

一六二三年二月、アンボンのイギリス商館の長であったガブリエル・タワーソンがまず首をはねられた。その後、コールソンと八人のイギリス商館員に加えてオーガスティン・ペレスという名のポルトガル人と日本人兵士一〇人がアンボンのオランダ支配の転覆を謀ったとして処刑された。エドワード・コリンズほか数名のイギリス人は放免された。罪をでっち上げ、拷問によって自白を強要し処刑したこの事件の知らせにイギリス国民は激怒した。その後間もなくイギリスはこの島から撤退した。いずれにせよ、イギリスはバンダ諸島とモルッカ諸島から引き揚げる計画を、虐殺が起きる二カ月前から立てていたという。[11]
　アンボンの虐殺は広く世に知られ、十七世紀の残りの期間を通してイギリスとオランダの間の憎しみの下地となった。イギリスとオランダは十七世紀に三次にわたって砲火を交え、十八世紀には四度目の、オランダに大きな痛手をもたらした戦争をした。第一次イギリス・オランダ戦争の終結にあたって交わされた一六五四年の条約で、アンボンで命を奪われた人の遺族に三六一五ポンドが支払われた。[12] オランダがスパイス貿易の豊かな果実を他国と分け合うこともあるのではないか——そんな希望は、アンボン事件で粉々にくだかれたのだった。

　アンボン事件が起きたときヤン・ピーテルスゾーン・クーンは、正式には総督ではなかった（任を解かれたのは、イギリス人に陰謀の疑いがかけられる直前であったが、クーンはイギリス人を連れ出すためにアンボンにオランダ船を派遣する約束までしていた）。いずれにせよ、人が殺されたとて動揺するようなクーンではなかった。クーンがイギリス人を、いや、オランダに楯突く者は誰であれ、目の敵にしたことは広く知られている。なかでももっとも評判の悪い所業は一六二一年、バンダ諸島に二〇〇〇人規模の兵を送り込み、島民一万三〇〇〇人を虐殺したことだ。残りの島民はその後餓え死にするか、あるいは奴隷としてよそへ連れて行かれた。島で生き残ったのは数百人にすぎない。やがて島にはアジア各地から奴隷が送り込まれ、ナツメグ栽培にあたらされた。[13] こうした行為に憤慨した識者もオランダにいたが、東インド会社は介入してクーンを止めようとはしなかった。
　スパイス貿易の独占を確かなものにしようと、オランダは別の戦略も用いている——森林を破壊したのだ。よそ者がスパイスを盗み出すことがないように、一定の島でスパイスの木を伐採し、それ以外の島に栽培を集中化させるという政策だ。だが、効果はあまり上がらなかった。ウィリアム・ダンピアは一六八五年に「ローフィ」と名乗るある船長からこんな話を聞いた。「オランダ人と一緒だったとき、ほかの男たちを連れてスパイスの木を伐りに行かされた。何回も行って、おれ自身、七〜八〇〇本は伐り倒した。オランダ人は躍起になってたよ。だが、誰も住んでいないが、スパイスの木だけはうなるほどある島はまだたくさん残ってるさ」[14]。また、あるオランダ人船長はダンピアにこう語った。「バンダの近くの島では、木から落ちたクローブが地面に腐るほど（…）木の根元に八〜一〇センチほども（…）積もっている」。だから、いくら木を伐り倒しても、スパイスの密貿易を完全に封じ込めることはできなかった。オランダが極東のスパイスを独占しようとしても、できなかったわけはほかにもあった。オランダ東インド会社の腐敗した幹部がクローブやナツメグをイギリスやフランスの船に横流ししていたのだ。また、十七世紀のオランダにとって最大の障害の一つは、スラウェシ（セレベス）島南部のマカッサル港であった。

オランダの独占などどこ吹く風と、マカッサルの人びとは東方のモルッカ諸島へと船を出し、ナツメグやクローブを持ち帰ってきた。マカッサル港はスラウェシ島南部の半島に位置する主要港で、オランダ人を避けたいほかのヨーロッパ人や中国人が多く集まり、スパイスなど多種多様な商品を盛んに取引していた。一六一三年、イギリスはこの港に商館を建てた。オランダ、フランス、ポルトガル、中国の交易人も定期的にこの港を訪れ、モルッカ諸島のスパイスや胡椒をはじめ、インドの布地や中国の陶磁器などを取引していた。マカッサルの人びとはきわめて開放的なことで知られ、西洋科学について強い関心を持ち、ヨーロッパの書物を収集していた政府高官もいたという。

オランダ東インド会社はマカッサルの王に貿易の取り締まりをたびたび要請した。ある王の答えは有名だ――「神は地と海を創造され、地を人の間で分けられ、海をすべての人に与えられた」[15]。海に所有者がいるなどという考えとはまったく無縁の人たちだった。政治的にも経済の面でも洞察力に優れたマカッサル人が築き上げた王国は強大で、歴史家レオナルド・アンダヤによれば、インドネシア東部では不滅だと信じられていたという。そこでオランダはスラウェシ島南部でマカッサルに敵対していたブギ人と手を組んだ。この意外な同盟が、マカッサル支配の終焉をもたらすことになる。マカッサルをはじめスラウェシ南西部沿岸の主要な町々へとオランダ東インド会社の遠征部隊を率いたのは、のちにジャワ島のバンテンからイギリス人を追い出した悪辣な司令官、コルネリウス・スペールマンであった。十七世紀初頭、イスカンダル・ムダの攻撃を受けたマラッカのポルトガル人がマレー人の領主たちを味方につけたように、オランダ人も現地の人びとのライバル関係を利用して目的を遂げたのだった。

一六六六年の年末、スペールマンはマカッサル王国制圧をめざし、オランダ人兵士や船員、ブギ人やモルッカ諸島住民など一九〇〇人ほどの艦隊を派遣した。これに陸上でさらに多くのブギ兵が合流した。マカッサル側は一万五〇〇〇の兵で迎え撃ち、激しく抵抗した。スペールマンは戦争になると予想していたが、マカッサルがついに降伏したのはそれから一年以上たってからである。村々は焼かれ、多くの人が殺された。

マカッサル人は被征服民となった。講和条約によって、スラウェシ島南部では貿易と外交の権限をオランダ東インド会社が握り、ブギ人が内政を取り仕切り、マカッサルの港で取引できるのは、オランダ人だけということになった。ポルトガル人とイギリス人は直ちに追放され、町に入ることもそこに住むことも禁じられた。オランダ東インド会社は布地と中国陶磁器の取引権を独占しただけでなく、輸出入に関する一切の手数料や関税を免除された。一方マカッサルは、戦争によってオランダ東インド会社の資産に生じた損害を賠償し、オランダの許可なくして新たな要塞を建てることを禁じられた。決定的だったのは、マカッサルの船が航行を許されたのはバリ島、ジャワ島沿岸、スマトラ島のジャンビおよびパレンバン、マレー半島のジョホール、そしてボルネオ島までであったことだ。マカッサル船がオランダの許可状を持たずに外海で発見されれば、攻撃されても仕方がなかった。

オランダはあらゆる手を使ってスパイス貿易を独占しようとするだろう——これはマカッサルとの戦争が起きるはるか以前から誰の目にも明らかであった。だが皮肉なことに、このスパイスへの執着は、近代史上もっとも不均衡な取引を成立させたのだった。オランダがマカッサル征服を開始した一六六六年、以前にオランダ人がナツメグの木をすべて焼き払っていたちっぽけなルン島が、イギリスからオランダの手に渡った。見返りにイギリスはマンハッタン島を手にしたのである。

十七世紀初頭、胡椒の一大産地であるインド南西部には海岸沿いにポルトガルの要塞が点在していたから、オランダ人は「ランデヴー」——出会い貿易地、つまりオランダやアジアに向けて商品を船舶輸送する際の根拠地——を建てるにあたって、よそを探さないわけにはいかなかった。まず目をつけたのがアンボンだが、ここはアジア貿易の中核から遠すぎることがすぐに明らかになる。マラッカは根拠地として打ってつけだったが、当時オランダ人はまだポルトガル人を追い出せないでいた（これに成功したのは、六年間にわたりマラッカ海峡を封鎖した末の一六四一年である）。そこでオランダはインドネシア列島に目を向けた。ここなら胡椒が手に入る。また、マラッカ海峡とスンダ海峡は、アジアの産品をヨーロッパや中国の市場へと運ぶ重要な中継地点であった。それにオランダはインドネシアへの最速航路をすでに確立していた。インド洋を航行するほかのヨーロッパ船と異なり、オランダ船は喜望峰を回るとすぐに「吠える四〇度」〔南緯四〇～五〇度の海域の俗称。この海域では西寄りの卓越風が強く吹く〕に沿って東へと進み、南東貿易風に出会うと北へ舵を切りスンダ海峡へ向かうルートをとった。

ヤン・ピーテルスゾーン・クーンがやってくるまで、ジャワの支配者は誰一人としてオランダ人による砦の建設を許可しなかった。すでに主要な胡椒港として知られていたバンテンは要塞建設に最適だったが、この町もオランダ人を寄せ付けなかった。それなら、武力を使って「許可」を得るほかはない、というのがクーン好みのやり方だった。クーンは近郊の町ジャカルタに目をつけた。大きな湾に面し、マラッカ海峡とスンダ海峡の目と鼻の先にあるジャカルタは、アジア貿易の中心地として最適であった。当初はイギリスが多数の艦船を送り込むなど、支配権をめぐる小競り合いがあったが、一六一九年、クーンはついにこの港を占拠する。王の嫡子の住居は破壊され、王子はバンテンへ追われた。バタヴィアと新たに命名されたこの町は、オランダから喜望峰回りで一万六〇〇〇キロも離れていた。

「当地の王たちはみな、最高の知性を備え深謀遠慮をめぐらすヨーロッパの政治家に負けず劣らず賢く、ジャカルタにおけるわれらの植民地建設が何を意味するか、続いて何が起きるかをよくわきまえている」とクーンは作戦の成功をかみしめながら自慢している。[16] この勝利がイギリスをはじめとするヨーロッパ諸国に脅威となることを、クーンはよく知っていた。やがて旧ジャカルタの焼け跡の上に、オランダ風の町が姿を現した。周囲を城壁で囲まれ、街路には家々が整然と並び、運河が走り、バタヴィア城と呼ばれる城がそびえたつ町であった。オランダ東インド会社のアジア貿易はすべてバタヴィアを通して行われるようになった。今日の航空ネットワークのハブ空港のように、オランダ船は往路も復路もバタヴィアに寄港しなければならなかった。十七世紀、ここはほかに類のない港湾都市として発展した。

バタヴィアは数え切れないほどの船が利用する賑やかな中継地点で、世界屈指の海港と呼ばれ、港の入江には帆柱が所狭しと林立していた。イギリス東インド会社の貿易船(インディアマン)をはじめ、中国へ行き帰りするヨーロッパの船だけでなく中国やインドなどアジアの船にとってもここは主要港で、十七世紀後半から一七三〇年代の最盛期には「東洋の女王」と呼ばれた。「バタヴィア湾は世界一安全で立派な港だ」と一六八〇年代にあるフランス人旅行者が書いている。「船は一年中いつでも安全に入港できる。海は荒れることがほとんどない。付近の無数の小島が波を和らげているからだ[17]」

実際、バタヴィアは安全な投錨地として高く評価されていた。オランダ東インド会社のヨハン・スプリンテル・スタヴォリヌス船長は一七七一年にこう書き記している。「バタヴィアの港が世界最良の停泊地と見なされるのはもっともなことだ。投錨地としての条件にすぐれているだけでなく(…)ここでは船の安全が保証される。またこの港が受け入れることができる船の数もきわめて多い。港は北西から東南東および東へ向かって大きく開いているが、その方向に無数の小島があり、波を和らげてくれるので、まるで内海にいるように静かに安全に停泊することができる。船首と船尾の両方を固定する必要はない。小島の間を流れる底流はそれほど強いものではないが、島がなければ荒波が寄せることになるだろう[18]」。スタヴォリヌスは一七八八年に四十八歳で世を去ったが、有益な情報を満載したその手記は、没後すぐにオランダ語で出版され、ほどなく英語、フランス語版が続いた。

オランダ人が到着するずっと前から、中国人は胡椒を求めてジャワ島やスマトラ島にやってきて、バタヴィアに迎え入れられていた。歴史家レオナルド・ブリュッセイによれば、バタヴィアは中国の移住労働者が建てた中国人の町だった。労働者たちはやがてこの町に定住し、豊かになり、多くは奴隷としてこの町に連れてこられたバリ人女性を妻にしていた。[19] オランダはこの町の定住者を増やそうとしたが、それには、中国人が必要だった。本国から遠いこの地に定住しようというオランダ人は、多くはいなかったからだ。バタヴィア建設後間もない頃は、中国で拉致された人びとが連れてこられたという。十七世紀をとおして、中国人は一つの経済勢力になっていった。ブリュッセイの言葉によれば、バタヴィアはオランダの保護下にある中国の植民地であった。蜂起を恐れたオランダ人は、ジャワ人の市内居住を禁じていた。

オランダは初めからバタヴィアをインドネシア最大の港にするつもりであり、この目的を遂げるために、例のごとく剛腕を振るった。バタヴィア建設のわずか一年後、オランダはスマトラ島東部のジャンビとジャワ島のバンテンを封鎖する。これで中国のジャンク船はバタヴィアに向かわざるを得なくなった。[20] 中国人はしばしば胡椒取引の仲介役を務めたが、その際にオランダ人に借りをつくったと言いがかりをつけられ、積み荷の胡椒をオランダ船に持って行かれた。クーンの命令であった。

中国人は飽くことなく胡椒を求め、これがバタヴィアの盛んな貿易の推進力の一つとなった。中国船には磁器や金物、繊維製品やピチスと呼ばれる鉛の硬貨などいわゆる「荒物商品」が山と積まれていて、大量の胡椒と交換された。たとえば一六九四年、バタヴィアに入港したジャンク船二〇隻が買いつけた胡椒の量は、約九〇〇トンを超えたという。[21] 実際、十七世紀末までにオランダは中国との直接貿易から完全に撤退し、中国人にインドネシアで商売をさせた。中国人は安全通行証を持たなくても取引をすることが許されたが、これはめったにない特別扱いであった。[22]

一方、バタヴィア市内では、かなりうまくいっていた中国人とオランダ人の関係にひびが入り始めた。原因となったのは中国人の砂糖農園だ。農園が増え、製糖工場で働こうと、おびただしい数の失業者が中国からジャワへ不法入国した。オランダは移民の定数割当制度を導入し、居住許可証を発行するなどの対応策に乗り出した。多数の不法入国者が中国へ送還されたが、喜望峰へ追放された者たちもわずかながらいたと言われている。[23] 一方、市内の中国系住民はバタヴィア建設以来毎月払い続けてきた人頭税に加え、法外な税やさまざまなかたちのゆすりに苦しんだ。

一七二〇年代、ヨーロッパ向け市場の変化に伴いバタヴィアの砂糖相場が下落すると、製糖工場は多くが閉鎖を余儀なくされ、困窮した労働者が村々に溢れた。一七三〇年代のバタヴィアの人口は、その約五割が中国人であった。つまり、人口二万四〇〇〇のこの町は、火薬樽の上に乗っているも同然だった。一七四〇年春、オランダ東インド会社が導火線に火を点じた。バタヴィアの「中国人問題」を解決しようとして、中国人失業者を船でセイロン（現スリランカ）に送る計画を立てたのだ。オランダのやつらは労働者をセイロンまで運ぶというが、途中で海に放り出すつもりだという噂が瞬く間に広まった。市外に住む中国人労働者が暴動を起こし、製糖工場を襲撃し、市の城壁を破壊した。市内の中国系住民の連帯を期待しての動きだった。が、オランダ東インド会社は即座に鎮圧に出た。続く数日間、素早く残虐な対抗措置がとられた。数千に及ぶ中国人の住居や店舗が略奪され、一万人を超える中国人が命を失った。一七四〇年の虐殺と呼ばれる事件である。その後、中国人の市内居住は禁じられた。

バタヴィアの町は、その後凋落の一途をたどった。十九世紀には高い城壁は破壊され、運河は泥で埋まっていたが、それでもまだ残っている華麗な城門をはじめ、張り巡らされた運河を飾る数々のはね橋に、多言語社会が築いた富を見ることができた。大きなオルガンとチーク材の説教台の置かれた八角形の教会や壮麗な市庁舎などは、「これを見たヨーロッパ人は目がくらみ、豊かで鷹揚なバタヴィア人を羨ましがるに違いない」と言われたこの町のかつての栄光の名残であった。[24]運河のほとりには香り豊かな花をつける木々がまだ並んでいたが、市民がタバコやビールを楽しみながら夕べを過ごした小さなあずまやは姿を消していた。

この町の凋落ぶりは、訪れた誰の目にも明らかであった。十七〜十八世紀アジア貿易の中心地として栄えたバタヴィアも、市民を病から守ることはできなかったのだ。スマトラのベンクーレンと同様、バタヴィアは墓場と化してしまった。問題を大きくしたのは市外の砂糖農園である。農園が増えるにつれ、市内の運河を流れていた清流は灌漑利用に回され、森の開墾がなおも進められた。汚泥を含むよどんだ水は、マラリアを媒介する蚊の絶好の繁殖地となった。一七七〇年、スタヴォリヌスはバタヴィアを「もっとも不健康な居住地（…）、会社の領有地のなかでもっとも死亡率が高い」と評している。[25]

オランダ東インド会社は数千人もの社員をマラリアで失った。歴史家によれば、オランダ人住民のおよそ二割がこの病気で亡くなったが、年によっては死亡率はなお高かった。たとえば一七六八〜六九年、会社が雇っていた五四九〇人のうち二四〇〇人が市内の病院で死亡した。沼地に建てられたバタヴィアは「周囲を溜まり池や沼や湿原、それに濁り水が溢れるドブに囲まれている。街路はいたるところで運河に突き当たる。（…）運河にはありとあらゆる汚物が投げ入れられていた」と評したのは、一八三〇年代に訪れたアメリカ人J・N・レイノルズである。「世界に誇った商業中心地は

（…）いまや感染と疫病と死が満ち溢れる広大な墓場と化してしまった」

インドからマラッカ海峡を経て南シナ海まで、インド洋のあちこちに広がる港湾都市に高速船でやってきたオランダの商人たちは、比較的短期間に定着していった。オランダとイギリスの二つの東インド会社はほぼ同時に設立されたようなものだが、当初から前者のほうがより大きな権限を与えられていた。

イギリス国王は「ジョン会社」に胡椒などスパイス取引の特許状を与えただけであった。つまり、イギリス政府はこの会社とは利害関係がなく、ただ歴代の王が特許状を、会社が存続した間ずっと更新し続けただけである。対照的に「ヤン会社」と呼ばれたオランダ東インド会社は「国家の中の国家」と評された。オランダ東インド会社は外国の指導者と条約交渉をし、兵を雇い入れ、要塞を建て、船を武装することができた。これは基本的には「軍隊を擁する」会社であった。そのうえ、オランダ東インド会社は潤沢な――イギリス東インド会社の一〇倍もの――資金に恵まれていた。

そういうわけで、オランダ東インド会社の持ち船はイギリスの競争相手よりもはるかに数が多かった。たとえば一六〇〇～五〇年、オランダがアジアへ派遣した船は六五五隻だったが、イギリスはわずか二八六隻にとどまった。当然、胡椒の輸入量はオランダがはるかに多かった(26)。オランダは、初めからイギリスを引き離していた。一六一五年には、オランダ東インド会社は東洋から二七〇〇トン超の胡椒を輸入している。一六一九～二一年にかけてオランダ東インド会社の年間取引の六割は胡椒で占められた。一六五〇年になってもなお、バタヴィアからヨーロッパへの貿易額の五割は胡椒であった。十七世紀の前半、イギリス東インド会社は大きく遅れをとり、胡椒の年間輸入量は、少ないときで一六〇九年の一九〇トン、多くて一六二六年の一三六〇トン程度にとどまった。一六〇三〜四〇年にかけて、イギリスが四五〇トンを超える胡椒を輸入できたのはわずか一二回だけであった[27]。

十七世紀、オランダ東インド会社は同業社のなかで最大の成功を誇っていた。時はまさにオランダ史の黄金期、商業が栄え芸術が花開いた時代である。レンブラントやフェルメールが活躍していた。オランダの国力の源泉は世界の海に精通していることだった。一六三〇年、著名な地図製作者ウィレム・ブラウが、金箔を施した見事な世界地図を刊行した。三色のオランダ国旗を翻した立派な帆船が、新大陸、ヨーロッパ、アジアの沿岸を航行する様子が描かれ、アジアの詳細図にはスマトラ島に無数の港が散りばめられている地図であった。当時のオランダ人が部屋の壁をこうした地図で飾っていたのを、フェルメールの作品に見ることができる。

オランダ東インド会社はヨーロッパへの輸出で利益を上げたが、アジア域内の取引でも大きな恩恵を受けた。十七世紀ヨーロッパの貿易会社のなかで、「カントリー・トレード」と呼ばれたこのアジア域内の貿易にオランダ東インド会社ほど広範囲に加わった例はほかにない。オランダはすでに盛んであった貿易ネットワークに参加し、武力を用いてそれを都合よく利用した。アジア域内貿易の重要性をオランダ人はよく知っていたのだ。オランダ東インド会社の経営者会議「十七人会」は一六四八年にこう記している。「カントリー・トレードおよびそこから上がる利益はわが社の魂であるから、これには細心の注意を払わなければならない。というのも、もし魂が衰えるなら、身体全体がたちまち滅びるであろう[28]」。

アジア域内貿易におけるオランダの成功を理解するには、まずインドに目を向けなければならない。インドの織物はアジア域内貿易の、とりわけスパイス貿易に参入するためのカギであった。インドネシアでは昔からインドの粗布や凝った手織りの反物が胡椒などスパイスとの取引に使われていて、インドやアラブの商人たちは、この広い列島のどの港町でどんな布地が好まれるかをよく知っていた。遅れてこの地にやってきたヨーロッパ人は、自分たちの布がインドの織物には到底太刀打ちできないことを思い知る。インドの綿織物は厚手の更紗から薄手のモスリンまで驚くほど種類が多く、白や茶色など無地のものから、色鮮やかな木版染めの柄ものまで多種多様であった。柄ものはチンツ、彩色布はピンタードと呼ばれた。南東部のコロマンデル海岸は織物取引の中心地であった。オランダ東インド会社の重鎮ヘンドリック・ブラウエルは一六一二年にこう指摘している。「コロマンデル海岸はモルッカ諸島の左腕であります。コロマンデルの織物なくしてモルッカ貿易は成り立たないからであります」[29]。ブラウエルは日本で商館長を務めたことがあり、一六三二〜三六年までアジア総督であった。インド洋を横断してインドネシアへいたる、いわゆる「吠える四〇度」の航路を開いた人物である。

オランダはスマトラのアチェでインドの織物を買うこともできたが、利に聡い商人たちは産地で買いつけるほうが儲けは大きいことを知っていた。オランダもイギリスも初めから、インドの織物産地に商館を建てようとしたのはこれが理由であった。

こうした取引の可能性に気づいたのは、バンダの殺戮者と呼ばれ、当時ジャワのバンテンにいたヤン・ピーテルスゾーン・クーンである。クーンはアジア域内貿易の複雑さをきわめて明瞭に描き出し、織物とスパイスと貴金属が、まるで美しいシンフォニーを奏でるように互いに調和を保ちながら交換される一つの広大な市場を構想したのであった。アジア域内貿易という巨大な車輪を滑らかに動かすにあたり、オランダはほかのヨーロッパ諸国と違って、日本の貴金属を大いに利用することができた。この仕組みはオランダが栄えた十七世紀の大半を通してうまく機能した。

一六一九年、クーンは十七人会に自らの構想を説明している。「スマトラ沿岸でグジャラートの織物を胡椒や金と交換。バンテンの胡椒をレアル銀貨や［コロマンデル］海岸の織物と交換。中国製品や金を白檀や胡椒やレアル銀貨と交換。中国製品と交換するための銀は日本から入手する。コロマンデル海岸の織物はスパイスやほかの商品、あるいは八レアル銀貨と交換。アラビアからの八レアル銀貨をスパイスなどほかの小物商品と交換――それぞれの商品について釣り合いのとれた交換を行い、取引はすべて船の中でオランダからの資金を使うことなく確実に進めます。重役会はすでに主要スパイスを手中に収めておられる。それでいてなぜことを始められないのか。必要なのは何隻かの船とポンプを始動させるためのわずかな水だけであります。［傍点は引用者による］オランダほど多くの船を有する国がほかにあるでしょうか。ポンプを動かす水が十分にないというのですか（ここに私は、このすばらしい現地貿易が生まれ変わるまでの間、十分な資金をお送りいただきたいとお願いしている次第であります）[30]」

アジア域内貿易の込み入った仕組みを分析するクーンは、ここで重要な情報を省略していた。つまり、数々の交換商品の最初の一点であり、ほかの取引の第一歩となるグジャラートの織物を、オランダは何と交換するのか。インド人はオランダ人が提供できるヨーロッパの製品に関心がなかった。クーンが触れなかったのはおそらくそのためだろう。インド人は金銭を、それも銀や貴金属での支払いを求めたのである。

多くの歴史家の推計によれば、一六二〇～五〇年にかけてオランダは毎年、銀二万二〇〇〇～四万四〇〇〇ポンド（およそ一〇〇万～二〇〇万ギルダー）に値する布製品を、インドのコロマンデル海岸からバタヴィアに向けて送り出した[31]。だが、これほどの銀はいったいどこへ消えたのか。確かなことはわからない。銀は大河のようにアジアへ流れ込んだ（その主な源泉は、南アメリカにあるスペイン所有の銀鉱であった）。加えてオランダは幸運にもアジアで貴金属を、とりわけ日本で銀を調達することができた。十七世紀、日本の銀は興隆を極めたオランダのアジア域内貿易を支えた。世紀の後半、日本は銀の輸出を禁止するが、そのときすでにアジアの織物交易は縮小し始めていた[32]。ジャワやスマトラをはじめ東南アジアの胡椒栽培は以前ほど利益を上げられず、人びとは大量の布を買うことができなくなっていた。

十七世紀後半までにオランダ東インド会社は、圧力による価格統制を徹底させていた。栽培者に強要し、収穫物を安い契約価格で売らせたのである。オランダ東インド会社の力は広くスマトラやジャワの胡椒栽培地一帯に及んでいたため、以前は利益を出していた栽培事業もその魅力をすっかり失ってしまった。十七世紀末のマレーシアの宮廷記録が、胡椒栽培者たちの窮状を語っている。「国内いずれの地であれ、ジャンビおよびパレンバンで行われているような胡椒栽培を許してはならない。これらの地はおそらく金のため、富を得るために胡椒を育てているのであろう。しかし、結局は荒廃に陥ることに疑いの余地はない[33]」

東南アジアで広く行われていたインドの織物と胡椒の取引が以前のようにうまくいかなくなると、オランダ東インド会社とイギリス東インド会社は、たやすく交換できる別の商品を見つけた――インドで栽培されるアヘンである。この麻薬がインドのマラバル海岸で初めて胡椒と取引されたのは、オランダがコーチンを制圧した一六六三年のことだ。間もなく、アヘンがインドネシアへ流れ込み始めた。一六八八年、オランダ東インド会社はベンガルからインドネシア列島へおよそ二五トンのアヘンを輸出した。二〇年後、その量は二倍になっていた。十八世紀初頭までには、もっとも多い年で四五トンあまりが輸出されたが、これとて年間約八六トンという会社の目標にははるかに及ばなかった。

アヘンはバタヴィアで競りにかけられた。インドネシアやマレー半島や中国から来た商人たちが買っていった。オランダはスマトラとジャワにおけるアヘンの独占販売をめざし、バンテン征服後はジャワ島にアヘンを広める政策に力を入れたが、バタヴィアの町の中では販売を禁止した。市内の奴隷たちがアヘンを吸い始めるのを恐れたのだった。むろん、オランダ人はこの麻薬が吸う者を衰弱させることをよく知っていた。歴史家オム・プラカシュによれば、アヘンはインドネシア列島のいたるところで吸われていたが、もっとも広まっていたのはジャワ、スマトラ、マレー半島であった。多くのヨーロッパ人旅行者がマレー人のアヘン好きについて書いている。

「マレー人はアヘンを愛好し、あらゆる高価な所有物を質入れしてでも手に入れようとする」と、当時アジアに手を広げていたイギリス人貿易商の一人チャールズ・ロッキャーは指摘し、一七一一年に、アヘンに取り憑かれて日々の暮らしもままならなくなった依存症の人たちについてこう書いた。(34)

「過度に摂取する人は、たいていは長生きできない。かれらはこれをよく知っているが、それでもいくら吸っても満足できない。アヘンの心地よい効果のことしか考えられなくなっているのだ」。さらに「ベンクーレンでアヘンを覚えたあるイギリス人が言うには、身体のあらゆる部分に作用するその絶妙な気分を一度でも味わってしまうと、やめるのは難しいとのことだ。血はくすぐられ、することすべてに物憂い心地よさを覚えるこの感覚は、人間の本来の感性が受け入れるには激しすぎる快感だと言って差し支えないだろう」

学者ウィリアム・マースデンは主著『スマトラの歴史（*The History of Sumatra*）』でアヘン吸引の問題を取り上げ、とくにマレー人が好んで用いたと指摘している。スマトラ西海岸では年間およそ大箱一二〇個、約六・七トンが購入されたと推計される。大箱一個は約三〇〇ドルで売られたが、品薄になると箱の重さに相当する銀が支払われることがあり、あるときは六三キロほどのアヘンが入った一箱に三〇〇〇ドルもの値がついた。マースデンはアヘンが悪いものだとは考えず、スマトラでは「ぜいたく品」だと言っている。物騒な喧嘩沙汰や激しい喧嘩などがアヘン吸引の弊害だとされている問題は、マースデンに言わせれば「くだらぬたわごと」であった。

実際、十八世紀にアジアに来たヨーロッパ人は誰もかれもがアヘンを売った。アヘンは儲けの大きな商品であり、これ抜きにアジア域内貿易は成り立たなかった。十九世紀初め、胡椒事業に乗り出した新生国家アメリカもアヘン取引に参入した。アメリカ人貿易商で蒸留業者、ニューヨーク屈指の大地主であったヘゼキア・ビアーズ・ピアポントはアヘンの重要性をよく知っていた。若い頃、胡椒の取引も手がけたピアポントは一七九六年、（マレー半島西岸の）ペナンではアヘンが胡椒売買に「欠かせぬ商品」だと書き、さらに「マレー人の間で膨大な量が消費されている」とも付け加えている[35]。胡椒取引にはまたベンガルの織物や古い鉄製マスケット銃やピストルなども使われた。ピアポントの記録によれば、胡椒は一ポンド〔約四五三グラム〕あたり約九～一二セントで取引されていた。

十九世紀、アメリカの胡椒商人たちはインドネシアやマレーシアでアヘンと胡椒の交換を日常的に行っていた。「マレー人を相手にアヘンを売れば、通常一〇〇パーセント［の利益］が上がる。世の中にこれほど確かなことはない。また危険を除けば、マレー半島の海岸地方に行かない理由もまったくない」と貿易商のトーマス・パトリックソンはアイザック・ヘーゼルハーストに宛てて書いた[36]。

ニューヨークの船会社のオーナーであるヘーゼルハーストに、パトリックソンはアヘンと胡椒の交換取引がいかに儲かるかを延々と説いている。インドで三〇〇〇～四〇〇〇ポンドを払ってアヘンを買えば、これで積み荷がいっぱいになるほどの大量の胡椒を、つまり一五八トンほどをマレー人から買うことができる。この胡椒を売ればおよそ三万五〇〇〇ポンドの金（かね）が入るから、儲けは当初投資の一〇〇〇パーセントというわけだった。

胡椒の買いつけに使われたのはアヘンだけではない。貿易の長い歴史のあるインドネシア諸島では、銀や鉛や銅の硬貨も胡椒の支払いに使われた。たとえば一七六八年、オランダ東インド会社のスタヴォリヌス船長はバンテンの王から胡椒を買いつける代金として、八レアル銀貨五万枚の入った大箱八個を船に積んでバタヴィアを出航した。また、よく知られていることだが、スマトラの人びとは硬貨で身を飾るのが好きだった。スマトラ島の奥地で住民が硬貨のネックレスをしているのにラッフルズは気づいた。「女や子どもは銀の飾りをたくさん身につけていた。レアル銀貨をはじめ硬貨をひもに通し、二重三重に首からかけている。子どもがレアル銀貨を一〇〇枚ほども首からぶら下げているのも珍しい光景ではなかった[37]」

東南アジアでインド織物の需要が落ち込むと、ヨーロッパで新しい市場が開拓され、衣服や家具に使われるようになった。十七世紀末、とくにベンガル地方の生地がヨーロッパに向けて大量に輸出された。グジャラートをはじめインド西部産の布地は目が粗く色鮮やかな更紗で、西インド諸島の奴隷貿易に使われたが、ベンガル地方の綿や絹の織物はそれよりもずっと上質であった。オランダとイギリスのどちらの東インド会社の帳簿にもますます大量のインド織物が記帳されるようになった。

一七三八年には、綿や絹の布製品がバタヴィアからの輸出の三割近くを占めていた。

同じ頃、茶とコーヒーが、アジアからヨーロッパへの主要輸出品になった。オランダ東インド会社は茶の取引に積極的ではなかったが、イギリス東インド会社は十八世紀末には六八〇〇〜九〇〇〇トンの茶を中国から輸入していた。[38] 数千トンという紅茶や緑茶が、スーチョン、ハイソンスキン、ヤングハイソン、シングロ、タンカイ、ボヒーなどと名づけられ、茶箱に収められ、広東で船積みされた。

十八世紀後半、イギリス東インド会社は織物取引でもオランダのライバルを追い抜いた。一七七〇年、オランダ東インド会社のスタヴォリヌス船長は「かつてわが社にあれほどの利益をもたらした織物貿易は、いまやほぼ完全にイギリスの手中にある。イギリス人が、われわれに残されたごく一部の取引に弊害をもたらしていることだけは確かだ。［インドで］かれらは仕入れ競争を仕掛けてくるからだ」と嘆いた。[39] 十九世紀に入ると、イギリスは自国産の織物をアジア市場に投入し、インド製品と競争を始めた。十八世紀後半に機械織り、機械紡ぎの時代の幕開けを迎えたイギリスは、初めてアジアで自国の繊維製品に手頃な値段をつけることができるようになったのだ。ただ、ニューヨークの貿易商ピアモントによれば、一七九六年にはイギリス製品の取引はアジアではまだ「目新しいビジネス」だった。

十八世紀、イギリス東インド会社の主な収入源は繊維製品と茶であったが、胡椒が完全に帳簿から消えることはなかった。このスパイスはとくに中国を含むアジア域内交易の不可欠な一部であり続け、年間に数百トンから数千トンがヨーロッパへ輸出された。しかし、十八世紀後半になると、種々のぜいたく品や魅力ある製品が各国市場に登場し、そもそも大航海時代の幕を開けた胡椒は貿易の主役の座を奪われていった。

オランダ東インド会社はなぜ消滅へと追い込まれたのか。十七〜十八世紀にかけて、アジアであれほどの権勢を振るった官営の疑似軍事会社が立ち行かなくなるなどとは信じがたいことだが、消滅の原因は会社自らの内部力学にあった。一つには社員の処遇の仕方があった。オランダ東インド会社に雇われた男たちは命を賭して熱帯をめざした。熱帯で大金が得られるかもしれないからだ。日払いの賃金は雀(すずめ)の涙ほどだが、自分で勝手に胡椒取引をすることもできたし、会社の積み荷からスパイスを盗んで一財産築くこともできた。何千キロも離れた本社に、かれらを止める手立てはなかった。「実際、支給された給料では、退職に備えて貯えるどころか暮らしを立てることさえ難しかったし、年金は、一七五三年以前は厳しい条件を満たさない限り支給されなかった」と歴史家C・R・ボクサーは画期的な著作『海運帝国オランダ(*The Dutch Seaborne Empire*)』で指摘している。「結果として、上は総督から下は給仕係まで、一人残らずサイドビジネスに手を出し、誰もかれもがそれを知っていた」。オランダ東インド会社の乗組員や商人は、東洋からちょっとした商品を持ち帰ることができた――半合法的なこの取引は「私貿易」と呼ばれ、広く乱用された。会社の荷より「私用の品」を多く積み込んで帰国の途につくオランダ船もあったという。

金儲けの方法はほかにもあった。現地の供給者から「余分の」手数料を絞り取る、帳簿を改竄(かいざん)する、商品の仕入時と売却時に別々の秤を使う、会社の倉庫や本国に向けて出荷された商品に混ぜ物をする、あるいは横流しするなどはよく使われる手だった。

インドのベンガル地方に野心的な社員がいて、妻の名義で会社を作り、私貿易にいそしんだ。男の二人の甥はこの地方で東インド会社の要職を務め、おじの会社の株主にも名を連ねていた。甥たちは私貿易用の商品を偽名で買いたたく交渉を会社の船の上で行い、のちに高く売っておじの会社の儲けとした。文句をつける者が出れば、商品は会社のものだと言い張ればよかった[40]。インドで商館幹部をめぐる収賄疑惑が浮上するたびに懲戒処分がとられたが、事業のやり方は一向に改まらなかった。一説によれば、一六七八〜八六年の間にオランダ東インド会社は詐欺や私貿易によって三八〇万ギルダーもの損害を被った[41]。

オランダ東インド会社では、上から下まで、誰もが詐欺に手を染めていた。下っ端の船乗りでさえ、背信行為を隠す巧妙な手口を知っていた。「モルッカ諸島へ行く［オランダ人］船員は、食用にほんの一、二ポンドばかりは許されるとしても、スパイスを持ち帰ってはいけないことになっている」とウィリアム・ダンピアは書いている。「だが、連中は海上でほかの船に出逢えばクローブを売りつける――一〇〇トンあれば、そのうち一〇〜一五トンは売ってしまう。それでもなお、船がバタヴィアの港に入るとき、積み荷は完全な状態に見える。連中は売らなかった積み荷に水をかけるのだ。荷は膨らみ、船の積み荷は以前の重さになるのである。だがこれは、当地にいるオランダの船乗りたちが考え出した何百というごまかしの手のほんの一つにすぎない。（…）あいつらほどの大盗人はどこを探しても見つかりはしまい[42]」

アヘン貿易の中心地バタヴィアでは、密輸が横行した。とくに豊作だった一六七六年、オランダ東インド会社の従業員たちがバタヴィアに密輸したアヘンは六九・二トン、インドから会社が輸入した量の数倍にのぼった[43]。

汚職こそがオランダ東インド会社消滅の主因であると考えられ、同社の頭文字ＶＯＣは「汚職により崩壊」を意味するオランダ語 Vergaan Onder Corruptie の略だと皮肉られた時代もあった[44]。たしかに、密輸や横流しや詐欺など数々の不正行為は、オランダ東インド会社の深い痛手となった。だが、資金の手当てが十分でなかったこと、茶などの新たな需要に目を向けず、スパイスにこだわり続けたこと、そして一七八〇年代の第四次イギリス・オランダ戦争の損害が大きかったことなども、その後の同社の消滅につながったと指摘する学者が今日では多い。

アジアへ繰り出したヨーロッパ人のなかで、雇い主をだます手口を知っていたのはオランダ人だけではなかった。十八世紀の末頃、イギリス東インド会社を先頭に立って批判したアダム・スミスはこう書いている――この社の独占体制を支えているのは、東インドの産品に対して人びとが支払う代金と輸入に伴う利潤だけでなく、「これほど大規模な会社の運営とは切っても切れない詐欺や不正利用が必然的にもたらした途方もない無駄金」である(45)。

オランダのライバルと同様、イギリス東インド会社も従業員には雀の涙ほどの賃金しか払わなかった。結果として、詐欺やいわゆる私貿易が盛んに行われた。胡椒船の乗組員からインドの商館の幹部たちまで、誰もかれもが不正に手を染めた。かなりの財を成した者もいる。イェール大学に財産を寄付したエリフ・イェールを思い出してほしい。イェールは域内貿易船を四隻所有していた。

会社には私貿易を防ぐ手立てはほとんどなかった。だが、オランダ人とは異なりイギリス人にはアジアで合法的に取引できる域内交易人(カントリー・トレーダー)になる道が開かれていた。オランダ東インド会社の従業員には閉ざされていた道である。会社に対する不満を抱えたイギリス人船乗りにとって、これは一つの逃し弁になった。会社に不満な人たちは大勢いた。イギリスでも、オランダでも東インド会社に雇われた男たちはよく職場放棄をした。十八世紀初めには、職場放棄者の引き渡しをめぐる標準的な「誓約書様式」が定められたほどである(46)。

イギリス東インド会社が従業員によるアジア産品の取引を――胡椒と更紗を除いて――ついに正式に認めたのは一六六七年のことだが、イギリス人たちはそれまでに何十年もの間、個人の利益を求める勝手な取引を続けていた。私貿易は、早くも一六一四年にはありふれた職業になっていたようだ。この年、バンテンのあるイギリス人仲買人が「会社の商品を盗み、民間人をだまし、支払うべき金を支払わず（…）にわかに巨万の富を集めた」として同朋数名を糾弾している。[47]

コーンウォール出身の貿易商人で旅行記を書いたピーター・マンディはアチェで一人のイギリス人に出会った。男は小型船を一隻所有し「この地域をあちこち往来しながら、自力で交易をしていた」とマンディの一六三八年の記録にある。「イングランド西部の生まれ」だというこの男は、「親切で礼儀正しいと評されていた」が、やがて「こっそりと恩知らずな行動に」出た。持ち船を出帆させる際、「借金を踏み倒し、金を持ち逃げしたのだ。ところが、ほんの一日、二日のうちに神の御摂理により悪天候に見舞われ、港にごく近い岸に吹き戻されてしまった。船は沈没し、積み荷はすべて水をかぶって使い物にならず、仲間の半数は雲隠れしてしまった。男は不運を嘆くばかりであった」[48]

十七世紀を通じて、ますます多くのイギリス人船乗りが自分で、あるいは仲間と共同で船を所有するようになり、アジアの船主に雇われる者も増えた。十八世紀、かれらは商業の重要な担い手となった。ウィリアム・ダンピアもこうした域内交易人（カントリー・トレーダー）の一人であった。かれらはインド洋のあちこちを転々とし、密輸にもかなり頻繁に手を出したようである。イギリスの交易人ロジャー・ウィートリーは一七二五年、バタヴィア評議会の元評議員の妻に雇われ、大箱一五〇個に入れたアヘン（約九・五トン）の密輸にかかわったと認めている。[49]

自営のイギリス人交易人たちはアジア各地の港で共同体をつくり、会社の仕事と私的取引の両方に精を出し、折々に地域支配者の船の水先案内も務めた。オランダ東インド会社が、社員が域内貿易に携わることを認めなかったのとは対照的である。

オランダ東インド会社のJ・S・スタヴォリヌス船長は一七六九年、繊維製品とアヘンを積んだイギリス船がバタヴィアで荷降ろしをしているのを見て衝撃を受けた。オランダ東インド会社は、社外のオランダ人によるこれら商品の取引を禁じているのに、イギリス人は公然とやっていると、スタヴォリヌスは憤懣やるかたない調子で書いている。「インドのものであれ、ヨーロッパのものであれ、ほかのあらゆる商品についても（…）イギリス人は大きな顔で取引をしているが、これは自分で商品を持ち込むことが禁じられいるわが社の乗組員たちにとって大いなる不利益である。万が一、特別に認められてわが社の乗員が商品を持ち込んだとしても、結局は買いたたかれることになる。イギリス人による大量輸入のせいで、供給過剰が起きているからだ(50)」

腐敗の横行が一つの要因となって、オランダ東インド会社は一七九九年についに倒産し、イギリスのライバルとの二〇〇年にわたる競争に幕が引かれた。長年にわたり、オランダ東インド会社は困難な問題に直面していた。海外に広がる交易帝国の運営コストは拡大する一方であったし、会社は運営能力を欠き、ヨーロッパにおけるアジア製品の需要の変化に順応できなかったのだ。一方、イギリス東インド会社はなんとか商売を続け、一八三三年についに貿易から手を引いた。一握りのイギリス人だけがアジアの商品をほしいままに売買できる時代は終わったが、イギリス東インド会社はその後もインドを統治し、最終的には一八七四年に解散した。

第七章 ☼ アメリカの胡椒王

十九世紀、スマトラ島の北西部海岸はアメリカの胡椒貿易の中心であった。一八三一年、アメリカの胡椒船が海賊に襲撃されると、良好に見えた住民との関係が一変する。この事件は東南アジアにおけるアメリカの初の軍事介入へとつながった。

さあ、スマトラの海岸へと出発だ
あそこで胡椒は見つかるか。
生き延びられたら、ヨーロッパにも行こう。
それからビヴァリーに帰って美人のかみさんもらうんだ。

——アメリカのブリッグ船タスカー号の乗組員が記す（一八四一年[1]）

☼

もしわが国政府が来るべき時季にフリゲート艦を派遣し、スー・スー、タンガン・タンガン、マッキー、サウス・タラポウを破壊しないとすれば、われわれは胡椒貿易をあきらめざるを得ないだろう。

——あるアメリカ人船長がスマトラ沖で書いた手紙の一部（一八三八年）。この手紙はのちに『セーラム・レジスター』紙に掲載された。[2]

☼

われわれの商売に強引に割り込もうとするアメリカ人を、慎重に見張らなければならない。

——トーマス・スタンフォード・ラッフルズ[3]

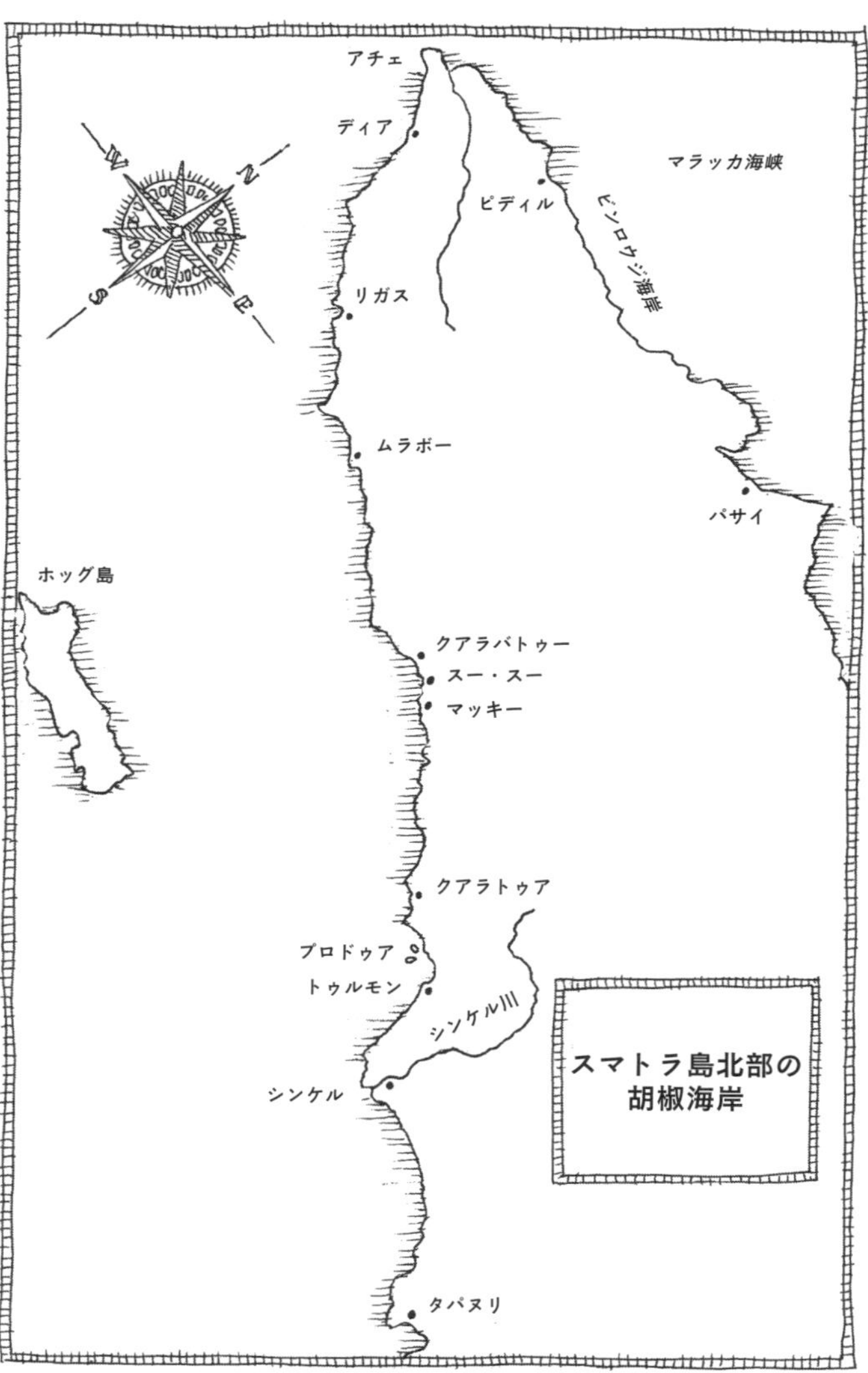

アチェ
ディア
マラッカ海峡
ピディル
ピンロウジ海岸
リガス
ムラボー
パサイ
ホッグ島
クアラバトゥー
スー・スー
マッキー
クアラトゥア
プロドゥア
トゥルモン
シンケル川
シンケル
スマトラ島北部の
胡椒海岸
タパヌリ

生まれたばかりのイギリス東インド会社が、ジェームズ・ランカスター船長をアチェに派遣して胡椒の買いつけに乗り出してからほぼ二〇〇年後の十九世紀初めのことである。それまでにスマトラ島は数十万トンを超える胡椒を生産し、ヨーロッパや中国へと送り出してきた。島の中央のミナンカバウ高原から南はランプン、北はアチェ、そして西はパダンにいたるまで、胡椒はいたるところで栽培され（高原の胡椒は筏に積まれ水路や川を伝って東部沿岸の湿地帯にあるジャンビやパレンバンへと運ばれた）、一八〇〇年になると、胡椒を植える土地はスマトラにはもうどこにも残っていないようであった。そこへ、新たな産地として北西部沿岸が浮上した。岩礁が多く危険な海に沿った狭い地域であった。

スマトラ島の片隅のこの地で、黒胡椒の歴史に新たなページを開いたのは、建国からまだ日も浅く、歳入拡大に躍起となっていた国からやってきた船乗りや貿易商たちである。十九世紀、アメリカは胡椒貿易の表舞台に躍り出た。アメリカ人が売ったのは、二万キロあまり離れたスマトラ島の北西部沿岸、いわゆる「胡椒海岸」で採れた胡椒であった。この世紀を通して、九六七隻に及ぶアメリカ船がスマトラへ渡った(4)。

二本マストや三本マストの帆船はたいていニューイングランド地方のセーラム港（マサチューセッツ州）から航海に出た。また、アメリカで初めて大富豪が生まれたのもこの港だ。クラウニンシールド、ソーンダイク、ガードナー、ピーボディーといった名字の商人たちが胡椒貿易で財を築き、その富はやがてニューイングランド地方の工業化の資本となった（ボストンのガードナー美術館を建てたのは、裕福な胡椒貿易商ジョン・ローウェル・ガードナーの義理の娘であった）。セーラムといえば今日では魔女狩りを連想する人が多いだろうが、当時はライバルのボストンとともに、胡椒貿易で栄えた町だった。セーラムやボストンから来た船をしょっちゅう見ていたスマトラの住民は、これらの町の名前は国名だと思い込んでいたという。ニューヨークやビヴァリー（マサチューセッツ州）やフィラデルフィアは、胡椒貿易では端役にすぎなかった。ただし、ニューヨークの港で陸揚げする胡椒船が多かったのは事実である。アメリカ人は〔紙幣ではなく〕正貨（スピーシー）である銀貨を船倉に積み込み、胡椒の実やアヘンの支払いに使った。銀貨はバラストの役目も果たした。十八世紀末から十九世紀初めにかけて一七〇〇万枚を超える一ドル銀貨がアメリカからスマトラへ運ばれたとされている(5)。

一八二五年十月、繁栄の絶頂にあったセーラムの町で、時の大統領ジョン・クインシー・アダムズやボストン市長ジョサイア・クインシーら多数の要人を迎えて盛大な夕食会が開かれた。東インド海運協会の新しい博物館の竣工にあたっての行事で、夜更けまで続いた宴会では祝いの乾杯が四四回も挙げられたという。大統領は「インド貿易――これなくして栄えた商業立国はいまだかつてありません。積年の経験からわれわれが学び、国富のこの豊かな源をはぐくみ続けることができますように」と乾杯のあいさつをしたという。当時「インド」とはすなわち東洋のことだった。アダムズ大統領は、スマトラ北西部の胡椒海岸のことを言っていたのだ。建国から間もないアメリカにとってきわめて大事なこの時期に、胡椒に課された税金が国庫を潤していた。そして、セーラムは胡椒貿易の成功に不可欠だった。意外なことだが、セーラムの船が運んだスマトラの胡椒は大部分がヨーロッパで売られた。アメリカ国内で胡椒の需要は大きくなかったのだ。つまり、胡椒貿易は好調な輸出入産業であった。

スマトラ島北西海岸からアメリカへ初めて大量の胡椒を持ち帰った船乗りはジョナサン・カーンズ船長という。父親は独立戦争で名を挙げた私掠船の船長で、カーンズはセーラムの名門商人一族の直系ではなかったが、母方のおじにジョナサン・ピールという裕福な船主がいた。航海術に秀でたカーンズは一七八八年に帆船カデット号で、一七九一年にはセーラム屈指の豪商イライアス・ハスケット・ダービーの持ち船グランド・セイチャム号でベンクーレンへ渡った。

カデット号がその後どうなったかはわからないが、グランド・セイチャム号については西インド諸島の岩礁で難破したことが明らかになっている。スマトラ島まで航海したものの、ベンクーレンやパダンでは胡椒をほとんど入手できなかったカーンズは、北部の新しい産地の話を耳にしたのだろう。航海は不首尾に終わったが、カーンズはどうにかセーラムまで帰り着き、新造のスクーナー船〔二本以上のマストのある縦帆の帆船〕ラージャ号の船長になった。船主はエベニーザー・ベックフォードとおじのジョナサン・ピール、いとこのウィラード・ピールである。機動性に富む高速船として造られたこの船は、危険な岩礁が多く、素早い操船が求められる未知の浅海の航行に適していた。これは秘密の航海で、わずか一〇人ほどの乗組員も目的地を知らされていなかったという。船主たちとカーンズは自分たちだけで純金の卵を温めたかったのだ。

ラージャ号は一七九五年十一月中旬のある寒い日、ニューイングランドを出発した。同年十一月七日付『セーラム・ガゼット』紙は「セーラムおよびビヴァリー地区」（ビヴァリーはセーラムの隣の港）の見出しで外洋船のリストを公表している。ある項目には、ブリッグ船〔二本マストで横帆を備えた帆船〕シセロ号ほか九隻が列挙され、別の項目にはスクーナー船一〇隻を含む一三隻の出航が認められたとある。そのなかの一隻がラージャ号であった。目的地はコペンハーゲン、西インド諸島、ノヴァスコシアなどさまざまだったが、「インド」に向かったのはラージャ号だけである。一二〇トンのこのスクーナー船はブランデーやジン、鉄や鮭を積み込んでいた。一七九六年三月、ラージャ号はケープタウンに到着するが、その後消息が途絶えてしまう。港を出たことだけは確かであったが、その後姿を消してしまったのだ。

セーラムの多くの人びとは、船は船長ともども海の藻屑と消えたものと信じていた。だが、出航から一九カ月後の一七九七年七月、ラージャ号は奇跡の帰還を果たした。六八トンに及ぶ胡椒をセーラムに持ち帰ったのである。これほどの積み荷がアメリカに運ばれたのは初めてだった。スクーナー船がどこへ行っていたかは誰も知らず、カーンズもピール一族も語ろうとしなかった。積み荷の胡椒は利益率七〇〇パーセントという、信じられないほどの利益をもたらした。

カーンズがスマトラ島北部で何をしていたかはよくわからない。航海日誌が残っていないのだ。だが、おそらくスー・スーの港へ行ったのだろう。ここはやがてアメリカにとって胡椒の宝庫となる港であった。ラージャ号は沿岸を航海中のあるとき、モーリシャスから来たフランスの私掠船にイギリス船と間違われ、襲われた。フランス人十数人が乗り移ってきて乱闘が始まったが、結局はアメリカ船だという証明書類が提示され、一件落着となった。この騒ぎでカーンズの料理人は片腕を失い、フランス人士官一名が命を落としたが、そんな事件が起きたからといって、スマトラ島の海岸から手を引くようなアメリカ人ではなかった。かれらは金が欲しかったのだ。カーンズ船長が帰国して間もなく、ラージャ号はブリッグ船として再装備され、一七九八年にふたたびセーラムから出航し、一五カ月後には六八トンあまりの胡椒を積んで帰ってきた。一八〇一年、カーンズはさらに六八トンを持ち帰る。その年の暮れにはスー・スーの正確な位置がセーラムの商人たちの間に知れ渡り、ピール一族はスマトラ島産の胡椒を一人占めできなくなるのだが、それでも短期間ながら寡占が続いた間に、一族で一八〇トン超の胡椒を輸入したことになる。

スマトラ島北西部への二度目の航海を終えたカーンズは旅から持ち帰った数々の記念品を、設立されたばかりのセーラム東インド海運協会に寄贈した。象牙や黄金の箱、幾種類もの貝や煙管などが、協会が設けた「珍品の保管庫」に収められた。この保管庫を土台として、のちにセーラム・ピーボディ・エセックス博物館が設立された。

イギリス人はアメリカ人よりも先にスマトラ島北西部に到達していたから、そこで胡椒取引を独占することもできたかもしれない。だが結局は機会を逸し、アメリカ人を食い止めるどころか、アメリカが胡椒貿易商として成功するための地ならしに手を貸すことになった。十八世紀の半ば、イギリス東インド会社の数人の社員がスマトラ島北西部で胡椒農園を開き、ベンクーレンの北方数百キロにあるナタルという村で商会を設立した。スマトラの胡椒生産を広げたかった会社は、このナタル商会を資金面で援助し、この商会から胡椒を買い続けた。十八世紀の末、この商会の会長がスー・スーの領主リッベ・ドゥポーと親交を結ぶという幸運が訪れた。商会は、事業意欲が盛んなドゥポーに、その領内で生産された胡椒をすべて買い取ると約束した。ドゥポーは目覚ましい成功を遂げ、この地方一帯は世界屈指の胡椒産地となった。実際、一八一八年にスマトラに到着したラッフルズは、ナタル商会の助けがあれば、胡椒が思うように手に入らないというベンクーレン植民地の慢性的問題は、いくらか改善できるとさえ考えた。

ラッフルズがスマトラに着任する二二年前のことだが、資金繰りに苦しんでいたベンクーレンの東インド会社幹部は、債務返済のためにはやむなしと、三隻のアメリカ船に二八四トンあまりの胡椒を高値で売った。これを知ったロンドン本社の重役陣は激怒する。というのも、アメリカ人が約二二六トンもヨーロッパ市場に持ち込んだため、会社の販売が落ち込んでしまったのだ。「中立国の船舶への胡椒の売却については、言うまでもなくこれは外国市場におけるわが社の売り上げに著しい影響を与えるものでありますから、まったく同意できないことをここに表明しなければなりません」とロンドンの重役たちはベンクーレンに書き送り[6]、のちにベンクーレンの胡椒をアメリカ人には売ってはならないと禁止令を出した。結果的に、ますます多くのアメリカ船がスー・スーへ向かうことになった。

カーンズが三回目の航海を終える頃、スマトラ北西部沿岸には多数のアメリカ船が押し寄せていた。一八〇二〜〇三年の最盛期には五二隻がやってきて七万八〇〇〇ピクル、およそ五〇〇〇トンもの胡椒を運んでいったという。まさに驚くべき量である。アメリカ船を所有していたのはピール家にすぐ続いて胡椒貿易に参入した商人たち——ジョージ・クラウニンシールド、ジョゼフ・ピーボディー、スティーヴン・フィリップスら——である。ジョージ・クラウニンシールド&サンズ社のベリサリウス号はとくに船足が速く、一八〇〇〜〇三年にかけてスマトラへ二度も航行し、約二八五トンの胡椒を持ち帰った。船会社が支払った関税は三万七〇〇〇ドルを超えたと言われる。今日の貨幣価値に換算するとおよそ一九〇〇万ドルである。また同社のアメリカ号は一八〇二年に、胡椒約三六〇トンを輸入し、五万六〇〇〇ドル——今日の約二八〇〇万ドルに相当——の関税を納めた[7]。

比較的小型の船であれば、スマトラ沿岸までの約二万キロをおよそ四カ月かけて航海した。胡椒の収穫月の三月をめがけて多くの船は年の暮れに出航し、南東へ向かって大西洋を横断し、喜望峰を回ってから、一路スマトラ島をめざすのだったが、その前に、セントヘレナ島（南大西洋に浮かぶ離島。ナポレオンはこの島に幽閉され、ここで死去した）やモーリシャス島に補給のため立ち寄ることもあった。航海のたびに記された詳細な日誌が役立ち、船長たちはスマトラまで驚くほど楽々と船を進めることができた。

セーラムの貿易商たちは、航海日誌こそ胡椒貿易の成功のカギだと知っていた。一八〇一年十一月、東インド海運協会の会合で「航海日誌帳」委員会が発足した。「（…）当協会の大いなる目的は（…）航海に関する知識を得ること」であったからだ。船長はそれぞれ日誌帳を与えられ、これに「航海中は日々の風、天候、主な出来事などについて」きちんと記さなければならないとされた。航海日誌は地図帳ほどの大判のもので、通常は船長が管理するが、「記録係」が雇われることもあった。各ページには航海に関する覚書や気象情報が流麗な文字で書き込まれた。一日の初めに「微風、天気良好」などと記載されていることが多い(8)。

航海日誌から船上の暮らしを垣間見ることができる。ときには、スマトラの胡椒やアジアの産品を買いつける仕事とは何の関係もない事柄も記されている。セーラムの貿易商で早くから東洋貿易で成功したベンジャミン・ホッジズは、中国へ向かうブリガンティン船（マストが二本あり、その一つに横帆を張った中型帆船）ウィリアム＆ヘンリー号の船長として一七八八年十二月にセーラムを出港した。ホッジズがつけた航海日誌からは、思慮深く思いやりのある人柄がにじみ出ている。長く退屈な航海を続ける間に、憂鬱な気分に落ち込むこともあったようだ。一七八九年四月には、通常の天候情報に加え、自分の気分がどんよりと落ち込んでしまったと書いている。「長い航海は単調で、海の観察も退屈な繰り返しばかり、運動不足のせいで心気症にとらわれそうだから、わずかでも持てる限りの気力を奮い起こさねばならない。亡命についてボリングブルック卿（十七世紀イギリスの政治家・著作家。政争に敗れ一時亡命した）の書かれたものをときどき読み返しているが、これは実用的というよりも理論的な考え方を説いたものだ(9)」

一七九〇年四月、モーリシャスからセーラムへ帰路についたウィリアム＆ヘンリー号は、リヴァプールから来たイギリスの奴隷船フィリップ・スティーヴィンズ号に遭遇する。奴隷制を忌み嫌っていたホッジズは、嫌悪感をむき出しにしてこう書いている。「こうして積み荷となったかれら（不運な、われらと同じ生き物）の幸福は、強欲と野心を満たすために犠牲にされたのだ。それも、キリスト教の、いや、さらにいえば哲学の光に照らされているのだと、自分たちの生き方を自慢している強欲な男たちの野心だ。（…）わが船に乗り込んできた船長は、よくいる愚か者で、自分がしていることの正邪については考えたことも、知ることもないような奴（…）つまり、ばかな老いぼれの悪魔のような男だった(10)」

その二年後の一七九二年、ホッジズはイライアス・ハスケット・ダービーが所有するグランド・チュルク号の船長として、セーラムを出港し、インドのベンガルへ向かった。この航海では悪天候が長引き、その間中「ふさぎの虫」につきまとわれたとホッジズは日誌に記している。

空は暗く垂れ込め

嵐と大雨が襲う

明るい光明は一筋として見えず

天は持てる涙のすべてを注ぐ

航路は長く、天気は
陰鬱。困ったことに
ふさぎの虫がつきまとってくる。[11]

スマトラへの航海で多くのアメリカ人が命を失った。あるいは病に倒れ、あるいは沖合で波にのまれた人たちの生涯はほとんど知られていない。ごくまれにだが、航海日誌が死者について語ることもある。一八三八年十二月にスマトラに向けてニューヨークを出港したバーク船〔三～五本マストの小型帆船〕エリーザ号には、船長で日誌をつけていたサミュエル・スミスと息子が乗っていた。一八三九年三月に船がアナラブー〔現ムラボー〕に入港すると、二人は小船で上陸し、マレー人ガイドの案内で町へ入った。港にはすでに多数の船が来航しており、胡椒はもう残っていないと告げられたので、父子はほかの港を探すことにした。ところが、航海日誌によれば、一八三九年四月二八日、サミュエルは急病に倒れ、死亡した。「息絶える前の半時間ほど、ほとんど口も利けなくなった。亡きがらは海に葬らざるを得なかった」と息子は書いている。「陸に上がったあの日、父は四、五杯のココアを飲んだが（…）最後の一杯はカビ臭いと文句を言い、腹痛を訴えた[12]」。船はその年の九月に、胡椒をいっぱい積んで帰港した。

無事に航海を終えられなかった船もある。シスルビー、ピックマン＆ストーン社所有のスールー号は一八五四年十一月にセーラムを出て一一八日後にアナラブーに到着した。船はしばらくスマトラ沿岸にとどまったのち、五月半ばには胡椒を満載して帆を揚げた。ところが航海日誌によると、途端に船は「大きく傾いたかと思うと激しくたたきつけられた」という。「マストが倒れそうになり（…）

甲板に立っていられないほど傾いた。綱を急いで手繰り込むより早く、船首は西へ大きく揺れたが、それでも船体は踏ん張り（…）ポンプを動かしたが、甲板の一段と低い部分には水が三フィートも溜まり（…）帆をすべて巻き上げ、なおもポンプを動かすが水はどんどん入り込み、五フィートほどにもなった[13]」

乗組員の懸命の働きも無駄であった。スールー号から迅速に胡椒を運び出そうと、岸から多数の小船が繰り出した。航海日誌の最後にはこう書かれている。「中甲板からの胡椒の搬出を終了。中甲板は一フィートほども水をかぶっていた。夜の間に、船は錨を下ろしたまま沈んだ。一人のマレー人が船と運命をともにした[14]」

ムカデやサソリやゴキブリや白アリが無数に住みついたために沈められた船も多い。アメリカ人の船乗りアマサ・デラーノは東インド会社に雇われ、一七九二年にベンクーレンでエンデヴァー号を沈めたことを書き残している。船は害虫や昆虫に食い荒らされていた。白アリはほんの数カ月で船のすべての木材を食い尽くしてしまうのだった。

熱帯の美しさ

胡椒の積み込みを待つ間の船上の暮らしは、辛いことばかりではなかった。アメリカ船の乗組員たちは水漏れ防止の作業や帆の修理、甲板の塗装などの仕事をこなしながら、スマトラ島でラッフルズがしたように、ときには船外に出て熱帯の自然に触れ、その美しさに息をのんだ。「おれたちは山のてっぺんまで登って景色を楽しんだ。こんなきれいなところは、いままで見たことがなかった」と書いたのはマサチューセッツ州グロスター出身で、一八三四年、初めての航海で胡椒海岸に来た船員ゴーハム・Ｐ・ロウである。[15] ロウは山の頂きに住んでいる病気の少年を見舞いに来たのだった。「あの高い峰からは、これまで見たこともないような地や海の景色が広がっていた。海岸線は海から見るとほとんど直線だったが、ここからは何マイルにもわたり、あちこちにくねくねと曲がっているのがわかる。別世界から見下ろしているようだった」とロウは書いている。初めて見るスマトラの何もかもが感動的だったが、ロウがとくに感銘を受けたのは人びとの威厳ある態度や独特の、たとえば、歯の先端をやすりで平らにしたり、歯を黒く染めたりする風習であった。初航海でロウはいくつもの港を転々としたが、これはアメリカの船が次々に押しかけてきたため、北西海岸で胡椒の入手が難しくなっていたからだ。競争でスパイスの価格は高騰し、一ピクルあたり六ドル五〇セントにもなったので、ロウの船はよそへ行くことにした。ロウは二〇年もの間、海の仕事をして裕福な実業家となり、のちにマサチューセッツ州議会議員になった。

スー・スーの美しさは、到底この世のものとは思えないと絶賛したアメリカ人もいる。「船から降り立った私たちがいま立っているこの場所へ、北アメリカから突然連れてこられた人がいたら——自然の美に対する感受性をいくらかでも備えている人なら——恍惚となるだろう」と一人の牧師が一八三八年に書いている。[16]「小川の上にはヤシの葉が優雅な扇のように広がり、半円状に幾重にも重なって木陰を作っている。幹が高く伸び、上方で葉が広がって、まるで柄の長い傘のようなココナツの木の姿はいかにもアジア的な風情に満ち、言葉にならぬほど美しい。月桂樹やバナナをはじめ、熱帯の森のさまざまな巨木や葉をたくさんつけた大竹が生い茂る穏やかな風景が、わたしたちの周りに広がっていた」

スマトラ島北西部沿岸の熱帯の海で懸命に船を操った船長たちは、やがてここに広がる暗礁域の海図を作った。船がスマトラ島に近づく時、もっとも重要な目印となるのは西南約一四五キロにある小島でアメリカ人はここをホッグ島と名づけた。アナラブー、クアラバトゥー、スー・スー、タリ・ポウ、マッキーなど〔と呼ばれ〕、アメリカ船が頻繁に訪れた港はいずれもバンダ・アチェの南に位置していたが、アチェのスルタンの支配は及ばず、それぞれ領主、あるいは「ラージャ」をいただいていた（一人だけではないこともあった）。胡椒を仕入れるには、それぞれの港の領主と交渉しなければならなかった。普通、港には「ダトゥー」と呼ばれる交渉人がいて、ラージャとの連絡や話し合いはこの人を通して行われた。

ナサニエル・ボウディッチは優れた航海士、数学者であり、セーラムの胡椒貿易業界の重鎮の一人であった。一八〇二年、二十九歳のときパットナム号でスマトラへ渡った。船長兼船主の一人として、ボウディッチはこの航海の日誌をつけた（セーラムのピーボディ・エセックス博物館フィリップス図書館収蔵）。その最終ページにボウディッチは論考を寄せ、スマトラ島北西沿岸における胡椒取引について、アメリカ人が互いに、またダトゥーたちに対していかに振る舞うべきかを助言している。ここでボウディッチがとくにはっきりと指摘したのは、自営の仲介人であるダトゥーは、自分の最善の利益になるように交渉を進めるという点だ。アメリカの船長たちがボウディッチの助言をきちんと受け止めていたら、事態は別の展開を見せたかもしれない。

「どの港でもそうだが、入港したら胡椒に関してはまずダトゥーと接触を図り、値段を決める」とボウディッチは説明する。「港に一隻以上の船がいる場合、秤にかけた胡椒を船と船で毎日分け合うか、あるいは各々の船が一日ずつ交代で仕入れるかを合意によって取り決める。ときにダトゥーは、ある船の荷積みをほかに優先して行う契約をすることがあり、自分の利益にかなう限りにおいてこの契約を守る。だが、別の船から気前のよい付け届けを受け取るか、値上げを提示されれば、ダトゥーは契約にかかわらず胡椒の入荷を何日も遅らせるだろう。そうなれば、契約をした者は船を港から出すか、あるいは追加料金を払わなければならなくなる」[17]

ボウディッチによれば、一八〇三年に胡椒の価格は一ピクルにつき一〇〜一一ドルであった。その前年はわずか八ドルであったが、「需要の増大が価格をかなり押し上げた。沿岸にはアメリカ船が三〇隻ほどもいた」。さらにボウディッチは、胡椒がアメリカ製の秤にかけられて計測され、一ピクル(一三三と三分の一ポンドに相当、約六〇キロ)当たりの値が決められる模様を詳細に語っている——広く流通していた通貨はドル銀貨で、マレー人は二分の一ドルや四分の一ドルの硬貨は受け取らない。現地には英語がかなり上手な人がいるので、アメリカ船の船長は現地の人との接触に困らないはずだ。

アメリカ人に胡椒を提供していた港はすべて、沿岸約一二〇キロにわたる細長い地域に密集していた(ただし、これらの港は、十九世紀初めまでは胡椒を扱っていなかった)。なかでもスー・スーとマッキーは主要港で、ボウディッチの推計によれば一八〇三年にはそれぞれ一万八〇〇〇ピクル(約一一〇〇トン)の胡椒を輸出した。アメリカ船は胡椒を求めて港から港へ移動したが、取引の成否は、その年の収穫高次第であり、また何隻のアメリカ船がスマトラ島に来ているかどうかにかかっていた。当然、アメリカ船が同じ港で鉢合わせをすることが、とくに豊作の年にはよくあった。船長たちはボウディッチの助言に従って、礼儀正しく順番を待つべきであったが、待つのが嫌いな男たちもいた。

一八三九年、競売でライバルに高値をつけられ、取引に失敗したあるアメリカ船の船長が、地元バクンガン村の領主に脅迫状を送りつけた――あいつの船に胡椒を運んだら、おまえらのプラウ船（インドネシアの船）を沈めてやるぞという内容だ。[18]二年後にも同様の出来事が起きた。アメリカ人の船長がライバル船に胡椒を運ぶ現地人の船に向かって発砲したのだ。

船長同士のもめごとはアメリカが胡椒貿易を始めて以来、頻繁に起きていた。セーラムの商人で、極東やスマトラやヨーロッパへと航海したことのあるジョージ・ニコルズは、一八〇一年十二月、アクティヴ号の船長兼船荷総監督（航海中のすべての商取引の責任者）としてセーラムを出港した。[19]マッキー港に到着すると、そこにはすでにアメリカ号という船が入港していた。上陸したニコルズは「武装した大勢のマレー人」を目にする。ニコルズは胡椒の仕入れ交渉を進めたが、価格を取り決めたところで、自分の船に胡椒は回ってこないことに気づいた。アメリカ号の荷積みが優先されるそうだ。こちらより三倍も大きいアメリカ号だが、積み荷はまだ半分も終わっていない。ニコルズは怒った。胡椒はいつからわが船に届き始めるのか、それを「知事」に示してもらわない限り、港で待機するのはお断りだとニコルズは言い張り、「ついに、一週間以内に受け取りが始まることで合意を取り付けた。これはアメリカ号の荷積みの進捗いかんにかかわらずということだった」

これを聞いたアメリカ号の船長ジェレミア・ブリッグズは「猛烈に反発」し、自分の船の積み荷を先にしてくれと言い張った。「わたしはできる限り論を尽くし、ブリッグズ船長となんとか折り合いをつけようとしたが、すべては無駄だった」とニコルズは書き記している。スマトラの小さな港でアメリカ人同士がこのように言い争うとは、胡椒にはよほど大きな利害がからんでいたに違いない。同胞の足の引っ張り合いなど、あってはならないことだった。だがこのときニコルズ船長は、あとから入港したにもかかわらず、絶対に引き下がろうとしなかった。

当然、ブリッグズもあらゆる手を尽くして胡椒をほかの船に積み込ませまいとした。ある日、ブリッグズの部下の一人が胡椒袋を運んでいると、マレー人の男が刀を抜いて向かってきた。アメリカ人が走って逃げると、マレー人は、今度はニコルズの部下に向かった。周りで見ていたマレー人たちが一斉に刀を抜いた。ブリッグズの部下もニコルズの部下も、双方がねらわれたのだった。男たちは間もなく言いなだめられ、事態は収まったが、この事件を機にブリッグズは荷積みを三分の二ほど終えたところで出港してしまう。ニコルズはしかしとどまった。積み荷が無事に終わらなければ、町に大砲をぶっ放すぞとラージャを脅してやったと、ニコルズは吹聴していた。荷積みは間もなく完了した。

アメリカ人がスマトラ島にやってきたとき、マレー人の海賊はすでに知らぬ者とてない存在になっていた。マラッカ海峡は、当時もいまも危険な水域として有名だ[20]。海峡の両岸には小さな港や海岸堡が無数に点在し、海賊たちの格好の隠れ場となった。帆船の時代、小回りのきくプラウ船は積み荷を満載した大型船をいとも簡単に追い越すことができた。早くも十三世紀には、中国のジャンク船が海賊に略奪されたことが報告されている。マラッカ海峡を無傷で航行するのはちょっとした曲芸のようなもので、安全を求めるなら大砲をたくさん積んだ船に勝るものはなかった。

夜間にマレー人のプラウ船を近づけてはならないとは、当時の海運業界の常識であった。ヘゼキア・ピアーズ・ピアポントはニューヨークの豪商で、若い頃スマトラや広東に航行し、アヘン貿易が行われているのを目の当たりにしたが、一七九六年にこんなことを書いている――マラッカ海峡で数え切れないほどの「プロア(ママ)」船を見た。それぞれマレー人が五〇人ほど乗っていたが、男たちはみな、刃が湾曲した短剣(カットラス)や長槍や拳銃を手にしていた。意外なことに、海賊たちは胡椒貿易と深く関わっている、とピアポントは手紙で報告している。「かれらはかなり手広く取引し、たいていは（…）胡椒を（…）手に入れているが、相手が自分より弱いと見るか、あるいは奇襲などの戦略で圧倒できると思えば（…）例外なく（…）海賊行為に出る。襲うときは（…）乗り込んできて、すべての帆をズタズタにする。（…）海賊に襲われる危険がもっとも高いのは、錨を下ろしているとき、凪のとき、夜間である」[21]

海賊を抑え込もうとヨーロッパの貿易会社は長年にわたってさまざまな試みを繰り返したが、十九世紀になっても海賊はまだ横行していた。アメリカの船も襲われた。一八〇六年、アメリカ船マーキス・デ・ソメレウラス号（キューバ高官にちなんでつけられた船名）がジャンビの東方にある川の支流で胡椒の荷積みをしている最中に襲われ、船大工が殺された。この船は翌年の三月十九日、セーラムに帰港したが、その後、船長のウィリアム・ストーリーが『セーラム・レジスター』紙に語ったところによると、船を襲った男たちはスルタンとは無関係であった。また、ジャンビで商いをしたのはこれが初めてではなく、わが船にはこれまでにもたくさんのマレー人を乗せているが、その人たちが裏切り行為を働いたと疑う理由は何一つないとも語った。

その一二年後、東インド会社の新聞『アジアティック・ジャーナル』は「われわれの沿岸地帯に群がる」海賊について短いルポ記事を載せた。それによるとイギリス船ハンター号は最近、マレー人の乗った何隻ものプラウ船に襲われたが、撃退に成功した。一方、アメリカのスクーナー船ダックリング号はついていなかった。マレー人海賊に乗っ取られ、ドル銀貨二万枚を奪われ、沈没させられたのだ。高級船員を含む乗組員一二人はかろうじて船から脱出した。[22]

マラッカ海峡でアメリカ船が襲われた事件はほかにも起きているが、アメリカが胡椒貿易を始めてから三〇年間というもの、スマトラ北部沿岸では一隻の船も襲われなかった。この間、アメリカ船による胡椒海岸への航海は四〇〇回を超えている。ただ、事件が起きなかったからといって、取引がすべて平和裏に進んだとは言えない。スマトラ島の人びとは二〇〇年も前から、西洋からやってくる外国人は信用できないことを知っていた。アメリカ人を見る住民の目は警戒心に満ちていたが、それはそれなりに理由があってのことだった。

スマトラ島北西部沿岸は波が荒く、アメリカ船は港に停泊できなかった。そのため、胡椒は陸上で秤（はかり）にかけ、袋に詰めてプラウ船に載せ、待機中の船まで運んだ。重さの単位はピクルが使われた。一ピクルは一三三と三分の一ポンド（約六〇キロ）ということになっていたが、双方がごまかしに手を出した。アメリカ人の秤では一三六ポンドが、マレー人の秤では一三〇ポンドが一ピクルになっていた。普通は話し合いで妥協が成立し、双方の秤が一日交代で使われた。

現地住民は胡椒に砂などを入れてごまかした。アメリカ人は〔比重の重い〕水銀などを使って棹秤に細工をした。支払った金額以上の胡椒を手に入れようと、アメリカ人が秤をごまかしていることは、広く知られた事実であった。アメリカ人は「不正な秤一式を用意し（…）一ピクルの代金で五ピクルの胡椒を手にした」〔傍点は引用者〕と、アメリカ海軍士官候補生リーヴァイ・リンカンは実際に目にしたことを記録している。一八三〇年代のことだ[23]。

一八四〇年代のあるイギリス人作家によると、この悪しき慣行はアメリカやイギリスの船長が始めたものだった。「不正な秤を使い始めたのは誰か」と題する記事でこの作家は訴えている。「底にネジのついた五六ポンド分銅をこの沿岸地方に持ち込んだ者は誰か。現地住民たちの秤と比べてみて不正はないと証明された後で、ネジを開けて一〇～一五ポンドほどの鉛を入れることができる。（…）アメリカおよびイギリスの船長たちは、過去三〇年間にわたって偽りに溢れた慣行に染まっているとわたしは指摘したい。わたしが間違っていると言ってくれる人は誰かいないものだろうか(24)」

スマトラ島北西部の住民は遅かれ早かれアメリカ人に敵対することになっただろう。だが表面上は良好だったアメリカ人との関係が突然悪化したのは一八三一年、北西部の胡椒海岸でアメリカ船が海賊に襲われたことがきっかけであった。皮肉なことに襲撃されたアメリカの胡椒船は船名をフレンドシップ号といった。船主はシルスビー・ピックマン&ストーン社という裕福な会社だ。ベテランのチャールズ・モーゼス・エンディコット船長のもと、乗組員一七人を乗せたフレンドシップ号がスマトラの胡椒海岸に向けて出港したのは一八三〇年のことだが、当時、沿岸地方の胡椒市場は六年来の不況に見舞われていた。供給が需要をはるかに上回り、価格は一ピクル一三セントという新底値をつけていた。

エンディコットの記録によると、一八三一年二月七日の朝、船はクアラバトゥーの四〇〇メートル沖に停泊していた。船長と乗組員四人が上陸し、胡椒の計測と荷積みにあたった。エンディコットによれば、一日あたり一〇〇～二〇〇袋の胡椒を受け取る約束であったという。四〇日で荷積みは完了するはずであった。船長は、自分が不在の間、一度に二人以上のマレー人を乗船させるなと厳しく命じていた。また、夜間にはどんな船も近づけてはならないと命じていたが、これはこの海域の外国船がごく普通に取る警戒措置であった。

ところが、エンディコットと数人の部下が上陸した後、一隻のプラウ船がフレンドシップ号に近づき、武装したマレー人の一隊が乗船を許されてしまう。一等航海士は船長の警告を一笑に付し、「あんな奴らが一〇〇人甲板に上がってきても、てこ棒一本できれいに片づけてやる」と豪語していた。この一等航海士は命を失った。マレー人たちは襲いかかり、アメリカ人三人を殺し、三人に傷を負わせ、船を乗っ取った。けがをしていない乗組員たちは海へ飛び込んで逃げた。上陸していたエンディコットと部下は船がトラブルに巻き込まれたのを見て、大急ぎで小船に乗り込んだ。周りにいた大勢のマレー人が刀を振り回しながら追いかけてくる。アメリカ人の一行が危機一髪で追手から逃れられたのは、一人のマレー人の男――アメリカ人はポ・アダムズと呼んでいた――が助けてくれたからだ。一行は小船を漕ぎ、四〇キロほど北のマッキーの港へたどり着いた。港にいた三隻の胡椒船のアメリカ人船長たちは、疲れ切ったエンディコットを見ると、そろって援助を申し出た。三隻はエンディコットを乗せてクアラバトゥーへ引き返し、二月初旬にフレンドシップ号を取り返した。

エンディコット船長の船はほとんど空っぽになっていた。胡椒の積み荷以外、ほぼすべてが持ち去られていたのだ。運んでいた大箱一二個分のアヘンも数千ドルにのぼる銀貨も船内から消えていた（エンディコットがのちに語ったところによれば、フレンドシップ号を乗っ取ったのは、アヘンが欲しくてたまらない依存症の連中だった）。予備の帆や索具や海図はもちろん、航海用の精密機器や用具から寝具類、船室内の家具、それにピストルなどの武器にいたるまで、すべて盗まれた。胡椒とともに残されたのは、牛肉、豚肉、それにパンなどの食料だけであった。

やがてフレンドシップ号はほかの船に助けられて再装備を終え、エンディコット船長は別の胡椒輸出港タラポウへ向かった。この港では船長が町を歩くと群衆が大声で叫びながら後をつけてきたという――「マレー人とアメリカ人、いまじゃどっちが強いんだ?」「アメリカ人は何人死んだ?」「マレー人は何人？」[25]。ポ・アダムズのおかげで、エンディコットは六分儀や精密時計など航海用機器をいくつか取り戻すことができた。

フレンドシップ号は一八三一年六月十六日にセーラムに帰り着いた。襲撃事件の噂は先にボストンに帰港した別の船から流れ出ていて、広く知れ渡っていたから、フレンドシップ号がついに入港すると大騒ぎとなり、群衆が船に押しかけてきた。「人びとはまことに好奇心が強く、死んだり負傷したりした乗組員が、事件発生時にそれぞれどの位置にいたのかまで知りたがった」とエンディコットは記している[26]。「船室の窓枠は銀貨や貴重品をねらった奴らにめちゃめちゃにされていたが、それさえも人びとの大きな関心を集めた」

いまやスマトラ島の胡椒貿易は消滅の危機にさらされているとして、政府に対応を求めたのは、フレンドシップ号の船主の一人で連邦上院議員のナサニエル・シルスビーらセーラムの貿易商たちだった。だがそんな圧力は無用だった。フレンドシップ号乗っ取り事件は広く報じられており、アンドリュー・ジャクソン大統領の政権は行動を起こしたくてうずうずしていたのだ。シルスビー上院議員の訴えを聞くまでもなく、ときの海軍長官リーヴァイ・ウッドベリーは「憤慨に値するこの暴力行為に対して即刻補償を求めるため（…）必要なあらゆる対策をとらなければならない」と命じた[27]。

こうして、東南アジアで、アメリカ政府が正式に承認した初めての武力介入が始まった。

就役したばかりのフリゲート艦ポトマック号は当時の第一級の軍艦で、別の派遣先に向かうところだったが、ジャクソン大統領は急遽、これをスマトラに派遣した。ポトマック号の司令官には、一八一二年戦争で戦功を立てた老練な軍人ジョン・ダウンズが任ぜられ、クアラバトゥーで起きたアメリカ人殺害について情報を集めるよう指示された[28]。エンディコットの報告が真実だと判明したら、略奪された所有物の返却や損害賠償を、現地のラージャなど当局に求めよ。返答が得られない場合は、殺人者を捕らえ、裁判にかけるためにアメリカに移送せよ。場合によってはさらに厳しい措置をとる権限も与える、という内容の指示であった[29]。つまり、ダウンズはまず情報を集め、それから行動するように命じられたのだ。

ポトマック号は、海軍将兵五〇〇人と海兵隊の分遣隊を乗せて、一八三一年八月にニューヨーク港を出港した。砲列甲板や上甲板に五〇門あまりの大砲や武器を積んでの船出であった。船はリオ・デ・ジャネイロに三週間停泊したのち、ケープタウンに向かった。そこでダウンズ艦長と将校らはイギリスの陸海軍関係者らと知り合いになる。イギリス人たちは東インドの事情に詳しいということだった。

ケープタウン滞在中にアメリカ人たちは、名産のワインを楽しみに郊外へと小旅行にも繰り出している。航海途上に立ち寄ったこの町で、ダウンズ艦長はいつしかクアラバトゥーのラージャたちは有罪だと思い込むようになった——スマトラでわざわざ情報を集めるまでもないだろう。さらにダウンズ艦長は、おそらくはイギリス人たちから、補償を求めるのは無駄だと説得されたのかもしれない。今日、わたしたちが艦長のこうした決意を想像できるのは、艦長の個人秘書を務めたJ・N・レイノルズによるところが大きい（レイノルズはのちにポトマック号についての本を著した。また、一八三〇年代にはバタヴィアを訪れ、その荒廃ぶりを嘆いている）。ケープタウンで「入手した」情報によると「スマトラ沿岸、とくにクアラバトゥーの住民の性質からして、またかれらを名目上支配している政府の容認のもとで商船に対する海賊行為が繰り返されている事実からしても、正式に補償を要求したとしても、補償を実行させるに足る武力が伴わない限り、うまくいく見込みはほとんどないようだ」とレイノルズは書いている(30)。

ポトマック号がスマトラ沖に姿を現したのは一八三二年二月五日。大型商船を装っていた。ダウンズ艦長はエンディコットが描いた図をもとに、クアラバトゥー村の五カ所に設けられた要塞の配置を頭に入れていたが、より詳しい情報が必要だった。そこで二人の士官を商人に偽装して上陸させようとした。胡椒の買いつけに来た商船の船長と船荷監督に扮した二人に、水夫服を着た部下が数人従った。だがこんな芝居がうまくいくはずはなかった。アメリカ人が岸に近づくと、刀を抜いたマレー人が大勢近寄ってきた。おびえたアメリカ人は船に逃げ帰る。レイノルズによれば「マレー人の身体的な力」を見て、ダウンズは「すでに立てていた計画は正しい」と確信したという。

奇襲上陸計画がすぐさま策定された。レイノルズによれば「いざ行かんという気概が艦内に満ち溢れていた」。軍規によってダウンズ艦長はポトマック号を離れることができなかったため、攻撃は副官のアーヴィング・シュブリックにゆだねられた。出撃前に、艦長はこう言い渡した——第一目標は要塞を包囲し、「ラージャたちの逃走を防ぐこと」であり、攻撃されない限りマレー人に発砲してはならない。クアラバトゥーの住民は砦を包囲されても自衛に立ち上がろうとはしないと、ダウンズ艦長は本気で考えていたのだろうか。

午前二時、ピストルや長矛やマスケット銃で武装した二八二人が小船に乗り込んだ。兵たちは、六ポンド砲(「ベッツィー・ベーカー」と呼ばれていた)を輸送艇に載せて曳航した。静かな月のない夜であった。岸へ向かう間、誰も一言も発しない。部隊は村の北方一・六キロほどの地点に上陸し、四隊に分かれて進み、夜明けに村に着いた。もっとも北寄りの砦が最初に攻撃された。厚い門を打ち壊して侵入したアメリカ人は、砦の指揮官と部下の大部分を殺した。激戦だった。「かれらは（…）死に物狂いで向かってきたので、［最北端の砦では］守備兵一四人のうち一三人が殺された。一二人が闘いながら、一三人目は仲間が殺されたのを見て逃げようとして殺された。ほかの一人は逃げおおせたと思われる」と、マサチューセッツ州知事の息子で士官候補生として現地に派遣されたリーヴァイ・リンカンは記している[31]。

砦の指揮官の母親をはじめ勇敢なスマトラ女性がこの戦いで命を失った。女性の一人はアメリカ人の男に刀で「激しく襲いかかり」、片腕を切断しようとしたが、傍にいた水兵に撃ち殺された。別の女性は「命知らずの無法者のように」戦ったと、ポトマック号の牧師フランシス・ウォーリナーは述べている[32]。

最初の砦が落ちると、次の砦もあっさりと破れ、その居住者たちは殺された。これで寄せ手は、町のまっ正面にそびえる最大の砦の攻撃に、多くの兵をあてることができるようになった。二個部隊が砦の門をこじ開ける最中にも、輸送艇から六ポンド砲が撃ち込まれる。砦の外壁に沿って火が燃え上がり、内部もたちまち炎に包まれた。居住者たちは輸送艇と攻撃部隊の双方から十字砲火を浴びながらも、砦が灰と化し、ほぼ全員が死ぬまで戦いをあきらめなかった。さらに別の砦を制圧した後、シュブリックはようやく攻撃中止を命じた。

攻撃は二時間半ほどですべて終わった。アメリカ側は二人が死亡、一一人が負傷した。男、女、子どもたちを含め、殺された住民の数は確かなことはわからないが、クアラバトゥーの言い伝えによれば約六〇〇人、シュブリックの推計によれば少なくとも一五〇人であった[33]。

翌朝、各砦にはアメリカの旗が掲げられ、町の大半は灰になっていた。ダウンズ艦長はクアラバトゥーの人びとに対して、わが国の海軍力に「二度とふたたび挑むなら、それは無謀であり無思慮である」と警告を発し、「外国の港を征服し、そこに施設を築くことはわが国政府の方針ではない」と述べた。それゆえダウンズはすぐさま町を人びとに「返還」した。

クアラバトゥーを後にしたダウンズは東に向かい、ジャワ島、中国、南アメリカなど各地を巡り、ようやく帰国したのは一八三四年五月であった。一方その頃、「クアラバトゥーの闘い」と題する大げさな長詩を印刷したリーフレットが出回っていた。ポトマック号の一部の乗組員の働きかけによるもので、スマトラで戦ったダウンズとその部下の輝かしい英雄的行為を称える詩であった。一部を紹介しよう。

野蛮人どもは四方に待ち伏せ――
あたり一帯、弾丸の雨あられ
だが、われらは砦へと突き進む
めざすは勝利――これぞポトマックのわれらの誓い。

砲弾を浴びるも、ポトマックはひるまない
粗末な塁壁の下に立つその勇気と決意
いざ、星条旗を打ち立てん、この塁壁の上に
勝利のうちに、いますぐに。(34)

だが、この詩でスマトラでの戦いの評価が終わったわけではなかった。間もなく『ニューヨーク・イヴニング・ポスト』紙が、戦闘の別の側面を紹介した。ポトマック号の匿名の乗組員による記事で、輝かしい英雄行為どころか、統制のとれていない水兵たちによる理不尽な殺人や略奪を暴いていた。「海兵隊は第二の砦に銃剣突撃し、命乞いをした女性三人を除き、全員を殺した」という。「夫が殺されるのを目の当たりにして武器を手に向かってきた女性たちが何人も殺された――実際、男女は同じような衣服を着ており、区別はできなかった。砦を制圧すると［アメリカ人は］砦と町に火を放ち、値打ちのあるものが残っていれば打ち壊した（略奪品を船に持ち込んだ者がいたのは確かである）[35]」

この記事はのちにポトマック号の従軍牧師フランシス・ウォーリナーによって確認された。水兵たちは規律を乱し、統制がとれなくなっていたという。兵たちは「殺すのをなんとも思わず」、人を無差別に殺した。一人の女性を殺そうとしていた水兵は、訊かれてこう答えた。「問題ないだろ。女がいなくなりゃ、マレー人もいなくなるんだ」。乗組員たちは黄金の鞘をはじめイヤリングや指輪などの装身具や金貨銀貨をわがものにした。中国の銅鑼やコーラン、金糸織りの豪華な布なども略奪された。船に戻ってから祝杯を挙げようと、兵たちは家鴨などの家禽まで奪った。

『イヴニング・ポスト』紙の記事は議会の注目を引き、下院がダウンズの命令書の写しを提出するようジャクソン大統領に申し入れる事態になったが、間もなく議員たちの関心はほかの問題に移ってしまう。しかし、ダウンズの行動が引き起こした――一八〇年後の今日でもなお問われ続ける――問題に、新聞各紙が目をつぶることはなかった。歴史家デイヴィッド・F・ロングによれば、ジャクソン政権を支持する『グローブ』紙とライバルの『ナショナル・インテリジェンサー』紙という、ワシントンを拠点とする二紙が延々と論争を続けた。一八三三年、グローブ紙は社説で「マレー人はヨーロッパのすべての国により海賊と見なされおり、実際そのような行動をしばしば（…）フリゲート艦ポトマックが野蛮人の群れに課した懲罰に対して、東洋であれ西洋であれ一国の正規の政府が異議申し立てを行うことはないであろう」と主張した。

『ナショナル・インテリジェンサー』はこう反論した。「マレー人の中に海賊がいるとしても（…）それ以外は温和な人たちだ。かの国の政府は合衆国政府よりも一千年も古い歴史がある。沿岸地域の住民は、少なくともその一部は、進取の気性に富み商売熱心と見られる人たちで、基本的統治体制のもとに暮らしており、芸術や文明を発展させてきた。（…）フレンドシップ号は海賊に襲撃されたのだから、沿岸に海賊がいることは確かであろう。だが、中国沿岸地域でも海賊活動は行われている。ヨーロッパの大国で、自国の船が海賊行為の被害を受けたからといって、沿岸の村を砲撃し刀で破壊しようとする国があるだろうか[36]」

また、フレンドシップ号乗っ取りについての情報を求める前にクアラバトゥー攻撃を決定したダウンズ艦長を批判する新聞もあった。さらに、大統領は議会の承認なしに戦争を始めることができるのかと、一三〇年後のヴェトナム戦争時と同じ問題が持ち上がった。『セーラム・ガゼット』は「合衆国大統領やフリゲート艦長には、戦争を開始する権利も、宣戦布告する権利もない」と主張した[37]。

ダウンズは為すべきことをしたのだと、公式には認めたものの、ジャクソン大統領もウッドベリー海軍長官も心穏やかではなかった。一八三三年、ダウンズの行動をめぐる議論がわき上がるなかでウッドベリーがダウンズに宛てて内密に書いた手紙がある。「フレンドシップ号に対して行われた蛮行の詳細について、また攻撃者の性質や政治的関係について、（…）貴官がより多くの情報を［、］クアラバトゥーでマレー人を攻撃する前に収集し得なかったことを大統領閣下は残念に思っておられる」。ダウンズは、ジャクソン大統領の前でより詳細に説明するよう求められた。「今後、これは重要な問題に発展するかもしれない」からであった。[38]

ダウンズは自分の行動を弁護したが、おそらく満足にできたとは言えないだろう。アメリカに帰国したときも、勝利の英雄としては迎え入れられなかったし、海外任務は二度と与えられなかった。ふたたび戦艦を指揮することもなく、最後は灯台監督官として職務経歴を終えている。

ダウンズがスマトラ島民に発した警告は大した効力を発揮せず、クアラバトゥーの無意味な破壊も、スマトラ沿岸部での海賊行為を食い止めることはできなかった。ポトマック号がインドネシアを去ってからほぼ一年後、胡椒海岸沖で二隻のアメリカ船がもう少しで乗っ取られそうになった。一八三八年、北西海岸の別の港でまた事件が起き、アメリカ政府は東南アジアにふたたび介入することになる。セーラムの船主ジョゼフ・ピーボディー所有のエクリプス号が海賊に乗っ取られたのだった。マッキーとその近くのスー・スーとクアラバトゥーの領主たちが裏で動いていた。この事件でチャールズ・F・ウィルキンズ船長とウィリアム・F・バベッジという名の若者が殺された。

船が襲われたのは、一等航海士と四人の船員が上陸して胡椒を秤量していた最中だった。海賊は二万六〇〇〇ドル相当の銀貨、アヘンの入った大箱二個、船長の晴れ着が入ったトランク二個、それに金時計や小型望遠鏡やマスケット銃などを盗み出した。生き残った船員たちはフランス船の輸送艇で脱出した。のちに一等航海士は一人の領主の手を借りてエクリプス号を取り戻したが、船内はすでに略奪し尽くされていた。いつものことだが、復讐を求める声がわき上がった。「もしわが国政府が来るべき時季にフリゲート艦を派遣し、スー・スー、タンガン・タンガン、マッキー、サウス・タラポウを破壊しないとすれば、われわれは胡椒貿易をあきらめざるを得ないだろう」と、エクリプス号奪回に関与した船長は主張した。「来年、もしわが国がフリゲート艦を派遣しなければ、マレー人はますますつけ上がり、成功しようとしまいと、あらゆる船を乗っ取ろうとするだろう」とも付け加えている。

ふたたびアメリカの戦艦がスマトラ北西部沖に派遣されることになった。だが、このときの指揮官ジョージ・C・リード艦長は、自分たちが交渉をするために派遣されたことを知っていた。さらにダウンズの所業をめぐる論争も知っていたに違いなく、沿岸地域の領主たちと補償についてまず交渉し、最後通告を突きつけたのちに砲撃を始めている。リード艦長が指揮したフリゲート艦コロンビア号には小型快走船（コルベット）ジョン・アダムズ号が伴走していた。抵抗はないも同然だったが、アメリカ人は上陸しクアラバトゥーとマッキーに火を放った。ジョン・アダムズ号のワイマン船長はマッキー攻略について、リード艦長に次のように報告している。日付は一八三九年一月一日だ。

「マッキーの町を完全に破壊せよとの命令を実行するにあたり、本官は本日、港の入口にあり、町から約一五〇ヤード離れた浜に上陸した。命令により本部隊より選抜された兵および海兵隊員三二〇人からなる六個分隊を率いた」

「上陸後、海兵隊員との混成分隊が、それぞれの指揮官のもとに速やかに編制され、全員でマッキーに向かい、町に午後一二時半頃進入、二時までに奪取を完了。五カ所の砦が無抵抗で陥落。砦内で発見された火砲は二一門を数え、すべて使用不能にしたうえで胸壁から側溝に投下し、砦に放火し、完全に破壊した。同時に町の随所に火を放ち、町を完全に、町内および町の付近にある資産を含めすべて焼き尽くした。プラウ船、沿岸航行艇、形状の異なるさまざまな大型船、索具、帆桁などなど、浜に置かれたかれらの所有物はすべて、この大火災によって焼失した。帰船する際、マッキーの町と砦が立っていたこの場所でわれわれに見えたものは、くすぶり続ける廃墟を覆う灰燼だけであった[39]」

艦隊の従軍牧師フィッチ・W・テイラーはコロンビア号の船尾に近いマストの上から、破壊の様子を見ていた。「町はいまや広い、いや、広がりつつある破壊の場と化した。軽く乾いた竹製の家屋は麦わらのように燃えやすい。立派な屋敷に火がつくと、火勢はなおも強まり、燃え続ける。（…）黒煙の柱がはるかな高みにまで流れていく。ココナツの長い葉は焼けただれ、厚い木陰をつくっていた木々の葉も焼け縮れて、やがて火にのまれていく。渦状の火は木の幹を囲み、枝々に広がり、高木の頂を包み込む。その熱気は船尾マストの上にいるこのわたしでさえ感じることができた。人びとの泣き叫ぶ声や大火災による破壊の音が広がるなかで、緑の枝葉が折れる音とともに、丈の高い太い竹が割れる音をはっきりとこの耳で聞くことができた[40]」

死亡あるいは負傷したアメリカ人はただ一名であった。ダウンズとは異なり、帰国したリードは厚遇され、アフリカ船隊の指揮官に昇進した。

その後何年にもわたって海賊行為は絶えなかったが、スマトラ北西部沿岸でアメリカの胡椒船がマレー船に乗っ取られたり、沿岸の村がアメリカの軍艦に破壊されたりといった事件は二度と起きていない。一八五〇年代にコーヒー取引が始まると、アメリカのクリッパー船はスマトラ西岸（胡椒海岸の南方にあたる）のパダンに立ち寄るようになった。

この頃、スパイス価格がさらに下落したこともあり、セーラムの胡椒交易は衰退し始めていた。十九世紀半ばになると、セーラムは胡椒貿易の牽引役としての地位を最大のライバル、ボストンに明け渡してしまう。ボストンの港はセーラムよりもはるかに大きかったし、一八二五年にエリー運河が開通すると、急成長する内陸部との交易を進めるにも、交通の便が格段に向上した。セーラムに胡椒の積み荷が最後に入港したのは一八四六年十一月である。セーラムの貿易商はすでに多くがボストンに移り住んでいた。最後にセーラムを去ったのはシルスビー・ピックマン&ストーン社で、一九六五年のことだった。この会社はそれまでに胡椒海岸へ一〇五回も船を出していた。

一八五〇年代以降、クリッパー船の登場によって、貿易のかたちに変化が現れ、これがスマトラとの胡椒貿易の終焉に拍車をかけた。この分野に関していまなお手に入る最良の資料とされるジェームズ・W・グールドの論文によれば、「極東におけるビジネスの新たなタイプがクリッパー船貿易の競争を加速させた」のだった。「現地にアメリカの商社が設立されたため、古いタイプの取引を支えていた個人のコネや情報は以前ほど役に立たなくなった。胡椒取引は古いタイプのインド貿易のなかでも、もっとも専門化、特殊化されていたと言えるだろう。ところが一八五三年以降は、アメリカの商人なら誰でも、バタヴィアにあるペイン、ストリックラー&カンパニーやペナンにあるレヴェリー&カンパニーといった商社から胡椒を買うことができるようになった」(41)

またスマトラとの胡椒貿易が衰退した理由としては、ニューイングランド地方の産業化やアメリカ西部の開拓の進展が挙げられる。クリッパー船の出現後も胡椒の売買は続けられたが、胡椒は次第にスマトラ島東部沿岸から輸出されるようになった。その海域にはオランダ艦船が展開していたから積み荷が守られたのである。アメリカ船はまたシンガポールや（マレー半島の先端の）ペナンやバタヴィアでも荷積みができるようになり、危険な座礁や海賊の脅威から解放された。

アメリカの最後の胡椒船がニューヨークに寄港したのは一八六七年、十九世紀の最後にアメリカ船がスマトラからコーヒーを持ち帰ったのは一八七三年であった。この年はスマトラの歴史上、宿命的な年となった〔オランダ植民地政府がアチェ王国に宣戦布告し、長いアチェ戦争が始まった年〕。スマトラ島住民の多くがオランダの攻撃を逃れて避難し、北西部沿岸一帯の胡椒農園は放棄されてしまう。一八八一年、クアラバトゥーはオランダの力に屈した最後の胡椒港となった。胡椒海岸一帯で、このときすでに何年も放置されていたこのつる植物は二度と実をつけなかった。

第八章 ❊

無数のアザラシ

アジアへ向かう胡椒船に乗り込んだ男たちは、新鮮な食べ物に飢えていた。インド洋に浮かぶマスカリン諸島やモーリシャス、レユニオン、ロドリゲスの島々の鳥たちはとりわけ無防備であった。ドードー鳥はすぐに絶滅してしまった。遭難したフランス人船乗りフランソワ・ルガは、ロドリゲス島をゾウガメや美しいソリテア鳥がいたるところにいる島として描き出した。

家鴨ほどの大きさで、翼に羽毛がないため飛べない鳥を（…）おれたちは気のすむまで殺した。鳥はロバみたいな鳴き声を上げていた。

——ヴァスコ・ダ・ガマの小艦隊にいた匿名の船員が、アフリカ南部沿岸沖を航行中に。

❊

八月三日、大将は小型ボート（ピンネース）に乗り込んだ。ほかの艇も従った。クジラを殺すためだ。湾はクジラでいっぱいだった。

——南アフリカのロッペン島付近の描写。イギリス東インド会社のヘンリー・ミドルトンが率いた航海の途上で（一六〇四年[1]）。

大航海時代、アジアをめざしてヨーロッパの港を出た船は実にさまざまな障害に直面した。なかでも深刻な問題は食料の調達であったろう。風だけが頼りの、ときには九カ月もかかる航海の間、数百人の男たちに毎日十分な食事を与えるにはどうすればいいのか。つまり、現代的テクノロジーの助けを借りずに、どうすれば補給線を数千マイルもの長さに延ばせるのか。

イギリスやオランダの胡椒船は新鮮な食糧を積み込んでから港を出るのだが、とくに大航海時代の初期の頃は、食料はすぐに底をついてしまった。胡椒を探すには、まず新鮮な肉を探さなければならなかった。幸いなことにヨーロッパ人はインドや東インド諸島へ行く途中の未開地で、すばらしいご馳走にありつくことができた。

動物という動物が、アジアへ向かう飢えた男たちの餌食になった――ペンギン、クジラ、アザラシ、カメ、魚、鳥など、歩き、泳ぎ、這い、飛ぶ生きものは何であれ殺され、食肉になった。人間をまったく知らない動物を、素手で捕まえることもあった。ピーテル・ウィレム・フェルフーフェンという男（一六〇九年に殺害された提督とは別人）は一六一一年、モーリシャス島の様子を次のように記した。「大きさが白鳥くらいの」鳥を「オランダ人は毎日捕まえては食べていた。鳥はたくさんいた。この鳥だけでなく、野生のハトやオウムも棒きれでたたき、捕まえた」[(2)]。フェルフーフェンが記した大きな鳥はおそらくドードー鳥であろう。島の生息地にヨーロッパ人が侵入してきた結果、ドードー鳥は間もなく絶滅した。

セントヘレナ島に近い孤島アセンシオンで、数え切れないほどの数の鳥が「棒きれや素手で」殺されたと、コーンウォール生まれの旅行家ピーター・マンディは日記に書いている。[3] さらにヤギ、イノシシ、「ヒッズ」と呼ばれる動物、それにブタなど一三〇～一四〇頭ほどがマンディの航海仲間たちに殺された。広大な南大西洋に浮かぶこの島にヨーロッパの胡椒船はしばしば立ち寄って水や食料を補給した。「ここ［アセンシオン］は無人島で、むき出しの岩だらけのまったくの不毛の地だ」と、オランダ東インド会社のJ・S・スタヴォリヌス船長による一七七一年の記録にある。[4]「だが、ここには真水があるが、水の補給地に近づくのは至難の業だ。浜辺にはカメがたくさんいる。カメは砂の中に産卵し、太陽の熱で孵化するのを待つ。デーン人はこの島によく立ち寄り、カメを補給していく」[5]

動物は無尽蔵に見え、人びとは熱に浮かされたようになった。胡椒航路に沿って理不尽な殺戮が広がったが、その背後には一種の熱狂があった。一四九七年、ガマの艦隊がアフリカ南部に上陸したとき、船乗りたちは三〇〇〇頭のアザラシを見つけると、群れに大砲を撃ち込み、同時にペンギンも「思いのままに」殺したと、ある匿名の筆者は書き残している。その一〇〇年後、ピーター・マンディはペンギンの肉は「魚に似た味がする」と言った。「鳥を捕まえるのは簡単だ。走ることも飛ぶこともできず、ただちょっと嚙みつくだけだったから」[6]

ヨーロッパの陸と海から、動物たちは数百年の間に徐々に姿を消していった。十六世紀までにイングランド沿岸海域の漁業資源は激減していたが、大航海に乗り出した船は生命に満ち満ちた大海を航行したのだった。胡椒船の船長や貿易商たちは多種多様な生き物に出会って感動し、目にしたことを記録したが、そのなかでもとくに詳しいのが、イギリス東インド会社の第二次航海の記録である。一六〇四年四月二日にダウンズを出港した船団は、順風を受けて進んだ。艦長は、あのランカスターが率いた第一次航海で一隻の船長を務めたヘンリー・ミドルトンであった。

胡椒市場は供給過剰で、そのうえロンドンが疫病に襲われていたこの時期に、四隻の小船団——ランカスターの航海で使われた同じ四隻——は東インドに向けて出発した。第一次航海の船団が帰国してからまだ一年足らずであったが、ランカスターは数人の商人と三〇〇〇袋の胡椒など、莫大な金品をバンテンに残してきていたので、会社は第二次航海をあきらめるわけにはいかなかったのだ。

会社はミドルトンに、船団のうち二隻はバンテンで荷積みをしてからロンドンに帰し、残りの二隻を率いてアンボンやバンダ諸島まで行きクローブとナツメグを買いつけるように命じた。イギリス東インド会社が、初めて極東諸島へ船を出したのである。船団とともに送り出される資金は「キリスト教世界のこの地域で供給過剰になっている」胡椒の買いつけには用いず、中国の生糸、あるいは「その種の商品」に投資すべきであるとされた。

会社はまた、南アフリカ先端のテーブル湾は「危険であるから」停泊してはならない、必要とあれば帰路にマダガスカル沿岸で休息をとれと命じていた。ところが、大洋に出てほんの数カ月で、船上では壊血病で倒れる者が続出する。乗組員たちは、なにがなんでもテーブル湾に立ち寄ってくれと、しきりにミドルトンに懇願した。艦長室からは「弱って立つこともできなくなった不自由な病人がたくさん」見える。(7) ミドルトンはその「悲しむべき情景」に心動かされて乗組員たちの願いを聞き入れることにした、と航海日誌をつけていた仲買人の一人は書いている。

強風が吹き荒れたため、錨を下ろすまでに四日もかかった。一六〇四年七月十八日、ついにミドルトンは数人の部下を引き連れ、テント設営のために上陸した。浜で牛と羊をたくさん連れた住民の一団と出会ったので、羊一二頭をいくつかの鉄片と交換した。ところがイギリス人がテントを設営しようとすると、取引は突然取りやめになってしまう。イギリス人は「ありとあらゆる手立てを使って」家畜をもっと買おうとしたが、住民の一団は自分たちのテントをたたみ、家畜を連れて立ち去ってしまった。ミドルトンの部下のなかには、追いかけて家畜を分捕るのは簡単だという血気盛んな者もいたが、ミドルトンは慎重で「こちらに悪意がないことがわかれば、戻ってくるだろう」と信じていた。

その翌日、病人たちが休養のため陸上に運ばれた。七月二十日には何艘かの小船がペンギン島（現ロベン島。ネルソン・マンデラが二七年に及ぶ刑期のうち一八年をこの島の監獄で過ごしたことで知られている）へ派遣された。「ここには数限りないアザラシが群れている。実に見事な光景だ[8]」。ある無名の商人はアザラシなど野生動物が溢れるほどいるのを見て感激し、こう書き残している。「岸辺一帯はそれら［アザラシ］でびっしりと覆われていた。眠っているものもいれば、島の奥をめざすものや海へと向かうものがいる。いくつもの岩礁がかなり沖まで広がっているが、そのどれもがアザラシで溢れていた。何千頭もがあちらへこちらへと、一度に移動する。熊のように大きなものも多く、異様な光景であった。島の中央にはペンギン、ペリカン、ウミウなどと呼ばれる大きな鳥が、無数にいた」。スパイス争奪競争が始まったこの時代を通して人びとを突き動かしたのは、この「無数にいる」という概念であった。ただこのとき、男たちは数え切れないほどの動物を観察しただけで、殺してはいないようである。

数日後、ミドルトンは部下を伴い、数艘の小船で「クジラを殺しに」出かけた。「湾はクジラでいっぱいだった[9]」。男たちは一頭の子クジラに鉄の銛を撃ち込み、槍でとどめを刺そうと引き寄せた。だが母クジラは「自分も傷を負いながらも、子のそばを離れようとしなかった」。傷ついた子のそばで母クジラは、その強い尾で小船を次々に襲い、下に潜り込んで転覆させようとした。母クジラに攻撃されたミドルトンの小船は、木の部分や板材が裂け、使い物にならなくなり、修理に三日もかかったという。「そばで見ているのはまことに面白かったが、乗船している者は実に危険な目に遭った」とこの無名の商人は書いている。

子クジラを殺すには丸一日かかった。子が死んだことを確かめないうちは、母クジラは去ろうとしなかった。船乗りたちは油をとるためにクジラを捕ったのだが（「どの船も油が足りなかった」から）、子クジラは「まだほんの小さくやせていたため」油はわずか一五リットルしかとれなかった。

十八世紀後半には、ヨーロッパ船はより多くの食料を積めるようになっていたが、それでも乗員たちは新鮮な食べ物を欲しがった。オランダ東インド会社のJ・S・スタヴォリヌス船長は一七六八年六月十日、九カ月分の食料を積み込んでバタヴィアに向けて出港した。船員一四七人と下士官二七人に加え、船客として職工一人が乗っていた。風向きが変わったため、船が実際にイギリス海峡を離れたのは八月になってからである。スタヴォリヌスによれば、マデイラ島が視界に入ったあたりで「トビウオをたくさん見かけるようになった。よく夜の間に船に飛び込んでくるので、うまい朝食になった」[10]。赤道付近では「船に近づいてくる魚が増えたので、大量に捕った。シイラ〔スズキに似た魚〕、ビンナガ〔マグロの一種〕、カツオ、サメなどで、どれも船乗りが大喜びするご馳走だった」[11]。スタヴォリヌスがとりわけ好んだのは（「ジョン・ドリー」と呼ばれた）シイラで、「捕った海魚のなかでもっとも美味である。身は長く平べったく、小さなうろこで覆われている。長さはだいたい一～二メートルで、一・八メートル以上あるものは珍しい。重さは四～五キロほどあり（…）シイラは海で捕れる魚のなかで最高だが、味はいささか淡白である。あぶり焼きした尾はタラの尾に似た味で実にうまい[12]」

海が穏やかなとき、男たちはサメ狩りもした。食料調達よりも娯楽のためだったが、それでもサメの尾は「船員たちの食事になることがあった。ただし、サメの尾は食べる前に踏みつけるか傷をつけるかして、軽い泡がにじみ出てくるのを待たなければならない」。サメを捕るには大きな鉤を使った。鉤に取り付けた二重三重の銅線は長さが一～一・五メートルほどで、長く丈夫な綱に結びつけられていた。餌には牛かブタの肉塊を使った。仕留めたサメは甲板に引き上げ、頭部を先のとがった棒や鉄のバールで何回もたたいて殺した。スタヴォリヌスによると船乗りたちは、サメについて泳ぐパイロットフィッシュ〔ブリモドキ〕も首尾よく捕まえた。これは「ほかの海水魚のようにパサパサとした味でなく、食べておいしい」魚であった。

船乗りたちは、上陸して狩りをして楽しむこともあった。インド北部のベンガルに立ち寄ったスタヴォリヌスは内陸部を見て回り、狩りを楽しもうと、友人二人と小船でガンジス川をさかのぼった。かなり上流まで進むと、深い森に囲まれた村が見えた。森にはサルがいっぱいいた。「スパニエル犬ほどの大きさで、長い尾をぴんと立てて走るサルだ。灰色の毛で覆われており、頭の前部は黒い」とスタヴォリヌスは記す。「一発放ったところ、サルたちはさっと高い木に駆け上った。前脚で抱えていた赤ん坊を下の藪めがけて振り落とす親ザルもいた。もっとも、われわれがいくら探しても、子ザルは見つからなかったが。大人のサルは枝から枝へ、木から木へと信じられないほどの速さで跳び移る。われわれは何頭かを撃ち殺したが、仲間が殺されるのを見たサルたちは、世にも恐ろしい叫び声を上げた[13]」

スタヴォリヌスはこうした行為がベンガル人を動揺させると、薄々感づいていただろう。現地の人びとはオランダ人に、動物を殺すのをやめてくれと言った。「というのも、かれらは魂の輪廻という迷信に取り憑かれていたからだ。つまり、こうした生き物、とくにサルたちは人間の魂の受け皿だというわけだった[14]」。ベンガルを出発する前、オランダ人たちは石造りの廃墟で一人の男に出遭った。聖者とあがめられるこの男は裸で、もつれた長い頭髪は灰とほこりにまみれていた。スタヴォリヌスは男が身につけていた真鍮の輪に気づく。羽軸ほどの厚みのある直系七センチほどの輪で、「陰茎の亀頭を貫通していた。ただし、特殊な方法が用いられたらしく、尿道は無傷で残っていた」。オランダ人が見ていると、子どもが欲しいという女性がやってきて「このけがらわしい生き者の、多産のご利益があるとされる部分に接吻した」。真鍮の輪には、スタヴォリヌスの推計では重さ一キロを超える鉄製の輪が三個もつながっていたが、「男はすべてをぶらぶらとさせながら歩いた。不便はまったく感じないようであった[15]」。スタヴォリヌスの観察によれば、この国には「信仰のゆえに自分の身体を容赦なく」痛めつける「乞食の聖者」がたくさんうろついていた。

言うまでもなく、アジアへ向かう胡椒船が立ち寄ったインド洋上の島々に住む動物たちは、腹をすかせ、新鮮な食べ物を求める男たちの蛮行に対してまったく無防備だった。島の一つは絶滅種の代表格であるドードー鳥の生息地であった。大きな頭とくちばしのあるこの不格好な飛べない鳥は、一六九〇年にはすでにモーリシャスから姿を消していた。人間をはじめ、ブタ、サル、犬、猫、ネズミなど、偶然にせよ意図的にせよ、この島に持ち込まれた生物に食い尽くされてしまったのだ。

一六三〇年代、コーンウォール出身の旅行家ピーター・マンディはインドのスーラトで二羽のドードーを見た。ムガール帝王の動物園に飼われていたもので、マンディの証言は生きたドードーの数少ない観察記録となった。「ドードーはアヒルの二倍ほどの大きさの不思議な鳥だ。飛ぶことも、趾(あしゆび)が割れているので泳ぐこともできない。そんな鳥がどうやってそこ［モーリシャス］へ来たのか不思議でならない。あの地域にあのような生き物はまだ発見されていないのである。わたしがスーラトの家で見た二羽はそこ［モーリシャス］から連れてこられたものだ[16]」

スーラトで目にしたドードーを思い出して、マンディはこのように語っている。ドードーの「身体は綿毛で覆われ、小さな羽は短い袖のように垂れ下がっているので、飛ぶにも、なんとか身を守るにもまったく役に立たなかった。水に入らざるを得なくなっても、ほかの陸鳥のように泳ぐことができなかった。趾が割れていたからだ[17]」

モーリシャス、レユニオン、ロドリゲスの三つの火山島はマスカリン諸島として知られる。ポルトガル人探検家ペドロ・マスカレナスが十六世紀初頭にレユニオン島を発見したとされ、この名前がつけられたのだが、諸島の存在はそのはるか前からアラブ商人たちに知られていたに違いない。マダガスカルの東方八〇〇～一五〇〇キロにあるこの島々は、ヨーロッパとアジアの間を往き来する船の航路上にあった。最初に定住が始まったのは三島のなかでただ一つ深い良港があるモーリシャスで、一六三八年にオランダ人が移住してきた。のちにフランスがレユニオン島を併合し、次第に植民を進めた。岩礁に囲まれ、近づくのが困難な小島、ロドリゲス島は十八世紀まで無人であった。

三島のいずれもが、かつては野生動物で溢れていた。モーリシャスの偉大な歴史家アルフレッド・ノース＝クームズによると、「船が立ち寄り、人が定住し始めると、ブタや犬、猫やネズミ、そして船乗りや定住者による狂乱の殺戮が始まり、罪のない動物たちは数十年も経たないうちに全滅してしまった[18]」

かつてロドリゲス島で生息していたたぐいまれな野生生物について、今日わたしたちが知ることができるのは、十七世紀末にこの島に二年間滞在したフランス人旅行家フランソワ・ルガのおかげである。この大胆な旅に出たとき、ルガはすでに中年で、しかも破産しかかっていた。

一六八五年、フランス国王ルイ十四世は、プロテスタントに対する寛容政策を約束したナントの勅令〔一五九八年、アンリ四世が発布〕を破棄した。迫害を恐れた多くの非カトリックは国外に逃れざるを得ず、ルガもその一人で、一六八九年にオランダへ渡った。当時五十二歳だったルガは一文無しだった。プロテスタントは一切合財を放棄して国外に出なければならなかったのだ。失意の根なし草になったルガは、レユニオン島にユグノーの理想の共和国を建てる計画を耳にする。当時、フランスはレユニオン島を放棄したと考えられていた。信仰を同じくするユグノーとともに人生の再出発を図ろうと、ルガは植民計画に参加する。人生の盛りは越したと見られたルガだが、失うものは何もないと感じた。「おびただしい数の同胞とともに祖国を去り、自分のささやかな遺産を放棄し、大切な人々とおそらくは永久に離別することを強いられたにもかかわらず、はじめに移送された新しい国では自分の差し迫った窮乏が必要とした援助を十分には得られなかったので、私はいわば〈神慮〉にいっさいを託した。(…)すでに相当の齢を重ねていた私は、世間の月並みで頻繁な危険を逃れて、平穏に生きては死ぬよう努めようと考えた。もはや失うものはない[19]」〔『インド洋への航海と冒険』中地義和ほか訳、岩波書店、二〇〇二年〕。

ルガは若い同志九人とともに一六九〇年七月、アントワーヌ・ヴァロー船長率いるフリゲート船イロンデル〔ツバメ〕号で〔オランダ北部の〕テッセル島を出港した。船はやがてイギリスとオランダの帆船二四隻からなる船団に合流し、スコットランドの北の海域を航行した。イギリス海峡でフランス艦隊に遭遇するのを避けるためだったが、ルガの船が喜望峰に着いたとき、フランス艦船がすでにレユニオン島に立ち寄っていたか、あるいはまっすぐインドへ向かったのかは定かではない。その後、イロンデル号は喜望峰を出港し、レユニオン島やロドリゲス島の方角へ向かう（ヴァロー船長がどちらの島をめざしたかはよくわからない）。いずれにせよ、間もなく船はサイクロンに襲われ、船長は方向を見失ってしまった。一六九一年四月初め、まずヴァローの目に入った陸地はレユニオンではなく、オランダ支配下のモーリシャスであったが、船長はロドリゲス島に向けて舵を切った。

ルガは七人の仲間とともにロドリゲス島にとどまることにした。船長は航海を続け、二度と戻ってこなかったという。居残った男たちは自力で生きていくことになったが、この楽園の小島で困ることはなかった——きれいな水がわき出ていたし、川にはウナギがたくさんいた。陸では巨大なカメが、浜ではさまざまな貝類が採れた。ウミガメや飛べない鳥は、すぐ捕まえることができた。食用ともなるヤシからは味のよい「ヤシ酒」（と呼ばれる樹液）が採れた。男たちは小屋を建て、未開の島の漂流者として暮らし始める。しかし、食べ物や水は十分だったが、孤独は耐えがたく、二年後に男たちは島を離れる計画を立て始めた。

器用な男たちは船を造り、船出に成功する。モーリシャス島まで西へ約六五〇キロ、苦労して船を進めた男たちの難儀はこれで終わらなかった。モーリシャスのオランダ当局に捕らえられ、監獄に送られてしまったのだ。フランス人漂流者たちは三年間囚われの身で過ごし、一九六九年、バタヴィアへ移送され、そこに一年とどまった。一年後、ついにバタヴィアを離れる許可が出たとき、生き残っていたのはわずか三人、ルガと仲間の二人だけであった。男たちは一六九八年、オランダに帰り着いた。ルガはその一〇年後、この驚くべき冒険譚『東インドへの新たな航海』を英語、フランス語、オランダ語で出版した〔邦訳は『インド洋への航海と冒険』〕。ルガは苦労を重ねたが長寿に恵まれ、一七三五年に九十七歳で世を去った。

ロドリゲス島の野生生物についてのルガの記述は、すぐさま疑問視された。とくに孤独鳥（ソリテア）という、ルガが明らかに愛した鳥については懐疑的な見方が多かった。「雌はすばらしく美しい。ブロンドや褐色のものもある。ブロンドというのは金髪色という意味である。なめし革色のくちばしの上部に、寡婦が付けるヘアーバンドのような一種の帯がある。(…)歩き方にはたいへんな気位と優美さがひとつに合わさり、見る者は感嘆の念を抱き、愛でずにはいられない」「この鳥は、追いかけなければかなり親しげに近寄ってくることもあるが、けっして飼い馴らすことはできない。捕まえるとたちまち、鳴き声をたてずに涙を流し、どんな餌も頑として拒む。そしてついには死んでしまう[20]」。ルガはこの鳥を愛したが、だからと言って食べなかったわけではなく、その肉は「味がすこぶるよい。若い鳥ならとくにそうだ」と言っている。

のちにほかの旅行者もロドリゲス島を訪れた。とりわけ、一七六一年には金星の日面通過〔金星が太陽と地球の間を通る天文現象〕がこの島で観測され、多くの人がやってきた。だが、そのときすでにソリテアは絶滅していたため、さらなる疑いの目がルガの記述に向けられることになった。しかし、その約一〇〇年後、ルガの物語を裏づける鳥の骨が、ロドリゲス島でついに発見される。とくに、翼の羽毛の下にきわめて小さな骨の塊が雄にも雌にもあったことはルガが描いたとおりであった[21]。

ルガはほかにも数多の興味深い観察記録を残しているが、もっとも印象的なのはロドリゲス島に生息していたカメの驚くべき数であろう。これについても疑念をさしはさむ声が多くあがった。「これらの亀がこの島にはあまりにたくさんいて、ときには二千匹、三千匹の群れを見かけるほどである。そのため、足を土に触れずに亀の背中、ないし正確には甲羅、ばかりを踏みながら百歩以上進むこともありえる」とルガは書いている。[22]

かつてインド洋のゾウガメはマスカリン諸島のすべての島々に広く生息していたが、ルガがロドリゲス島に渡った頃までにはモーリシャスやレユニオンで数が減り始めていた。健康によい油が採れ、肉も美味で、重さは四五キロほどもあった。「この肉はとても健全で、味は羊肉に近いが、より洗練されている。脂身はきわめて白く、けっして固まることはなく、どれだけ食べても戻すこともない」とルガは褒めちぎっている。[23]「われわれはこぞって、ヨーロッパ随一のバターよりはるかに美味だと見なした。捻挫、冷え性、神経の麻痺には、そしてその他のいくつかの病にも、この油を塗るのがすばらしい療法となる。肝臓はきわめて洗練された味で（…）たいそう美味なので、どんなふうに料理しても、つねにソースが入った肝臓だと言える[24]」

一七三五年、フランス当局がロドリゲス島での爬虫類の除去を解禁すると、この島のカメやウミガメの生息数は激減し、十八世紀末には絶滅してしまう。あるときは、この島で一八カ月の間に約三万頭のカメが食肉用に殺された。モーリシャス、レユニオンの二島と、付近のセーシェルでもカメの虐殺が行われた。わずか数十年でロドリゲス島のゾウガメは絶滅に追い込まれた。

今日でもゾウガメが生息しているのは、インド洋ではただ一カ所、アルダブラ環礁である。アルダブラはマダガスカルの北方約四〇〇キロに位置し、三つの群島が巨大な円環を形成している環礁だ。作家デイヴィッド・デュビレは一九九五年、このほとんど誰も入ったことのない環礁にモーターボートを入れた。「アルダブラは緑色をした大釜のようだ。ここに水路が魔女の手のように入り込んでいる」と、デュビレは『ナショナル・ジオグラフィック』誌に記事を寄せた。「地殻にぐるりと囲まれた礁湖は巨大で、ここにマンハッタン島を持ってきたら湯船に浮かべたおもちゃのように浮くに違いない」

一八七四年、アルダブラのマングローブの木材資源を利用するための開発計画が持ち上がったが、幸いこのときは、多くの著名人がゾウガメを救おうと立ち上がった。チャールズ・ダーウィンもその一人である。当時すでにゾウガメは絶滅が懸念されていて、[25] 一八七八年にアルダブラに入った調査隊は、一頭を見つけるのに三日もかかったという。一九六〇年代、アルダブラの生物はふたたび危機に直面した。イギリスが空軍基地の建設計画を発表したのだ。だが、二七〇〇メートルの滑走路を造るこの計画は、科学者や環境保護団体が抗議の声を挙げたため、棚上げになった。一九八二年、アルダブラはユネスコの世界遺産に登録された。

今日、ここにおよそ一〇万頭が生き残っている。対照的に、太平洋上のガラパゴス諸島に生息するのは数千頭だ。大型で陸生のゾウガメが生き残れたとは、驚くべきことだろう。その肉は美味で、貴重な油も採れ、捕獲者から逃れることもできなかったゾウガメは、大航海時代もそれ以降も、船乗りたちの格好の餌食になり。生きたまま、まるで木箱のように船内に積み上げられたのだった。

ハーマン・メルヴィルは、ガラパゴス諸島のゾウガメについて忘れがたい一作を残している。短い一〇編の「小編」からなる『魔法群島（エンカンタダス）』で、一八五〇年代に発表された。メルヴィルによればこの群島は「堆（うずたか）く投げ棄てられた燃え殻」で「地球のどんな土地でも、荒涼さで、この群島に匹敵するものを差出せまい」（『メルヴィル中短篇集』原光訳、八潮出版社、一九九五年。仮名遣いを一部変更）。

「象亀両面」と題する小編でメルヴィルはゾウガメを「亡霊亀」と呼んでいる。「黄ばみあるいは金色がかっている」その胸板は、島の容赦ない陰鬱さに明るさをもたらした。この小編では陸に上がった乗組員たちが三匹の「大洪水前風の亀」〔ノアの洪水以前の遺物のように見えるカメ〕を持ち帰る。甲板に引き上げるのは大仕事であった。「この真に驚くべき象亀どもをつらつら見るがよい――小学生の頃もてあそんだどろ亀どころではない――寡婦の喪服のように黒く、金銀食器の櫃のように重く、巨大な甲羅は盾のように丸く浮き彫り模様を施され、雄雄しく戦闘に立向った楯のように打痕打傷だらけで、ここかしこにボサボサと暗緑の苔が生し、海の繁吹きでぬらぬらしている。言語に絶したわびしい荒地からわたしらの人だらけの甲板へ移された、この神秘的な生物たちは、わたしに説明しがたい感銘を与えた」

「これらの生物によって吹込まれた大きな印象は、蒼古――はてしなく続く忍耐という感じだった」三匹の「重苦しい客たち」は甲板を這いずり回り、どんな障害も避けようとしない。その愚鈍さは驚くばかりであり、小突いたり、のたくったりしながら進むその姿が頭から離れないメルヴィルは「障害だらけの世界で(…)真っ直に突進む衝動こそ、かれらにとりついているこの上ない呪いなのだ」と言っている。しかし、感動はしたものの、「奇妙なことには、翌晩わたしは仲間と一緒に坐って、亀ステーキと亀シチューで愉快な食事をし、晩餐がすむと、ナイフを出して、三つの巨大な凹んだ甲羅を三つの珍奇なスープ深皿に変える手助けをし、三つの平たい黄ばんだ腹甲を三つの豪華な盆に磨き上げたのだった[26]」。

数十万頭のゾウガメが同じ運命をたどった。

第九章 ☼

胡椒の薬効

古代の人びとを惹きつけた胡椒の薬としての力に、いま新たな注目が集まっている。西欧の科学者たちにとって、胡椒の消炎作用は好奇心をそそる問題だ。スパイスをがん治療に利用できるかもしれないことが、さまざまな実験からわかってきた。胡椒の親戚とも呼べるキンマは、リューシュマニア症という寄生虫性疾患の治療薬として有望視されている。

Piper nigrum L.（コショウ科）は殺虫性があり、合成殺虫剤に替わるものとして利用できるかもしれない。

——『ジャーナル・オブ・アグリカルチュラル・アンド・フード・ケミストリー』誌

☼

昔からの植物由来の治療薬、とくに中国の伝統医学やインドのアーユルヴェーダ医学で用いられてきたものは多くの場合、よい効果を上げていることが観察されている。

——『プラント・メディカ』誌

☼

黒胡椒、そのエキスや主な有効成分の生理学的効果が、過去数十年間に数多く報告されている。

——中央食品技術研究所生化学・栄養部　クリシュナプラ・スリニヴァサン（インド・マイソール市）[1]

四〇〇年あまり前、胡椒は肺〔の炎症〕を軽くする、熱を下げる、痛みを和らげる、腫瘍を小さくすることさえできるなどと考えられていた。胡椒のこうした特性が、今日注目を浴びている。天然産物に対する関心が西欧で広がってきたおかげで、薬としての胡椒の研究はちょっとした復興期(ルネサンス)に入ったようだ。黒胡椒をはじめコショウ属の各種スパイスは、現代でもわたしたちの好奇心と冒険心をそそるのだ。いつの日か、がんなどの疾患の重要な治療薬が黒胡椒から生まれるかもしれない。

アメリカ、イギリス、イタリアなど各国で、胡椒がもつ消炎、抗菌の効能の研究実験が行われている。抗がん治療に、また保存剤、殺虫剤、抗酸化剤、抗アレルギー剤として、あるいは白斑という皮膚障害の治療に胡椒を利用できるかもしれない(2)。胡椒は気分を明るくし、ウェストを細くするとまで示唆する論文が科学誌に載ることもある。日本では、脳卒中を患った高齢者の嚥下機能を改善するために、黒胡椒を利用できないものかどうかが検討されている。黒胡椒から抽出された精油の香りを吸い込むと、脳の特定の部分が刺激され、これが機能回復につながるかもしれない。多くの高齢者の死因ともなる誤嚥性肺炎を防げるのではないか（ここで使われる精油は香粧品ビジネスに使われるもので刺激臭はない）。さらに、黒胡椒の精油の香りで脳の別の部分を刺激すれば、禁煙の成功につながるかもしれない。日本ではそんな可能性を探る研究が進められている(3)。

中国の民間療法は昔から胡椒をてんかんの治療に用いてきた。子どものてんかん発作の治療に今日中国で用いられている薬剤には、胡椒から抽出した化学物質が含まれている。

だが、胡椒の特性でもっとも注目を浴びているのは、薬剤の一種の効能促進剤としての働きだ。[4] 胡椒は血管内で薬の量を増やし、体内に長くとどまるように働いて、薬の「生物学的利用能（バイオアヴェイラビリティー）」を高めるのである。肝臓や腸が、薬の働きを妨げる物質を作り出すことがよくある。たとえば代謝酵素だ。これが働くと、薬効のある化合物が体内に吸収される前に処理され、薬の効果は失われてしまう。ところが、黒胡椒に多く含まれるピペリン――あのピリッとした味を出す化合物――は、肝臓や腸内で作られるそうした酵素の働きを妨げることが、インドのチームによって発見された。一九八〇年代半ばのことだ。この発見が契機となって、薬の作用を増強するピペリンの働きが大いに注目されるようになった。

それ以後、ピペリンに関して多くの臨床研究が行われ、これが抗てんかん薬フェニトインをはじめ高血圧治療薬プロプラノロール、ぜんそく治療薬テオフィリン、結核治療薬リファンピン、抗ＨＩＶ薬ネヴィラピンなどの効用を促進することがわかってきた。黒胡椒には、薬剤の生物学的利用能を向上させる力があるのだ。この力こそ、アーユルヴェーダ医学で「トリカトゥ」と呼ばれる〈黒胡椒、ヒハツ、生姜を混ぜた〉薬草調合剤が、ほかの薬剤とともに広く用いられるゆえんであろう。アーユルヴェーダは病気の予防と健康促進をめざす一つの体系的医学である。ほかの薬剤の効果を高めるトリカトゥは、一種の多目的薬効促進剤とも呼べるだろう。

アメリカ国立医学図書館の巨大データベース「パブメド（PubMed）」には、黒胡椒に関連する文献が三〇〇本以上も挙げられている。黒胡椒の科学的研究が進むにつれて、このスパイスは、古くからアーユルヴェーダ医学で活用されてきた特性を確かにもっていることが明らかになってきた。代替医療、あるいは補完医療と呼ばれるアジアのさまざまな治療法が欧米各国で広まりつつあるものの、このアーユルヴェーダという治療システムは西欧で受け入れられていない。イギリスはアーユルヴェーダをインドから一掃しようとし、一八三五年にはこれを教えることを禁止した。ごく最近の二〇〇〇年にも、病気の診断や治療にアーユルヴェーダが役立つという証拠はないとの報告書がイギリス議会上院で発表されている。[5] ところが、アーユルヴェーダで用いられる植物一六六種——セージ、シナモン、コロハ〔フェヌグリーク〕、ナツメグ、タンポポ、ビャクダンなど——に関する研究を見れば、別の様相が浮かび上がってくる。[6] ニューヨーク植物園経済植物学研究所のサラ・カーンとマイケル・バリックによれば、これら植物の四三パーセントはヒトに対する臨床試験が少なくとも一回は行われており、六二パーセントは動物を使った研究で試されている。ただし、二人の研究者も認めるところではあるが、これらの研究は試料の大きさや管理方法の点で、西欧で臨床試験が行われる場合に求められる「至適基準」に照らせば、厳密さに欠けることが多い。それでも、より大規模で管理の行き届いた臨床実験を行うにはどの種の植物が適しているかを選ぶ際のヒントは与えてくれるだろう。科学・医学の文献をよく研究すれば、「伝統医療における植物の利用を支持する証拠はいっさい存在しないという、ごくありふれた見方」は一掃されるだろうと、二人の研究者は結論づけている。

アーユルヴェーダの古い文献にはスパイスがしばしば登場する。前五〇〇年頃に活躍した医者シュシュルタ二世は胡椒、ターメリック、生姜、シナモンなどのスパイスを原料とした七〇〇種もの薬剤を紹介した。[7] スパイスの広い利用法を見つけてきたのが、こうした植物がごく身近に生えている地の人びとであったのは当然であろう。黒胡椒は昔から便秘、下痢、耳痛、心臓疾患、ヘルニア、消化不良、肝疾患、関節痛などの治療薬であった。今日でもインドでは胡椒を混ぜたトリカトゥが、ほかの薬草の調合剤とともに多くの疾患の治療に用いられている。トリカトゥは黒胡椒、ヒハツ、生姜を同じ割合で混ぜたもので、アーユルヴェーダではたいていの処方に用いられる。錠剤もあるが、散薬の場合はハチミツに混ぜて飲みやすくすることが多い。南アジアの民間療法で胡椒は、とくに下痢止めとして広く用いられている。[8] 西洋医学の薬も大部分は植物由来である。アスピリンはヤナギの樹皮から生まれたし、最新のマラリア治療薬アーテミシニンは灌木から抽出される化合物で、これも古くから中国医学で用いられてきた。

各種スパイスのなかで、西欧の科学者がもっとも注目するのはターメリックである。インドではハルディ、中国では姜黄と呼ばれ、マスタードやインドのカレーに使われるこのスパイスは、アルツハイマー病やがんなどの治療に活用できるかもしれないからだ。だが、黒胡椒が無視されているわけではない。ターメリックといくつかの特性を共有する黒胡椒にも関心は集まっている。

黒胡椒には多様な化合物が含まれるが、そのなかでもっとも多いのはピペリンである。一八二〇年、デンマークの化学者ハンス・クリスチャン・エルステッドが初めて特定したピペリンは、アルカロイドの一種とされている（ヒハツもピペリンを多く含む）。アルカロイドは自然界に広く存在する――ヴァン・ノストランドの『科学・技術大百科事典』によれば、一〇〜二〇パーセントの植物はこの種の化学物質を含んでいる。カフェイン、ヘロイン、ニコチンなどもアルカロイドの仲間である。ただし、これらと違ってピペリンに依存性があるという証拠はまったくない。多くの場合、アルカロイドには炭素の環に組み込まれるかたちで窒素元素が含まれている。ピペリンの含有量が多い胡椒は味が濃い。マレーシアやインドネシアの胡椒がブラジルの胡椒よりも風味が強いのは、ピペリンを多く含んでいるからだ。

ピペリンにはある種の抗がん剤の効果を高める力があるのではないかと研究を進めているのは、米メリーランド州フォックス・チェイスがんセンターの泌尿器外科医ロバート・ウッゾと研究員ウラディーミル・コレンコだ。[9] 二人が取りかかっているのは、進行した前立腺がんの治療薬を、より効果的で投与しやすいものにできるかどうか、その可能性を探るプロジェクトである。抗がん剤「ドセタキセル」の作用を弱めてしまう肝臓の酵素を阻害する働きが、ピペリンにあると考えられるのだ。ドセタキセル自体はイチイの一種から抽出される自然の産物で、アメリカ食品医薬品局から承認された医薬品であり、ホルモン耐性がんを患う男性の場合、第一選択の治療薬として投与されることが多い。ところがこの薬は患者の寿命をほんの二〜四カ月延ばすだけであり、嘔吐、脱毛、悪心といった化学療法の副作用と無縁ではない。そのうえ、錠剤のかたちでは肝臓の酵素によって分解されてしまうので、静脈注射によって三週間隔で投与しなければならない。経口投与ができれば、患者の負担は大きく軽減されるではないか。ピペリンを加えれば、それが可能になるかもしれない。つまり、胡椒に含まれる化合物が肝臓の酵素の働きを阻害するなら、胡椒を併用すれば抗がん剤はより長時間にわたって血管内にとどまるのではないか。そうすれば腫瘍細胞はより長い間、抗がん剤にさらされることになり、化学療法の効果が上がるのではないか。医者や研究者たちはこうした質問に対する答えを探している。

さらにピペリンのもう一つの働きにも注目が集まっている。ピペリンには、クルクミンと呼ばれる天然産物（ターメリックの活性成分）の活動を促進する働きがあるのではないかと研究を進めているのが、米ヒューストンのMDアンダーソンがんセンターのサイトカイン研究科を率いるバーラト・B・

アガルワルらである。胡椒と同様、ターメリックもインドの伝統医療に広く用いられるスパイスで、その消炎効果はよく知られているが、アガルワルらはこの特性に目をつけ、抗がん剤として利用できるかどうかを探っているのだ[10]。

ピペリン自体に消炎効果があると考える研究者もいる。もしこれが正しければ、この化合物は実にさまざまな疾患の治療薬と併用できることになる。炎症とがんを結びつける考え方が生まれたのは、腫瘍壊死因子（ＴＮＦ）と呼ばれる物質の発見によるところが大きい。この物質は炎症に関連して強力な働きをするたんぱく質の一種で、腫瘍の成長に重要な役割を持つと考えられている（アガルワルはジェネンテック社で働いていた一九八〇年代、仲間の研究者ともに腫瘍壊死因子の精製に成功した）。またこのたんぱく質は、乾癬性関節炎や炎症性腸疾患といった自己免疫疾患を持つ人の体内でも生成されることがわかっており、これを中和させるさまざまな薬剤が世界中の数百万人という患者に利用されている。

腫瘍壊死因子の破壊力は、核内因子カッパ・ベータ（ＮＦ-ｋＢ）と呼ばれる分子との関係を見ると明らかになる。免疫や炎症の過程をはじめ細胞の増殖など多くの生体内作用に関係するＮＦ-ｋＢを、このたんぱく質は活性化するのだ。腫瘍細胞のＮＦ-ｋＢ発現量は正常細胞よりも高いのである。興味深いことに、クルクミンもピペリンもＮＦ-ｋＢの活動を抑制することが明らかになってきた。ただ、ＮＦ-ｋＢを阻害する働きがあるとされる化合物は八〇〇種以上もあるので、スパイス成分の特定の働きから臨床的に意味ある効果が得られるかどうかは、今後の研究を待たなくてはならないだろう[11]。

クルクミンの生体利用効率を高めるためにピペリンを利用できないか。スパイスの二種類の含有物を混ぜれば、より強力な効果が得られるかもしれない――これらは興味深いテーマである。[12] 二〇〇九年、ミシガン大学の研究者が行った小規模な実験研究で、クルクミンやピペリンは、それ自体でも、二つを併用しても、がん細胞の元となりうるある種の乳房幹細胞の再生や生成を阻害することが報告された。[13] なお、この報告によれば、少なくとも実験段階ではクルクミンもピペリンも正常な組織を傷つけることはなかった。実際、ピペリンをめぐってはこのほかにも一連の研究が行われ、ラットにおいては発がん物質起因の結腸がんを抑制する働きがあることや、肺がんを発生させた動物のＤＮＡ損傷を防ぐことが明らかになっている。

インターネットは胡椒の抗がん作用をめぐるニュースを溢れるほど提供してくれる。「胡椒はすごい！　その成分ピペリンはピリッと辛いだけでなく、乳房幹細胞ががん化しそうになると、索敵掃討モードに入るのだ！」と「オズ先生」や「マイク先生」の顔写真付きのウェブサイトは報じている。カナダの日刊紙『ナショナル・ポスト』には、「胡椒をとってください」という見出しの記事が載ったことがある。ピペリンはその中で、クルクミンの生体利用効率を高め、体重管理に役立つ――少なくともマウスを使った調査では――と紹介されていた。

このような発見や報告に触れて、それなら胡椒をどんどん食べようという人もいるだろう。胡椒を大量に摂取しても、大きなリスクはないようである。動物を使った研究で、インドの日常的な食事で通常とる量の一〇〇倍もの黒胡椒をラットやマウスに与えても、悪い影響は一つも出ず、消化管はまったく正常に機能した。[14] 有害どころか、ピペリンの大量摂取は消化を促し、胃腸の内壁を保護する効果があるかもしれないと一部の研究者は考えている。

黒胡椒は医学研究の有望な分野とつながっているかもしれないが、万能薬ではない。胡椒には優れた保存効果があるという昔からの考え方は、今日の研究によって覆されている。ピペリンの生理学的効果を三〇年以上にわたって研究してきたクリシュナプラ・スリニヴァサンによれば、ターメリックやガーリックと比べると、胡椒は保存剤としては「適用が限られる」という[15]。また胡椒はがんや動脈硬化などの疾病の一因となる悪玉活性酸素の働きを抑制する抗酸化剤としても、従来考えられてきたほどの効用はない。クルクミンには効用があるが、胡椒にはないのだ。

だが、あまり知られていないが、胡椒は天然防虫剤としても役立つかもしれない[16]。二〇〇八年に報告が出たフロリダ大学と米農務省との共同研究によれば、ピペリンにきわめて近い化合物ピペリジンを含む防虫剤は、ごく一般的な防虫スプレーに使われる化合物ディート（ＤＥＥＴ）よりも薬効時間が三倍も長いという。ディートは一九五三年に開発された化合物だが、これがどのようにして虫の吸血を防ぐのかは解明されていない。二つの化合物を比較した二〇〇八年の実験では、蚊を五〇〇匹も入れた装置を使い、ピペリジンを塗り込んだ布を腕に巻いた協力者たちに効き目を比べてもらった。ディートは平均しておよそ一八日間、虫を寄せつけなかったが、ピペリジンは最長七三日間も有効であった。実験にあたった科学者の一人によれば、現在多くの防虫剤に使われている化合物と比べて、ピペリジンの特徴はべとつかず、鼻を突くようなにおいが（ピペリンに近い物質としては意外だが）しないことだという。

コショウ属の植物のなかで科学者たちの注目を浴びているのは黒胡椒だけではない。胡椒にきわめて近いキンマ（アジアではこれを嗜好品として噛む風習がある）の不思議な効用についても実験が行われている。初めてアジアへ足を踏み入れたときから、ヨーロッパ人はキンマの健康増進効果に気づいていた。十六世紀に大使として中国に派遣されたポルトガル人トメ・ピレシュは、キンマの効用について次のように書いた。「消化を大いに助け、脳内を軽やかにし、歯を強めるから、これを常用する人はたとえ八十歳になっても一本の歯も欠くことがなく、すこぶる健康である。一日でもこれを食さなければ、かれらの息は絶えられないほど臭くなる」

黒胡椒と同様に、キンマもアーユルヴェーダでは便秘、頭痛、白癬、結膜炎などの治療薬として用いられている。加えてキンマは気分をよくし、注意力を高めることでも知られている。インドでは今日でも結婚式や宗教儀式では、キンマの葉に、刻んだビンロウジ、ライム、アニス、クローブ、コリアンダー、カルダモンなどを調合した一種の噛みタバコが供され、客人にこれを勧めないのは礼儀に失すると考えられているそうだ。キンマを噛む習慣があるのはインドだけではない。中国、マレーシア、インドネシアなどにも見られる習慣だ。キンマの葉は、おそらくコショウ属の中では黒胡椒に次いで広く利用されていると言えるだろう。実際、キンマの常用者は推計六億人あまりいると見られる。[17] キンマの葉と口腔がんとの関連が問われているが、〔がんを引き起こすのは〕おそらくはビンロウジやたばことといった、噛みタバコを作るときに混ぜるほかの材料だろう。アジアの大部分でキンマの葉は噛みタバコに欠かせない材料だが、中国湖南省の湘潭(しょうたん)市には、ビンロウジの殻を好んで噛む習慣があり、〔この一種の噛みタバコは〕一一億八〇〇〇万ドル規模の産業を形成している。[18] 黒い歯肉と変色した歯を見れば、その人がビンロウの実を噛む習慣があるとすぐわかる。

天然産物への関心が高まるにつれて、キンマが、とりわけその抗菌効果が脚光を浴び始めている。トメ・ピレシュが五〇〇年前に気づいたように、キンマが歯を長持ちさせるのはおそらく抗菌効果があるからだろう。マレーシアのクアラルンプールにあるマレーシア大学の口腔生物学の研究によれば、キンマやグアヴァ（*Psidium guajava*）のエキスには、歯垢の原因となる細菌の増殖を妨げる働きがある[19]。

キンマの別の特性を研究している人たちもいる。キサンチンオキシダーゼと呼ばれる酵素の働きを阻害する特性である。この酵素は体内での尿酸の生成に不可欠ではあるが、尿酸値が高すぎると痛風や腎臓結石が引き起こされることがあり、その場合はアロプリノールという酵素阻害剤が有効な治療薬となる[20]。ところが、この薬には腎機能低下、アレルギー反応、肝機能低下など深刻な副作用があるため、代替薬の開発の研究が進められた。日本のある研究グループが黒胡椒をはじめ、コショウ属の多くの植物が共有する化学物質について調べたところ、キサンチンオキシダーゼ阻害剤としてはキンマのエキスがもっとも強力であることがわかった。のちにキンマに含まれるヒドロキシカビコールという化学物質が酸化酵素の働きを抑制する物質として同定された。

もっとも注目すべきは、キンマはリューシュマニア症という病気を引き起こす原虫に対抗する働きをするかもしれないという報告であろう。この病気は小さなサシチョウバエに刺されることで伝染する。世界保健機関（ＷＨＯ）によると、現在、世界で二〇〇万人あまりがこの病気にかかっており、毎年一〇〇万〜二〇〇万人が新たに感染する。影響を受けない国はほとんどない。内臓リューシュマニアと皮膚リューシュマニアの二つの型があり、皮膚型は皮膚に腫れものできる病気で、治癒するまでに何年もかかる。腫れものは顔などにできると外見を損なうし、火山のような発疹は痛みを伴うことがある。

内臓型はより重篤な症状を伴い、命にかかわることもある。アメリカ疾病管理予防センター（ＣＤ

C）によると、内臓リューシュマニアの患者の九〇パーセントはインド、バングラデシュ、ネパール、スーダン、ブラジルに住んでいる。現在使われている治療薬はあまり効果がなく、副作用が強い[21]。薬剤耐性の強い原虫も出現しているので、リューシュマニア症の新たな治療薬の開発が急がれる。インドで行われたいくつかの実験では、キンマの抽出液が――いまだ実験室の中の段階ではあるが――リューシュマニア原虫を殺すことが報告されている。

キンマを医薬品として利用できないか――科学者たちはその可能性を探り始めたばかりだ。こうした初期の観察がやがて治療につながるという保証はないが、それでも希望を捨ててはいけない。キンマの大きな潜在力は、病に苦しむ何百万人もの人びとに癒しをもたらしてくれるかもしれないからだ。

エピローグ

今日の胡椒産出国の顔ぶれは、ヨーロッパ人がスパイスを求めて初めてインド洋を渡った時代からあまり変わっていない。なんと言っても、胡椒は熱帯の植物だし、ある特定の土壌や気候を好み、十七世紀にブラジルで育てようとしたポルトガル人が思い知ったように、移植は難しい。この実験は成功するまでに三〇〇年近くもかかった。大規模胡椒農園をブラジルに導入したのは日本人である。一九三三年のことだ。第二次世界大戦後、胡椒はアフリカに移植され、ヴェトナムや中国南部など東南アジアでも生産が拡大した。

今日、産出額で首位を占めるのはヴェトナムで、世界全体で作られる胡椒のおよそ三〇パーセントを生産し、インド、ブラジル、中国、インドネシア、マレーシアなどがこれに続く。黒胡椒は、なくてはならない食材として世界中どこの国でも消費されている。世界の収穫量は年間およそ二九万トンである。[1] 最高級の胡椒は——マラバル・ガーブルやテリチェリー・エクストラ・ボールドなど——インド産だ。アメリカはインドの胡椒の最大の輸入国である。〔ケーララ州の都市〕コーチの商品取引所での胡椒相場は投機家たちの熱い視線の的である。胡椒は世界中でもっともよく売れているスパイスで、取引の採算性は天候と土壌の変化に左右される。

今日、胡椒生産者の最大の悩みは、エキビョウキン（*Phytophthora*）というカビの一種が引き起こす根腐れ病だ。このカビは十九世紀後半にインドネシアで見つかって以来、世界各地の胡椒生育地に広がっている。このカビに侵されると、つる植物の緑の葉はじきにしおれ、根は腐ってしまう。インドのケーララ州をはじめ、各国の胡椒生育地で、小規模家族経営の農園の多くがこのカビのせいで廃業を余儀なくされた。ヴェトナムではこの根腐れ病は「早枯れ病」とか「早死に病」などと呼ばれている。この恐ろしい病気から作物を守るため、殺カビ剤が広く使われるようになった。カビに強い交雑株を開発して殺カビ剤の使用を減らそうという取り組みが急ピッチで進められている。

自然に恵まれた地は歴史にのろわれた——ラテンアメリカにおける植民地化と武力制圧の残骸を総括して、作家エドゥアルド・ガレアーノはこう言った。同じ言葉はアジアの黒胡椒にも当てはまるだろう。西洋をアジアへと引き寄せたスパイスは、現代という地球規模貿易の時代とそれに伴うすべての悲惨さを生み出した。十六世紀のヴァスコ・ダ・ガマをはじめ、十七世紀の悪名高いヤン・ピーテルスゾーン・クーンやコルネリウス・スペールマン、十九世紀のジョン・ダウンズら、胡椒を求めて、あるいは胡椒の権益を守ろうとしてインド洋を往復した男たちは暴力的な人種主義者であったが、それぞれの時代の支配的な考え方を体現していたとも言えよう。しかし、アジアへと海を渡ったなかには、異文化を理解しようとし、暴力を嫌悪し、行く先々の美しい自然にうっとりとなった人たちもいたのだ。かれらの声も、征服と帝国主義、奴隷制と虐殺の喧騒の中から聞き分けるべきであろう。コーンウォール人旅行家ピーター・マンディは、あこがれに近い気持ちを込めてインドの胡椒園を描き出した。イギリス東インド会社のウィリアム・キーリング船長は、アチェの清流で夢のような一日を過ごした。冒険家ウィリアム・ダンピアはベンクーレンのイギリス植民地でマレー人がひどい扱いを受けているのを見て憤慨した。水兵のリーヴァイ・リンカンはスマトラ西部でアメリカ人がどのように秤をごまかしていたかを正直に書いている。イギリス東インド会社に忠誠を尽くした模範社員で、政治手腕に長け、常に抜け目なく振る舞ったあのトーマス・スタンフォード・ラッフルズでさえ、ベンクーレンの人種主義的規則を改めた。ピーター・マンディが言及した女性ジュディスのように、アジアによく適応し、永住した人たちもいる。ジュディスは遭難したヨーロッパ人の召使であった。

言うまでもなく胡椒の歴史は、十七世紀ヨーロッパで興隆した二つの貿易会社抜きには語れない。オランダとイギリスの東インド会社である。およそ二〇〇年にわたり、この二社はアジアにおける支配権をめぐり、熾烈で終わりの見えない競争を続けた。ただし、オランダとイギリスは共通の敵であるスペインやフランスに対抗するためヨーロッパで同盟を組むことがあった。政治事情によってこの二カ国がアジアで協力せざるを得なくなると平和が訪れるのだった。オランダ東インド会社はその歴史を通じて数多の雇用を生み出し、とくにオランダが繁栄の極みに達した十七世紀には、経済の主要なエンジンの役割を果たした。会社は多額の配当金を支払い、株主たちは巨万の富を得た。しかし、これほど広範で、根本的に腐敗した組織を維持し、防衛し続けるのは無理であった。オランダ東インド会社は崩壊する。一七九九年、倒産時の負債は数百万ギルダーに達していたという。

イギリス東インド会社は繁栄するためにはオランダのライバルの手法を取り入れざるを得ず、十八世紀になると、アジアでの、とりわけインドでの利益を守るため、軍事的、政治的機構へと変容していった。概していえばイギリス東インド会社は胡椒貿易をオランダに任せ、インドと中国の統治に力を注いだ。十八世紀後半になると独占貿易よりも自由で開かれた貿易を求める動きが強まったため、東インド会社の衰退が始まった。一八三三年、会社は東洋貿易から手を引いたものの、インドの植民地統治に関与し続けたことは不名誉な歴史として残る。同じことがオランダ東インド会社についても言えるだろう。もっともこの会社は終始、政府の一機関であると見なされていた。会社の解散後はオランダ政府が東インド会社の債権と債務を引き継ぎ、やがてオランダ領東インドを治め、一九四九年まで支配した。いずれの東インド会社も、征服した土地とそこに住む人びとに、消すことのできない深い傷を負わせた。

そもそも北ヨーロッパの人びとが貿易会社を設立したのは黒胡椒が欲しかったからだ。その胡椒も、いまでは一つの生活必需品であり、ごくありふれた香辛料であり、西洋では貴重な医薬品になりうると期待されている。だがその歴史は、ヴォルテールが二〇〇年前に指摘したとおり、血で赤く染まっている。

謝辞

ヨーロッパ人が海を渡ってアジアへ向かった大航海時代について歴史家たちが残してくれた数々の著作は、このような本を執筆する際にはまさに情報の宝庫となる。C・R・ボクサー、アンソニー・リード、ジョン・バスティン、ホールデン・ファーバー、M・A・P・メイリンク゠ルーロフツら、この分野の草分け的研究者の著書や論文をわたしはよく利用させていただいた。オランダ東インド会社についても多くの本が刊行されているが、なかでもフェメ・S・ハーストラの著作が参考になった。イギリス東インド会社を理解するには主にジョン・キィーの著作が頼りになった。だが、わたしがもっとも感謝したいのは、はるか昔に日記や旅の記録を残してくれた人たちだ。ピーター・マンディ、J・S・スタヴォリヌス、ウィリアム・ダンピア、トーマス・ベスト、そしてイングランド南西部のダウンズを出港した貿易船の乗組員や商人たちの言葉は、ハクルート協会のおかげでいまでは誰でも読むことができる。

執筆の間、わたしを支え励ましてくれた多くの方たちにお礼を申し上げたい。デイヴィッド・オシンスキーとアナ・シャピーロは時間を割いて原稿を読みコメントを寄せてくださった。また、マーク・ペンダーガストからは、今日の胡椒栽培に影響を与えている植物病害についてエピローグで触れてはどうかと助言をいただいた。胡椒の化学的特性についての世界的研究者クリシュナプラ・スリニヴァサンは、本書の中の関連の章に目を通し、数限りないわたしの質問に答えてくださった。

シュビレ・ミラードは非凡な写真研究家で、本書のために数々の挿絵や写真や地図を探し、利用にあたっての交渉を有利に進めてくれた。わたしには到底できないことで、本当にお世話になった。インド洋をめぐる資料を提供してくださった古書収集家のラリー・W・ボウマンにもお礼を申し上げる。わたしがアルダブラのゾウガメのことを知ったのは同氏のおかげである。

本書のための資料調査は何年もかかり、その間いくつもの図書館を訪れた。ニューヨーク公共図書館のヴェルトハイム室はいつでも駆け込める避難所であった。マサチューセッツ州セーラムのピーボディ・エセックス博物館では、司書の方々が快くわたしを迎え、十九世紀アメリカの胡椒船の航海日誌を見せてくださった。ニューヨーク医学アカデミー図書館、ニューヨーク大学ボブスト図書館、ブロンクスにあるニューヨーク植物園のルーエスター＝T・マーツ図書館にもたいへんお世話になった。カリフォルニア州サンマリノ市ハンティントン図書館のスティーヴン・テイバー氏のおかげでリンスホーテンの『東方案内記』の図版を得ることができた。またガルシア・ダ・オルタによる胡椒の絵の来歴を調べるにあたって、ニューヨーク植物園のマリー・ロング氏にお世話になった。

わたしはこの本をニューヨーク市内の「ライターズ・ルーム」で書いた。〔作家たちが共同で利用する〕この仕事部屋こそ、わたしがついに落ち着いて著作に専念できる場所となった。わたしの雇用主であるニューヨーク大学医学部は、わたしが仕事をしながら本書の執筆にあたることを認めてくれた。とくに同僚のリン・オデールとトーマス・ラニエリの協力に感謝の言葉を送りたい。最後になるが、エージェントのジョアン・ワンは調査、執筆の間ずっと支えてくれた。あなたならできると励まし続け、見守ってくれたジョアンがいて、わたしは本当に恵まれている。

訳者あとがき

本書は Marjorie Shaffer, *Pepper: A History of the World's Most Influential Spice* (St. Martin's Press, 2013) の全訳である。

ふだんわたしたちが何気なく口に入れている胡椒は、なかなか複雑な味をもつスパイスだ。料理の主役には決してならず、いつもほかの食材を引き立てながら、独特の刺激的な香りと辛みではっきりと自己主張をする。一方、身体のさまざま不調を和らげる「毒払い」の力があるとも考えられている。さらには、世界の歴史を動かしたという過去も背負っている。大航海時代の幕を開け、国際貿易のモデルを作り、西洋と東洋の架け橋となり、「中世と近代の仲介者」としての働きをしたというのだ。なぜそう言われるのか、しわだらけのこの黒い粒と歴史の流れとはどう関係しているのか。本書はそれを探る一つの試みである。

胡椒は熱帯でしか採れない。このことが、胡椒が世界史を動かす原動力となったと本書は指摘する。十五世紀半ばから、ヨーロッパ人はスパイスを、とくに黒胡椒を求めて続々と胡椒の産地アジアへと船を出し始めた。胡椒は莫大な富をもたらしたのだ。

しかし、生きては帰れないかもしれない危険な遠洋航海であった。十六世紀〜十七世紀、港を出た乗組員の半数が航海中に命を落とすのも珍しいことではなかった。当時の人びとがそれほどまでに胡椒を欲しがったのはなぜだろう。胡椒が料理の味付けや保存剤、あるいは肉の消臭剤として求められたという通説もあるが、それだけでは十分な説明にならないだろう（実際、胡椒は保存剤としてはあまり役に立たないことがわかっている）。人びとを未知の世界へと駆り立てた心理的背景として、一つには東洋へのあこがれがあった、と本書は指摘する。「東洋はヨーロッパ人が思い描く一種の楽園」であり、胡椒をはじめスパイスは「神秘的な東洋の一部であった」という。裏を返せば当時のヨーロッパ人の暮らしは厳しかった。十世紀以降、ヨーロッパは一定の間隔でたびたび飢饉や疫病に見舞われている。「過酷な環境のなかで胡椒は救いを表していた。(…)人びとはより穏やかな暮らしへの願望を東洋に結びつけた」のだった。

ヨーロッパ人として初めて香辛料貿易の舞台に躍り出たのは、喜望峰回りのインド洋への航路を開いたポルトガル人だ。すでにインド洋ではインドやアジアやアラブの商人たちが盛んな交易ネットワークを築いていたが、新参者のポルトガル人はそこに大砲や銃を持ち込んで積極的に使ったので「間もなくインド洋でもっとも忌み嫌われるヨーロッパ人となった」。続く十七〜十八世紀、ほかのヨーロッパの国々、とくにイギリスとオランダが胡椒貿易に参入して熾烈な競争を繰り広げ、インド、マレー半島、スマトラ、ジャワ、極東のモルッカ諸島へと進出していく。西洋人は船でやってきては胡椒を買い、商館を建て、要塞を築き、胡椒農園を開き、現地人に栽培を強制し、資源をむさぼった。植民地主義と帝国主義という「二つの邪悪な枝」が大きく伸び出た時代であった。のちの十九世紀には新興のアメリカ合衆国もこの枝の甘い樹液の恩恵を被ることになる。

本書には、この時代にヨーロッパからアジアへ渡ったさまざまな人たちが登場する。一航海で投下資本の何倍もの利益を上げた胡椒商人や、ときには海賊にも転じた船長や乗組員、アジアでの布教のために胡椒船に便乗したイエズス会士、冒険好きな旅行者——航海日誌や旅行記や報告書に残されたかれらの声は貴重な生の証言だ。なかには、初めて触れた未知の文化に目を輝かせ、熱帯の美しい自然にうっとりとなった人たちもいた。だが、多くは「暴力的な人種主義者」であり、押しかけて征服したアジアの地でわがもの顔に振る舞った。帝国建設の実行機関であり、「植民地主義の不正の代名詞」とも呼ばれたイギリスとオランダの二つの東インド会社はその典型であった。

そういうわけで胡椒の歴史は「ヴォルテールが二〇〇年前に言ったとおり、血で赤く染まっている」のだが、それは人間の血ばかりではなかったようだ。本書の第八章は、胡椒航路に沿って広がった理不尽な殺戮を生々しく描いて衝撃的である。ヨーロッパからアジアへ向かう航路上の未開地では「動物という動物が、アジアへ向かう飢えた男たちの餌食になった」。陸に上がった船乗りたちは、何であれ「歩き、泳ぎ、這い、飛ぶ」生きものを、素手で、あるいは棒きれで殺して食べた。三〇〇〇頭ものアザラシの群れに大砲を撃ち込み、同時にペンギンも「思いのままに」殺したこともあったという。マダガスカル沖のマスカリン諸島はかつて野生動物で溢れていたが、「船が立ち寄り、人が定住し始めると（…）狂乱の殺戮が始まり、罪もない動物たちは数十年も経たないうちに全滅してしまった」という。「大きな頭とくちばしのある不格好な飛べない鳥」ドードーはその代表格であった。

著者マージョリー・シェファーはアメリカの新進ライター。『ニューヨーク・タイムズ』をはじめ経済紙や科学誌に寄稿するなど幅広く活躍し、現在はニューヨーク大学医学部専属サイエンスライター兼編集者である。本書でもサイエンスライターとしての本領を発揮し、胡椒をはじめ各種スパイスの薬効についての最新の医学研究の紹介に一章を割いている。胡椒に含まれるピペリンを抗がん剤の効能促進剤として、あるいは高齢者の嚥下機能の改善薬として利用できないかなどは興味を引く研究である。

翻訳にあたっては全力を尽くしたが、至らないところや思わぬ間違いがあるかと思う。ご指摘をお願いしたい。なお、固有名詞の表記は、読みやすさを第一に考え、「もっとも一般的と思われる」表記を適宜採用した。古い地名にはできるだけ現在の地名を添えたが、調べのつかないこともあったことをお許しいただきたいと思う。

最後になるが、本書の翻訳の機会をくださった白水社の阿部唯史氏にお礼を申し上げたい。阿部氏には拙い翻訳原稿の推敲から校閲まで、終始たいへんお世話になった。心から感謝している。

二〇一四年十二月

栗原　泉

白水社の本

航海の世界史

ヘルマン・シュライバー
杉浦健之訳

五千年にわたる船と冒険の歴史。エジプト人、フェニキア人の舟から原子力船に至る航海の歴史を、船の構造の変化や、民族・大陸間の関係をおりまぜ、詳細な資料を背景に概観する。

大ヒマラヤ探検史

—インド測量局とその密偵たち

薬師義美

大ヒマラヤの探検と聞けば耳に快い。だが、この地の探検といえば、生臭く、血を見る虚々実々の駆け引きのもと、帝国主義的な野望の渦巻く苛酷な「グレート・ゲーム」でもあったのだ。

ヤングハズバンド伝

—激動の中央アジアを駆け抜けた探検家

金子民雄

十九世紀末、英国の軍人・探検家として中央アジアとチベットに深くかかわったヤングハズバンド。残された日記と膨大な資料をもとに、彼の足跡と当時の国際情勢を丹念に描いた初の評伝。

アラブ500年史

—オスマン帝国支配から「アラブ革命」まで（上・下）

ユージン・ローガン
白須英子訳

オスマン帝国によるアラブ世界征服から、英仏を中心としたヨーロッパ植民地時代、米ソ超大国の思惑に翻弄された冷戦時代、アメリカ一極支配とグローバル化時代にいたるまでを描く、中東近現代史の決定版。

訳者略歴
翻訳家。主な訳書に、ナイジェル・ウォーバートン『哲学の基礎』（講談社）、レスリー・T・チャン『現代中国女工哀史』、ピーター・ヘスラー『疾走中国』『北京の胡同』（以上、白水社）、ジョゼフ・ギースほか『大聖堂・製鉄・水車』（講談社学術文庫）、デボラ・L・ロード『キレイならいいのか』（亜紀書房）などがある。

胡椒（こしょう）　暴虐（ぼうぎゃく）の世界史（せかいし）

二〇一五年　一　月一〇日　第一刷発行
二〇一九年　五　月三〇日　第四刷発行

著　者　マージョリー・シェファー
訳　者　© 栗原（くりはら）　泉（いずみ）
発行者　及　川　直　志
印刷所　株式会社理想社
発行所　株式会社白水社

東京都千代田区神田小川町三の二四
電話　営業部　〇三（三二九一）七八一一
　　　編集部　〇三（三二九一）七八二一
振替　〇〇一九〇―五―三三二二八
郵便番号　一〇一―〇〇五二
www.hakusuisha.co.jp
乱丁・落丁本は、送料小社負担にてお取り替えいたします。

株式会社松岳社
DTP：閏月社

ISBN978-4-560-08405-2
Printed in Japan

人名索引

ア 行

カ 行

サ行

タ行

ナ行

ハ行

マ行

ラ行

原　注

第一章　コショウ属

(1) Jacob Hustaert の言葉は George D. Winius and Marcus P. M. Vink, *The Merchant- Warrior Pacified*, Oxford University Press, 1991, p. 35 で引用されている。

(2) ディオスコリデスの言葉は William Turner, *A New Herball,* three volumes (1551, 1568), volume two, edited by George T. L. Chapman, Frank McCombie, Anne Wesencraft, Cambridge University Press, 1995, pp. 507-508 で引用されている。著者 William Turner はイギリス植物学の父として知られる。生年は 1508 年頃。

(3) William Bailey, *A Short Discourse on Three Kinds of Peppers in Common Use,* 1588. New York Academy of Medicine, Rare Books. 著者の Bailey は古代ローマの著名な医者ガレヌスに依拠しながら胡椒の効能について書いた。

(4) *A Rich Store-house or Treasury for the Diseased*：Wherein, are many approved medicines for diverse and sundry diseases, which have long been hidden, and not come to light before this time. . . . By A. T. Rebus. London, printed for Thomas Purfoot, and Raph [sic] Bower, 1596. New York Academy of Medicine, Rare Books.

(5) William Langham, *The Garden of Health,* London, 1597 は薬草に関する論文で広く参照された。Langham はこのなかで胡椒の薬用効果を 64 項目も挙げている。

(6) 経済史家 John Munro による計算。Paul Freedman, *Out of the East: Spices and the Medieval Imagination,* Yale University Press, 2008, p. 127 で引用されている。胡椒はぜいたく品のなかでもっとも高価な商品だったわけではない。ビロード生地は胡椒より高価で、1439 年当時の値段は 200 〜 300 日分の賃金に相当した。

(7) *Cambridge World History of Food,* editors Kenneth F. Kiple and Kriemhild Conee Ornelas, Cambridge University Press, 2000, p. 436.

(8) インド南西部沿岸の港町カリカットは、1498 年、ヴァスコ・ダ・ガマが初めて南アジアに上陸した地点であり、その後何世紀にもわたって胡椒貿易の拠点となった。

(9) Lorna J. Sass, *To the King's Taste,* St. Martin's/Marek, 1975, p. 24 で引用されている 13 世紀の博物学者 Bartholomow の言葉。

(10) 熱帯医学のパイオニアの一人であったオルタは、南アジアの薬草の目録を作り、コレラについて説明した最初のヨーロッパ人であった。オルタは胡椒を白胡椒、黒胡椒、ヒハツの三種類に分け、白胡椒と黒胡椒は別種のつる性植物であると誤解していた。オルタは胡椒貿易の価値を十分に理解しており、黒胡椒の大部分はマラバルとスマトラに産することも知っていた。その著作 *Conversations on the Simples, Drugs and the Medicinal Substances of India* は注釈付きの要約版が、著名な植物学者 Chaeles Lecluse によってアントワープで 1567 年に出版され、オルタの著作であるとは示されないまま、多くの言語に翻訳された。オルタは 1501 年頃ポルトガルに生まれた。両親はユダヤ人で、スペインの異端審問を逃れ、キリスト教に改宗していた。1538 年にゴアに定住。オルタは存命中には異端審問にかけられなかったが、死後に「隠れユダヤ人」として裁かれ、遺骨が掘り起こされて焼却された。オルタが没して 1 年後、姉妹が火あぶりの刑に処せられた。

(11) *The Travels of Peter Mundy,* Vol. III, Part I (The Hakluyt Society, 1919) and reprinted in 1967 by Kraus Reprint Limited, p. 79.

(12) William Dampier, *Voyage Around the World*, Vol. I, 1685, p. 318. この版はニューヨーク公立図書館希少本・手稿部収蔵。ダンピアの著作は Google Books で閲覧できる。

(13) *The Voyage of Francois Leguat of Bresse to Rodriguez, Mauritius, Java, and the Cape of Good Hope*, edited and annotated by Captain Pasfield Oliver, The Hakluyt Society, 1891, p. 229.

(14) J. S. Stavorinus, *Voyages to the East Indies*, translated by S. H. Wilcocke, 1798, reprinted by Dawsons of Pall Mall, London, 1969, Vol. I, p. 322.

(15) Ibid., p. 317.

(16) Gorham P. Low, *The Sea Made Men: The Story of a Gloucester Lad*, edited by Elizabeth L. Alling, Fleming H. Revell Company, 1937, p. 192.

(17) Lardicci, Francesca, editor, *A Synoptic Edition of the Log of Columbus's First Voyage*, Brepols, 1999, p. 58. コロンブスの日誌の原本は失われている。4次にわたるコロンブスの航海の記録は主として次男で父親の書類を見ることができた Fernando Colón による伝記およびスペインの歴史家 Bartolomé de Las Casas の *History of the Indies* に基づいている。Las Casas はコロンブス一家と親交があり、一家の文書を閲覧することができた。Las Casas はまたコロンブスの初航海の日誌を筆写したが、完成しなかったと言われている。当然のことながら、スペインのイザベラ女王とフェルディナンド王はコロンブスの発見が敵国を利することになるのを望まなかった。

第二章　スパイスの王

(1) Waverly Root, *Food: An Authoritative and Visual History and Dictionary of the Foods of the World*, Simon and Schuster, 1980, p. 341 で引用されているプラトンの言葉。

(2) Wolfgang Schivelbusch, *Tastes of Paradise: A Social History of Spices, Stimulants, and Intoxicants*, Pantheon, 1992, p. 12 で引用されている。

(3) Gibbon の著作から。Gibbon によれば、ゴート族のアラリックは「金 5000 ポンド、銀 3 万ポンド、絹の長衣 4000 着、上等な深紅の布地 3000 枚、胡椒 3000 ポンドの一括支払いを受けると」包囲を解いた。"Spices and Silk: Aspects of World Trade in the First Seven Centuries of the Christian Era," by Michael Loewe, *Journal of the Royal Asiatic Society of Great Britain and Ireland*, No. 2, 1971, p. 175 を参照。

(4) Innes Miller, *The Spice Trade of the Roman Empire, 29 BC to AD 641*, Clarendon Press, 1969, p. 83. さらに、この美食家の強欲さやこだわりについては、*Gastronomica*, Spring 2007 掲載の Sally Grainger による興味深い記事 "The Myth of Apicius" を参照。

(5) Pamela Nightingale, *A Medieval Mercantile Community: The Grocers' Company and the Politics and Trade of London, 1000-1485*, Yale University Press, 1995, p. 74 を参照。

(6) *The Cambridge World History of Food*, Vol. 2, edited by Kenneth F. Kiple and Kriemhild Conee Ornelas, Cambridge University Press, 2000, p. 436.

(7) John Keay, *The Spice Route: A History*, London: John Murray, 2005, p. 139.

(8) Schivelbusch, *Tastes of Paradise: A Social History of Spices, Stimulants, and Intoxicants*, p. 9.

(9) *The Garden of Eden: The Botanic Garden and the Re-Creation of Paradise*, Yale University Press, 1982, p. 9.

(10) Ibid, p. 30.

(11) Paul Freedman, *Out of the East: Spices and the Medieval Imagination*, Yale University Press, 2008, p. 137.

(12) *The Travels of Peter Mundy in Europe and Asia, 1608-1667*, Vol. II, The Hakluyt Society, 1919 (reprinted in 1967 by Kraus Reprint Limited) p. 344.

(13) Heidi Brayman Hackel and Peter C. Mancall, "Richard Hakluyt the Younger's Notes for the East India Company in 1601: A Transcription of Huntington Library Manuscript EL 2360," *The Huntington Library Quarterly,* Vol. 67, No. 3, 2004, pp. 423-436, 2004 を参照。

(14) Russell Shorto, *The Island at the Center of the World: The Epic History of Dutch Manhattan and the Forgotten Colony that shaped America,* New York: Doubleday, 2004, p. 20 で引用されている Richard Hakluyt の言葉。

(15) Aubrey Joseph Rees, *The Grocery Trade: Its History and Romance,* Duckworth and Company, Ltd, 1910, p. 94 で語られている逸話。

(16) Waverley Root, *Food: An Authoritative and Visual History and Dictionary of the Foods of the World,* Simon and Schuster, 1980, p. 338 で言及されている。

(17) J. S. Stavorinus, *Voyages to the East Indies,* translated by S. H. Wilcocke, 1798 (reprinted by Dawsons of Pall Mall, London, 1969) Vol. I, p. 334 で引用されている数字。

(18) 引用は *The British in West Sumatra (1685-1825): A selection of documents, mainly from the East India Company records preserved in the India Office Library, Commonwealth Relations Office, London,* with an introduction and notes by John Bastin, Kuala Lumpur, University of Malaya Press, 1965, p. xi から。

(19) *Spices in the India Ocean World,* edited by M. N. Pearson, Ashgate Variorum, 1996, p. xxvi で引用されている数字。

(20) 歴史家 Yung- Ho Ts'ao は論文 "Pepper Trade in East Asia" (T'oung Pao [Netherlands], 1982) 68 (4-5), pp. 221-247 で、貢物として胡椒を納めた使節団を列挙し、続く数世紀間の中国における胡椒交易について説明している。

(21) Marco Polo, *The Travels,* translated and with an introduction by Ronald Latham, Penguin Books, 1958, p. 237.

(22) Ibid., pp. 216-217.

(23) Ma Huan, *The Overall Survey of the Ocean's Shores,* published for the Hakluyt Society by Cambridge University Press, 1970, p. 143.

(24) Jacque Gernet, *A History of Chinese Civilization,* Cambridge University Press, 1982, p. 399 から。

(25) M. A. P. Meilink-Roelofsz の傑作 *Asian Trade and European Influence in the Indonesian Archipelago Between 1500 and About 1630,* The Hague, Martinus Nijhoff, 1962, p. 62 で引用されている。

(26) Charles Lockyer, "*An Account of the Trade in India*: containing rules for good government in trade, . . . with descriptions of Fort St. George, . . . Calicut, . . . To which is added, an account of the management of the Dutch and their affairs in India," London 1711, chapter III, pp. 74. 75.

第三章　スパイスと魂

(1) Luis Vaz De Camoes, *The Lusiads,* translated by Landeg White, Oxford University Press, 1997, p. 3.

(2)Francois Pyrard, *The Voyage of,* translated by Albert Gray, The Hakluyt Society, 1887 (reprinted in the U.S.A. by Burt Franklin, 1964) p. 366.

(3) Ibid., p. 5.

(4) Carney T. Fisher, "Portuguese as Seen by the Historians of the Qing Court," in *Vasco da Gama and the Linking of Europe and Asia,* A. R. Disney and E. Booth, editors, Oxford

University Press, 2000, p. 308 で引用されている言葉。

(5) Felipe Fernandez-Armesto, "The Indian Ocean in World History," *Vasco da Gama and the Linking of Europe and Asia*, p. 13 を参照。

(6) Sanjay Subrahmanyam, *The Career and Legend of Vasco da Gama*, Cambridge University Press, 1997, p. 144 を参照。

(7) C. R. Boxer, *The Tragic History of the Sea*, University of Minnesota Press, 2001, pp. 24-25 を参照。

(8) Kenneth R. Andrews, *Trade, Plunder and Settlement: Maritime Enterprise and the genesis of the British Empire, 1480-1630*, Cambridge University Press, 1984.

(9) *The Voyages of James Lancaster to the East Indies*, edited by Clements R. Markham, The Hakluyt Society, 1877, p. 19.

(10) Dauril Alden, *The Making of an Enterprise: The Society of Jesus in Portugal, Its Empire and Beyond, 1540-1750*, Stanford University Press, 1996, p. 529 を参照。

(11) 中国が海運大国であった時代についての優れた研究書に Louise Levathes, *When China Ruled the Seas*, Oxford University Press, 1994 がある。

(12) C. R. Boxer, *The Tragic History of the Se*a, University of Minnesota Press, 2001, p. 8 を参照。

(13) Charles Lockyer, "An account of the trade in India: containing rules for good government in trade, . . . with descriptions of Fort St. George, . . . Calicut, . . . To which is added, an account of the management of the Dutch and their affairs in India," London 1711, chapter III, p. 75.

(14) William Dampier, *A New Voyage Around the World*, Vol. II, 1685, p. 160. Rare Books and Manuscript Division of the New York Public Library.

(15) Ibid, p. 160.

(16) Boxer, *The Tragic History of the Sea*, p. 10 を参照。

(17) Niels Steensgaard, "The Return Cargoes of the Carreira in the 16th and 17th Century," in *Spices in the Indian Ocean World*, edited by M. N. Pearson, Ashgate Publishing Co., 1996 で引用されている数字。

(18) M. N. Pearson, "The People and Politics of Portuguese India During the Sixteenth and Seventeenth Centuries," in *The Organization of Interoceanic Trade in European Expansion, 1450. 1800*, edited by Pieter Emmer and Femme Gaastra, Ashgate Publishing, 1996, p. 31.

(19) Charles Lockyer, "An account of the trade in India: containing rules for good government in trade, . . . with descriptions of Fort St. George, . . . Calicut, . . . To which is added, an account of the management of the Dutch and their affairs in India," London 1711, chapter III, p. 67.

(20) Jonathan Cave, *Naning in Melaka*, Malaysia Branch of the Royal Asiatic Society, 1989, p. 6 で引用されている。

(21) John Bastin and Robin W. Winks, *Malaysia Selected Historical Readings*, Oxford University Press, 1966, p. 36 で引用されている言葉。

(22) Tomé Pires, *The Suma Oriental of Tomé Pires*, Laurier Books Ltd., 1990, p. 34.

(23) *The Hikayat Abdullah*, Abdullah Bin Abdul Kadir, annotated translation by A. H. Hill, Oxford University Press, 1970, p. 63.

(24) Luis Vaz De Camoes *The Lusiads*, translated by Landeg White, Oxford University Press, 1997, p. 223.

(25) Robin A. Donkin, *Between East and West: The Moluccas and the Traffic in Spice Up to the Arrival of Europeans*, American Philosophical Society, Philadelphia, 2003, p. 112.

(26) A. J. R. Russell-Wood, *The Portuguese Empire, 1415-1808: A World on the Move*, Johns Hopkins University Press, 1998 を参照。

(27) *China in the Sixteenth Century: The Journals of Matteo Ricci, 1583-1510,* translated by Louis J. Gallagher, Random House, 1953, p. 129.
(28) C. R. Boxer, *Women in Iberian Expansion Overseas, 1415-1815,* Oxford University Press, 1975, p. 67 を参照。
(29) Great Britain. Public Record Office Calendar of State Papers, 1618-1621, London: Longman, Brown, Green.
(30) *The Travels of Peter Mundy,* Vol. III, Part I, The Hakluyt Society, 1919; reprinted in 1967 by Kraus Reprint Limited, p. 141.
(31) J. S. Stavorinus, *Voyages to the East Indies,* translated by S. H. Wilcocke, 1798, and reprinted by Dawsons of Pall Mall, London, 1969, Vol. I, p. 195-197.
(32) C. R. Boxer, *Women in Iberian Expansion Overseas, 1415-1815,* Oxford University Press, New York, 1975, p. 80 を参照。
(33) John D. Young, *East-West Synthesis: Matteo Ricci and Confucianism,* University of Hong Kong, 1980, p.16 で引用されているリッチの日記から。
(34) ルイ14世の聴罪師De La Chaize神父に宛てたイエズス会士ド・プレマール神父の手紙（広東発、1699年2月17日付）の一部から引用。Jesuits. Edifying and curious letters of some missioners, 1707, p. 107. Rare Book Division, The New York Public Library. Manuscripts and Archives Division. Astor, Lenox, and Tiden Foundations.
(35) De La Chaize神父に宛てたPelisson神父の手紙（1700年12月9日付）。Jesuit Letters from the missions. Travels of the Jesuits. 1743, p 19. The New York Public Library. Manuscripts and Archives Division. Astor, Lenox, and Tilden Foundations.

第四章　黄金の象

(1) ルイ14世の聴罪司祭であるイエズス会士De La Chaize神父に宛てたイエズス会士ド・プレマール神父の手紙（広東発、1699年2月17日付）から抜粋。Jesuits. Edifying and curious letters of some missioners, 1707, p. 96. The New York Public Library. Manuscripts and Archives Division. Astor, Lenox, and Tilden Foundations.
(2) ド・プレマール神父の手紙、p. 98.
(3) *The Voyages of James Lancaster to the East Indies,* edited by Clements R. Markham, The Hakluyt Society, 1877, p. 82.
(4) *The Voyages and Works of John Davis,* The Hakluyt Society, 1877, p. 146.
(5) Ibid., p. 146.
(6) Ibid., p. 147.
(7) Ibid., p. 147.
(8) Ibid., p. 147.
(9) Houtemanの悪名高い第1次遠征はGiles Mortonの魅力的な作品*Nathaniel's Nutmeg,* Penguin, 1999, paperback edition, pp. 58-65で描かれている。
(10) *The Voyages and Works of John Davis,* The Hakluyt Society, 1877, p. 140.
(11) Ibid., p. 143.
(12) William Dampier. A collection of voyages: in four volumes: containing Captain William Dampier's *Voyages Around the World . . .* London, 1729, p. 129 (Sabin Americana. Gale, Gengate Learning. New York University. Gale document number CY3803300281).
(13) Ibid., p. 129.
(14) *The Voyages and Works of John Davis,* The Hakluyt Society, 1877, p. 146.

(15) これらの推計は Anthony Reid の論文 “Humans and Forests in Pre-colonial Southeast Asia” in *Nature and the Orient: The Environmental History of South and Southeast Asia*, edited by Richard H. Grove, Vinita Damodaran, Satpal Sangwan, Oxford University Press, 1998, p. 116 から。

(16) Jan Huyghen van Linschoten, *Itinerario* から。Julie Berger Hochstrasser, *Still Life and Trade in the Dutch Golden Age*, Yale University Press, 2007, p. 102 で引用されている。

(17) *The Voyages of Sir James Lancaster*, Hakluyt Society, 1940, p.78。この部分は 1625 年に発行された *Purchas His Pilgrimes* の記事に基づく。Richard Hakluyt は大航海時代の航海日誌や記録をはじめ、歴史的、地理的な資料を発表したが、1616 年に死去した後に未発表の資料はすべて Samuel Purchas 師の手に渡った。Purchas はおそらく、東インド会社初代総督を務めた Sir Thomas Smythe からこれらの資料を渡されたのであろう。膨大な資料を Purchas は大幅に要約したばかりでなく、不運なことに資料の取り扱いに無頓着であったとされている。とはいえ、Purchas は膨大な資料を発行した。その 1905 年のリプリント版は 20 巻に及ぶ。ランカスターの日記の原本は紛失してしまった。*Purchas His Pilgrimes* にある匿名の記事はおそらくドラゴン号に乗っていた商人の筆によるものだろう。

(18) Ibid., p. 79.

(19) Ibid., p. 94.

(20) Ibid., p. 91.

(21) Ibid., p. 93.

(22) Ibid., p. 93.

(23) Ibid., p. 109.

(24) Ibid., p. 113.

(25) K.N. Chaudhuri, *The English East India Company: The study of an Early Joint- Stock Company, 1600-1640*, (reprinted by Routledge/Thoemmes, 1999) p. 155 で引用されている。

(26) Filipe Castro, “The Pepper Wreck, and early 17th-century Portuguese Indiaman at the mouth of the Tagus River, Portugal,” *The International Journal of Nautical Archaeology*, 2003, 32.1:6. 23 を参照。

(27) アチェの黄金時代を包括的に描くもっとも優れた文献として Anthony Reid, *An Indonesian Frontier: Acehnese and Other Histories of Sumatra*, Singapore University Press, 2005, pp. 94-136 を挙げたい。また、同氏の代表作 *Southeast Asia in the Age of Commerce*, Volume One, *The Lands Below the Winds*, Yale University Press, 1988 および東南アジアの自由港を概説する Volume Two, *Expansion and Crisis*, Yale University Press, 1993 も優れた文献である。

(28) Anthony Reid, *Southeast Asia in the Age of Commerce*, Volume One, p. 98.「バハル」はアジア各地で、とくに東南アジアでは地域によって重さが違った。ジャワ島のバンテンでは 1 バハルは 369 ポンド、スマトラ島西部ベンクーレンでは 560 ポンドに相当した。Furber, *Rival Empires of Trade* によるとアチェでは 1 バハルはおよそ 412 ポンドであった。これによると 100 バハルは 4 万 1200 ポンドに相当することになる。1 バハルは 395 ポンドであったとする資料もある。

(29) C. R. Boxer, “The Acehnese Attack on Malacca in 1629, as described in contemporary Portuguese sources” in *Malayan and Indonesia Studies*, edited by John Bastin and R. Roolvink, Clarendon, 1964, pp. 105-121.

(30) Ibid., p. 119. マラッカのポルトガル人司令官 Antonio Pinto da Fonseca からインド総督に宛てた書簡から抜粋。

(31) *The Travels of Peter Mundy*, Vol. III, Part II, The Hakluyt Society, 1919 (reprinted in 1967 by Karaus Reprint Limited) p. 330.

(32) Ibid., p. 331.
(33) T*he Travels of Peter Mundy,* Vol. III, Part I, The Hakluyt Society, 1919 (reprinted in 1967) pp. 121-123.
(34) Ibid., p. 127.
(35) *The East India Company Journals of Captain William Keeling and Master Thomas Bonner, 1615-1617,* edited by Michael Strachan and Boies Penrose, University of Minnesota Press, 1972, p. 136.
(36) *The Voyage of Thomas Best,* edited by Sir William Foster, The Hakluyt Society, 1934, p. 52.
(37) Ibid., p. 52.
(38) Ibid., p. 52.
(39) Anthony Reid, *Southeast Asia in the Age of Commerce,* Volume One, p. 50 で引用されている William Dampier の言葉。
(40) "The Standish-Croft Journal" in *The Voyage of Thomas Best,* edited by Sir William Foster, The Hakluyt Society, 1934, p. 158.
(41) *The East India Company Journals of Captain William Keeling and Master Thomas Bonner,* 1615-1617, edited by Michael Strachan and Boies Penrose, University of Minnesota Press, 1971, p. 137.
(42) Ibid., p. 138.
(43) Ibid., p. 138.
(44) Barbara Watson Andaya, *To Live as Brothers: Southeast Sumatra in the Seventeenth and Eighteenth Centuries,* University of Hawaii Press, 1993, p. 49 で引用されている数字。

第五章　イギリスの進出

(1) William Marsden, *The History of Sumatra,* Oxford University Press, 1966, p. 129.
(2) Lady Raffles, *Memoir of the Life and Public Services of Sir Thomas Stamford Raffles,* London: F.R.S. & c., 1830, p. 293.
(3) K. N. Chaudhuri and Jonathan I. Israel, "The English and Dutch East India Companies and the Glorious Revolution of 1688. 9," in *The Anglo-Dutch Moment: Essays on the Glorious Revolution and its World Impact,* edited by Jonathan I. Israel, Cambridge University Press, 1991, p. 416 で引用されている。
(4) インドにおける胡椒貿易の独占をねらったオランダ東インド会社の試みについては、数多くの歴史家による著作がある。たとえば John Bastin, "The Changing Balance of the Southeast Asian Pepper Trade," in *Essays on Indonesian and Malayan History*; George D. Winius and Marcus P. M. Vink, *The Merchant-Warrior Pacified*; Holden Furber, *Rival Empires of Trade in the Orient 1600-1800* など。
(5) George D. Winius and Marcus P. M. Vink, *The Merchant-Warrior Pacified,* Oxford University Press, 1991, p. 68 を参照。
(6) *The Anglo-Dutch Moment,* edited by Jonathan I. Israel, Cambridge University Press, 1991, pp. 414-415 に載っている K. N. Chaudhuri and Jonathan I. Israel による図表 "The English and Dutch East India Companies and the Glorious Revolution of 1688-9" から。
(7) "A True Account of the Burning and sad condition of Bantam in the East-Indies," a letter published in March 1681 by the English East India Company, p. 2 から抜粋。
(8) J. S. Stavorinus, *Voyages to the East Indies,* translated by S. H. Wilcocke, 1798 (reprinted by Dawsons of Pall Mall, London, 1969) Vol. 1, p. 62.

(9) Anthony Farrington's essay "Bengkulu: An Anglo-Chinese partnership" in *The Worlds of the East India Company*, edited by H. V. Bowen, Margarette Lincoln, and Nigel Rigby, Boydell Press, 2002, pp. 111-117 を参考にした。

(10) Elihu Yale は黒胡椒の商人で、プリアマンでの要塞建設をめぐり結果的には不首尾に終わった交渉を率いた。のちにイェール大学設立に際して、私貿易で築いた莫大な財産を寄付したことで知られている。James W. Gould, "America's Pepperpot 1784-1873," Essex Institute Historical Collections, XCII, 1956, pp 83-89 を参照。

(11) John Bastin, *The British in West Sumatra (1685-1825)*, University of Malaya Press, 1965, p. viii. 著者の John Bastin は東南アジアにおけるイギリスの研究の第一人者に数えられる歴史家であり、東インド会社の膨大な記録からベンクーレン居住地に関する広範な文書を発表してきた。その著作は、スマトラで東インド会社がたどった過酷な運命に興味をもつ者にとってはかけがえのない資料である。

(12) William Marsden, *The History of Sumatra*, p. 452.

(13) John Bastin, *The British in West Sumatra (1685-1825)*, p. 12.

(14) Ibid., p. 13.

(15) Ibid., p. 15.

(16) Ibid., p. 16.

(17) A. G. Harfi eld, *Bencoolen: A History of the Honourable East India Company's Garrison on the West Coast*, Bartonon-Sea: A&J Partnership, 1995, pp. 69-70 を参照。

(18) Bastin, *The British in West Sumatra*, p. xxii で引用されている。

(19) Ibid., 43.

(20) Ibid., p. 44.

(21) Barbara Andaya Watson, "Women and Economic Change: The Pepper Trade in Pre-Modern Southeast Asia," *Journal of the Economic and Social History of the Orient*, Brill, 1995 を参照。これは、スマトラ島の農村女性の伝統的な役割に胡椒貿易がどのような影響を与えたかを描き出す興味深い記事である。

(22) John Bastin, *The Native Policies of Sir Stamford Raffles in Java and Sumatra*, Clarendon Press, 1957, p. 75 を参照。

(23) Bastin, *British in West Sumatra*, p. 62 を参照。

(24) Ibid., p. 69.

(25) Ibid., p. 64.

(26) Marsden, p. 131.

(27) Marsden, p. 130.

(28) Farrington,"Bengkulu: An Anglo-Chinese Partnership" を参照。ベンクーレンをバタヴィアに取って代わる定住地にしようとしたイギリス東インド会社の試みについて簡潔に論じている。

(29) Bastin, *British in West Sumatra*, p 67.

(30) Pierre Poivre は 18 世紀半ば、啓蒙時代に活躍したフランスの植物学者の一人で、森林保全などを提唱した。Poivre が一時期を仕事で過ごしたモーリシャスは、初期の保全運動の拠点となった。Richard Grove's *Green Imperialism: Colonial Expansion, Tropical Island Edens, and the Origins of Environmentalism, 1600-1860*, Cambridge University Press, 1995 を参照。

(31) John Bastin, *British in West Sumatra*, p. 155 で引用されているラッフルズの言葉。

(32) Ibid., p. 155.

(33) Ibid., p. xxx. スマトラでの胡椒農園システム を変えようとしたラッフルズの努力については Bastin, *The Native Policies of Sir Stamford Raffles in Java and Sumatra* を参照。

(34) Charles Lockyer, "An Account of the Trade in India: containing rules for good government in trade, . . . with descriptions of Fort St. George, . . . Calicut, . . . To which is added, an account of the management of the Dutch and their affairs in India." London 1711. Eighteenth Century Collections Online (ECCO), Gale, New York University, Gale Document Number CW106401529.
(35) Emily Hahn, *Raffles of Singapore*, Doubleday, 1946, p. 13.
(36) *The Hikayat Abdullah*, Abdullah Bin Abdul Kadir, annotated translation by A. H. Hill, Oxford University Press, 1970, p. 75.
(37) Abdullah Bin Abdu Kadir, *The Hikayat Abdullah*, p. 76.
(38) *The Asiatic Journal*, London, [Monday], February 01, 1819; p. 215, Issue 38, Empire, 19th Century UK Periodicals, Gale, Cengage Learning, Gale Document Number CC1903193162.
(39)Bastin, *Essays in Indonesian and Malayan History*, Singapore, 1961, p. 164で引用されている。
(40) Lady Raffles, *Memoir of the Life and Public Services of Sir Thomas Stamford Raffles*, London: F.R.S. & c., 1830, p. 318.
(41) Ibid., p. 317.
(42) Ibid., p. 316.
(43) Jamili Nais, *Rafflsia of the World*, (Kota Kinbalu: Sabah, Malaysia; in association with Natural History Publications: Borneo), 2001 を参照。世界最大の花の美しい写真と詳しい情報が得られる。
(44) Lady Raffles, *Memoir of the Life and Public Services of Sir Thomas Stamford Raffles*, p. 317.
(45) Ibid., 388.
(46) Ibid., p. 306.
(47) Ibid., p. 75（ミントー伯爵に宛てたラッフルズの 1811 年の手紙）。
(48) Ibid., p 375.
(49) *The Hikayat Abdullah*, Abdullah Bin Abdul Kadir, annotated translation by A. H. Hill, Oxford University Press, 1970, p. 195.
(50) Bastin, *The British in West Sumatra*, p. 190.
(51) "Spice Planters," *The Asiatic Journal*, London, English, Thursday, July 01, 1824; p. 92, Issue 103, Empire, from 19th Century UK Periodicals, Gale, Cengage Learning, Gale Document Number CC1903144628.
(52) Ibid.
(53) A. G. Harfield, p. 499.
(54)Anthony Reid, *Heaven's Will and Man's Fault*, Flinders University of South Australia, 1975, p. 13.
(55) Ibid., p. 16, 叙事詩 *Hikayat Perang Sabil* の一部。James Siegel による英訳 "The Rope of God" から。

第六章　オランダの脅威

(1) C. R. Boxer's *The Dutch Seaborne Empire 1600-1800*, Hutchinson & Co., 1965, p. 96 で引用されているクーンの言葉。
(2) William Dampier, *A New Voyage Around the World*, 1698, Volume I, p. 317, New York Public Library, Rare Books and Manuscript Division.
(3) C. H. H. Wake, "The Changing Patterns of Europe's Pepper and Spice Imports, ca. 1400. 1700," *Journal of Europe an Economic History*, Vol. 8, 1979, p. 390 を参照。

(4) 歴史家 Vincent C. Loth による 1619 年の条約の研究。"Armed Incidents and Unpaid Bills: Anglo-Dutch Rivalry in the Banda Islands in the Seventeenth Century," *Modern Asian Studies*, Vol. 29, No. 4, Oct., 1995, pp. 705-740. URL: http://www.jstor.org/stable/312802

(5) ひどく評判の悪いこのクーンの言葉は Femme S. Gaastra's *The Dutch East India Company*, Walberg Press, 2003, p. 40 ほか、多くの二次資料で引用されている。

(6) Ibid, p. 43.

(7) Holden Furber, *Rival Empires of Trade in the Orient, 1600-1800*, University of Minnesota Press, 1976, p. 48 で引用されている言葉。

(8) Vincent Loth, "Armed Incidents and Unpaid Bills," p. 711.

(9) *The Voyage of Sir Henry Middleton to Bantam and the Maluco Islands*, edited by Bolton Corney, The Hakluyt Society, 1855, p. vi. で Captain Fitzherbert という名の男の言葉として引用されている。

(10) "A True Relation of the Unjust, Cruell, and Barbarous Proceedings Against the English at Amboyna in the East-Indies by the Neatherlandish Governour and Councel there," London, 1624, Early English Books Online (EEBO) ProQuest LLC から引用。アンボン虐殺事件についてのこの小冊子は広く読まれ、イギリス人の怒りに火を注いだ。URL: http://eebo.chadwyck.com

(11) D. K. Bassett, "The 'Amboyna Massacre' of 1623," *Journal of Southeast Asian History*, Vol. 1, No. 2, Sept., 1960, Cambridge University Press. URL: http: //www.jstor.org/stable/20067299
虐殺の背後にあった理由はいまなおはっきりしていない。この興味深い論文によれば、イギリス東インド会社は 1623 年に先立つ数年間からモルッカ諸島における事業について楽観的な見通しを立てられずにいて、ついに撤退を決めたが、それはイギリス人がオランダ人に斬首されるわずかひと月前であった。17 〜 18 世紀におけるヨーロッパ諸国の東南アジア貿易の研究では第一級の歴史学者 David Kenneth Bassett は、オランダ総督 Van Speult は「思いやりのある理性的な人」であったから、そのかれがイギリス人はアンボン駐屯地を襲う陰謀を企てていると見なしたからには、いかにそれが信じがたいことであっても、それなりの理由があったと主張する。

(12) Furber, *Rival Empires of Trade in the Orient*, p. 49.

(13) 歴史家 Markus Vink の考察によれば、オランダ人やほかのヨーロッパ人がアジアであてにしたのは、大西洋奴隷貿易とは別の、既存の安定した奴隷制度であった。1660 年代まで、オランダ人は主にインドから、その後、とくにスラウェシ南部のマカッサルの陥落後は、主として東南アジアから奴隷を連れてきた。1653 〜 82 年の間に、バリ島やスラウェシ南部から数千人が奴隷としてバタヴィアに運ばれた。Markus Vink, "'The World's Oldest Trade'. Dutch Slavery and Slave Trade in the India Ocean in the Seventeenth Century," *Journal of World History*, Vol. 14, No. 2, pp. 131. 77, University of Hawaii Press. URL: http://www.jstor.org/stable/20079204 を参照。

(14) William Dampier, *A New Voyage Around the World*, 1698, Vol. 1, p. 317, New York Public Library, Rare Books and Manuscripts Division.

(15) Leonard Y. Andaya, *The Heritage of Arung Palakka: A history of South Sulawesi (Celebes) in the Seventeenth Century*, The Hague: Martinus Nijhoff, 1981, p. 46 を参照。 また、Anthony Reid, "Pluralism and progress in seventeenth-century Makassar," pp. 55. 73, in *Authority and Enterprise Among the Peoples of South Sulawesi*, edited by Roger Tol, Kees van Dijk, and Greg Acciaioli, Leiden: KITLV Press, 2000 を参照。

(16) Coen の威嚇的な言葉は C. R. Boxer's *The Dutch Seaborne Empire 1600-1800*, p. 189 などの二次資料で広く紹介されている。

(17) *The Voyage of Francois Leguat of Bresse to Rodriguez, Mauritius, Java, and the Cape of Good Hope*, edited and annotated by Captain Pasfield Oliver, The Hakluyt Society, 1891, p. 226.

(18) *Voyages to the East Indies*, by J. S. Stavorinus, translated by S. H. Wilcocke, 1798 (reprinted by Dawsons of Pall Mall, London, 1969) Vol. I, p. 211.

(19) バタヴィアにおける中国人の影響や1740年の虐殺事件につながった出来事について、歴史家Leonard Blusséは以下を含む多くの著作を著している。"Batavia, 1619-1740: The Rise and Fall of a Chinese Colonial Town," *Journal of Southeast Asian Studies*, Vol. 12, No. 1, "Batavia, 1619-1740: The Rise and Fall of a Chinese Colonial Town," March, 1981, pp. 159-178, Cambridge University Press. URL: http://www.jstor.org./stable/20070419 および *Strange Company: Chinese Settlers, Mestizo Women and the Dutch in VOC Batavia*, Foris Publications, 1986.

(20) 歴史家M. A. P. Meilink-Roelofszの名著 *Asian Trade and Europe an Influence in the Indonesian Archipelago Between 1500 and About 1630*, The Hague: Martinus Nijhoff , 1962は、大航海時代におけるヨーロッパの対アジア貿易の研究ではもっとも影響力の大きな著作の一つであろう。バンタムをはじめ、東スマトラの胡椒貿易にオランダ人がいかに介入したかについてはpp. 253-261を参照。

(21) Leonard Blusse, *Strange Company*, p. 126で引用されている数字。

(22) Leonard Blusse, "No Boats to China. The Dutch East India Company and the Changing Pattern of the China Sea Trade, 1635-1690," *Modern Asian Studies*, Vol.30, No. 1, Feb. 1996, pp. 51-76, Cambridge University Press. URL: http://www.jstor.org/stable/312901

(23) Kerry Ward, *Networks of Empire: Forced Migration in the Dutch East India Company*, Cambridge University Press, 2009, p. 99を参照。

(24) Jeremiah N. Reynolds, *Voyage of the United State Frigate* Potomac . . . *in 1831, 1832, 1833, and 1834*, Harper & Brothers, 1835, p. 299.

(25) J. S. Stavorinus, *Voyages to the East Indies*, translated by S. H. Wilcocke, 1798 (reprinted by Dawsons of Pall Mall, London, 1969) Vol. III, p. 398-399.

(26) J. R. Bruijn and Femme S. Gaastra, *Ships, Sailors and Spices: East India Companies and their Shipping in the Sixteenth, Seventeenth, and Eighteenth Centuries*, Amsterdam: NEHA, 1993から引用。

(27) *The English East India Company*, Routledge, p. 148のK. N. Chaudhuriによる図表から。

(28) Om Prakash, "The Portuguese and the Dutch in Asian Maritime Trade: a comparative analysis" in *Merchants, Companies and Trade: Europe and Asia in the Early Modern Era*, edited by Sushil Chaudhury and Michel Morineau, Cambridge University Press, 1999, p 182で引用されている。

(29) ヘンドリック・グラウエルの有名な言葉はGeorge D. Winius and Marcus P. M. Vink's *The Merchant-Warrior Pacified*, Oxford University Press, 1991, p. 12をはじめ、ほかの二次資料で紹介されている。

(30) オランダの歴史家Femme S. Gaastra は著書 *The Dutch East India Company*, Walberg Press, 2003, p. 121で1619年に書かれたクーンの書簡の全文を紹介している。この書簡は、オランダのアジア貿易に関するさまざまな二次資料でも部分的に紹介されている。

(31) Anthony Reid, "Economic and Social Change, c. 1400-1800," in *The Cambridge History of Southeast Asia*, Volume One, edited by Nicholas Tarling, Cambridge University Press, 1992, p. 471.

(32) Om Prakash, "The Portuguese and the Dutch in Asian Maritime Trade: a comparative analysis" in *Merchants,Companies and Trade: Europe and Asia in the Early Modern Era*, edited

by Sushil Chaudhury and Michel Morineau, Cambridge University Press, pp. 186-188.

(33) Anthony Reid, *Southeast Asia in the Age of Commerce,* Volume Two, *Expansion and Crisis,* Yale University Press, 1993, p. 300 で引用されている言葉。

(34) Charles Lockyer, "An account of the trade in India: containing rules for good government in trade, . . . with descriptions of Fort St. George, . . . Calicut, . . . To which is added, an account of the management of the Dutch and their affairs in India." London 1711. Eighteenth Century Collections Online (ECCO), Gale, New York University.

(35) Constable Pierrepont papers. Manuscripts and Archives Division. The New York Public Library. Astor, Lenox, and Tilden Foundations.

(36) Constable Pierrepont papers. Manuscripts and Archives Division. The New York Public Library. Astor, Lenox, and Tilden Foundations.

(37) Lady Raffles, *Memoir of the Life and Public Services of Sir Thomas Stamford Raffles,* London: F.R.S. & c., 1830, p. 319.

(38) Holden Furber, *Rival Empires of Trade in the Orient*, 1600-1800, p. 244 で引用されている数字。

(39) J. S. Stavorinus, *Voyages to the East Indies,* translated by S. H. Wilcocke, 1798 (reprinted by Dawsons of Pall Mall, London, 1969) Vol. I, p. 364.

(40) 歴史家 Om Prakash はベンガルの商館で行われていた詐欺のさまざまな手口について書いている。ここで紹介した事例については *The Dutch East India Company and the Economy of Bengal,* Princeton University Press, 1985, p. 85 を参照。

(41) Julia Adams, "Principals and Agents, Colonialists and Company Men: The Decay of Colonial Control in the Dutch East Indies," *American Sociological Review,* 1996, Vol. 61 (February, 12-28), p. 25 を参照。

(42) William Dampier, *A New Voyage Around the World,* Vol. 1, p. 317.

(43) Om Prakash, *The Dutch East India Company and the Economy of Bengal*, p. 155.

(44) C. R. Boxer, *The Dutch Seaborne Empire 1600-1800,* Hutchinson & Co., 1965, p. 205 を参照。

(45) K. N. Chaudhuri, "The English East India Company in the 17th and 18th Century," in *The Organization of Interoceanic Trade in European Expansion, 1450-1800,* edited by Pieter Emmer and Femme Gaastra, Variorum, Ashgate Publishing Limited, 1996, p. 188 で引用されているアダム・スミスの言葉。

(46) 北ヨーロッパの商事会社で働いていた人たちが置かれた状況について、さらに詳しくは Furber, *Rival Empires of Trade in the Orient,* pp. 303-304 を参照。

(47) K. N. Chaudhuri, *The English East India Company,* Routledge, 1999, p. 87 で引用されている。

(48) *The Travels of Peter Mundy,* Vol. III, Part II, The Hakluyt Society, 1919 (reprinted in 1967 by Karaus Reprint Limited) p. 337.

(49) Holden Furber, *Rival Empires of Trade in the Orient, 1600-1800,* p. 277.

(50) J. S. Stavorinus, *Voyages to the East Indies,* translated by S. H. Wilcocke, 1798 (reprinted by Dawsons of Pall Mall, London, 1969) Vol. I, pp. 367-368.

第七章　アメリカの胡椒王

(1) James W. Gould, "America's Pepperpot: 1784-1873," Essex Institute Historical Collections, Vol. XCII, April 1956, p. 120.

(2) George G. Putman's *Salem Vessels and their Voyages: A History of the Pepper Trade with the Island of Sumatra*, Salem, Mass.: The Essex Institute, 1924, p. 12

(3) Lady Raffles, *Memoir of the Life and Public Services of Sir Thomas Stamford Raffles*, London: F.R.S. & c., 1830, p. 74.

(4) アメリカの胡椒貿易に関するもっとも優れた資料は以下のとおり。James W. Gould の三部作 "America's Pepperpot: 1784-1873," Essex Institute Historical Collections, XCII, 1956, pp. 83-153, 203-251, 295-348; George G. Putman, *Salem Vessels and Their Voyages: A History of the Pepper Trade with the Island of Sumatra*, Salem, Mass., 1924; James Duncan Phillips, *Salem and the Indies: The Story of the Great Commercial Era of the City*, Houghton Mifflin, 1947. より新しい資料は Charles Corn, *The Scents of Eden: A History of the Spice Trade*, Kodansha International, 1999 を参照。

(5) Gould, Essex Institute Historical Collections, XCII, p. 332.

(6) Gould, Essex Institute Historical Collections, XCII, p. 110.

(7) これらの比較は URL: http://www.measuringworth.org/datasets/usgdp/index.php. で得たデータに基づく概算である。21 世紀の貨幣価値への換算は 1800 年と 2009 年の一人当たり国内総生産名目値に基づいて行った。換算値はおよそ 511 倍となった。それゆえ、3 万 7000 ドルの 511 倍で約 1900 万ドルとなる。胡椒貿易から上がる税がアメリカの経済成長に役立ったのも不思議ではない。

(8) The logbook of the *Putnam*, Nov. 1802. Dec. 25, 1803, Phillips Library, Peabody Essex Museum, Salem, Mass. の許可を得て転載。

(9) The logbook of the *William and Henry*, Phillips Library, Peabody Essex Museum の許可を得て転載。

(10) Ibid.

(11) The logbook of the *Grand Turk*, Phillips Library, Peabody Essex Museum の許可を得て転載。

(12) Logbook of the *Eliza*, Phillips Library, Peabody Essex Museum の許可を得て転載。

(13) Logbook of the *Sooloo*, Phillips Library, Peabody Essex Museum の許可を得て転載。

(14) Ibid.

(15) ゴーハム・P・ロウの航海の物語は *The Sea Made Men: The Story of a Gloucester Lad*, edited by Elizabeth L. Alling, Fleming H. Revell Company, 1937, p. 196 から。

(16) Fitch W. Taylor, *A Voyage Round the World . . . in the United States Frigate Columbia. . . .* New Haven and New York, 1846, p. 302.

(17) The Logbook of the *Putnam*, from Nov. 1802 to Dec. 1803, kept by Master Nathaniel Bowditch. Phillips Library, Peabody Essex Museum の許可を得て転載。スマトラ西部に関する Bowditch の記録は広く知られている。

(18) Gould, Essex Institute Historical Collections, XCII, p. 299.

(19) ニコルズは 80 歳のとき自伝を口述した。George G. Putman, *Salem Vessels and Their Voyages*, pp. 17-19 を参照。

(20) マラッカ海峡は昔から海賊活動が盛んである。2000 年、マラッカ海峡とシンガポール海峡で発生した武装襲撃事件は 75 件に及んだ。"Can U.S. Efforts Reduce Piracy in the Malacca and Singapore Straits," by Jeffrey L. Scudder, URL: http://www.dtic.mil/cgi-bin/GetTRDoc?AD=ADA463868 を参照。

(21) Constable Pierrepont papers. Manuscripts and Archives Division. The New York Public Library. Astor, Lenox, and Tilden Foundations.

(22) *The Asiatic Journal*, London, February 01, 1819, p. 217; Issue 38, Empire, from 19th Century UK Periodicals, Gale, Cengage Learning, Gale Document Number CC1903193170.

(23) アメリカ海軍快速帆船ポトマック号は、［ニュージャージー州］サンディー・フック出身の John Downes 艦長の指揮下、スマトラへ航行した。記録者のリーヴァイ・リンカン・ジュニ

アはマサチューセッツ州知事 Levi Lincoln の息子として 1810 年 8 月 22 日に生まれ、1845 年 9 月 1 日に死亡。一時、ウエストポイントの陸軍士官学校に入学したが退学。17 歳で海軍士官候補生となり、9 年後に退職した。クアラバトゥーで起きた乗っ取り事件について、マレー人に好意的な数少ない目撃証言を残した。Manuscripts and Archives Division. The New York Public Library. Astor, Lenox, and Tilden Foundations.

(24) Gould, Essex Institute Historical Collections, XCII, p. 231.

(25) George G. Putman, *Salem Vessels and Their Voyages,* pp. 71-89. 引用はチャールス・モーゼス・エンディコット船長が 1858 年 1 月 28 日にマサチューセッツ州セーラムのエセックス協会で行った講演から。

(26) Charles M. Endicott, "The Narrative of Piracy and Plunder of the Ship Friendship, of Salem, On the West Coast of Sumatra in February, 1831; and the massacre of part of her crew; also recapture out of the hands of the Malay Pirates," Historical Collections of the Essex Institute, 1859.

(27) Gould, Essex Institute Historical Collections, XCII, 1956, p. 233.

(28) ダウンズの職歴の概略については David F. Long, "Martial Thunder: The First Official American Armed Intervention in Asia," *The Pacific Historical Review*, Vol. 42. No. 2 (May, 1973), pp. 143-162, University of California Press, URL: http://www.jstor/org/stable/3638464 を参照。

(29) Ibid. p. 150.

(30) Jeremiah N. Reynolds, *Voyage of the United State Frigate Potomac . . . in 1831, 1832, 1833, and 1834,* New York, 1835, p. 98. Google books で入手可能。

(31) Manuscripts and Archives Division. The New York Public Library. Astor, Lenox, and Tilden Foundations.

(32) William Meacham Murrell, *Cruise of the U.S. Frigate Potomac Round the World, 1831-1834,* New York and Boston, 1835, p. 89.

(33) David F. Long, "Martial Thunder: The First Official American Armed Intervention in Asia," *The Pacific Historical Review*, Vol. 42. No. 2 (May, 1973), p. 152 を参照。

(34) Putnam's *Salem Vessels,* p. 92 で紹介されている詩。

(35) Manuscripts and Archives Division. The New York Public Library. Astor, Lenox, and Tilden Foundations.

(36) Ibid.

(37) Long, p. 157 を参照。

(38) Ibid. p. 158.

(39) Fitch W. Taylor, *A Voyage Round the World . . . in the United States Frigate Columbia . . . .* New Haven and New York, 1846, p. 296.

(40) Ibid., p. 295.

(41) スマトラ島の胡椒貿易の衰退については Gould, pp. 295-348 を参照。

第八章　無数のアザラシ

(1) *The Voyage of Sir Henry Middleton to the Moluccas, 1604-1606,* edited by Sir William Foster, The Hakluyt Society, 1943, p. 11.

(2) Errol Fuller's *Dodo: From Extinction to Icon,* HarperCollins, 2002, p. 59 からの引用。

(3) Mundy, *The Travels of Peter Mundy,* Vol II., p. 328.

(4) J. S. Stavorinus, *Voyages to the East Indies,* translated by S. H. Wilcocke, 1798, Vol. III, p.

191.
(5) Ibid, p. 191.
(6) Mundy, *The Travels of Peter Mundy,* Vol II., p. 328.
(7) *The Voyage of Sir Henry Middleton to the Moluccas, 1604-1606,* The Hakluyt Society, 1943, p. 10. 本章で紹介する Middleton の航海からの引用は "The Last East-Indian Voyage" と題する匿名の論文から。この論文は 1606 年、Walter Burre によって出版された。17 世紀前半、Hakluyt と Purchas の旅行記とは別に出版されたイギリス東インド会社の航海記録はこれだけしかない。Walter Burre は Middleton の娘婿だったかもしれない。
(8) Ibid., p. 10.
(9) Ibid., p. 11.
(10) J. S. Stavorinus, *Voyages to the East Indies,* translated by S. H. Wilcocke, 1798, Vol. I, p. 13.
(11) Ibid., Vol. I, p. 17.
(12) Ibid., Volume 1, pp. 17-23.
(13) J. S. Stavorinus, *Voyages to the East Indies,* translated by S. H. Wilcocke, 1798, Vol. I, pp. 132-133.
(14) Ibid., p. 133.
(15) Ibid., p. 134.
(16) Peter Mundy の引用は Fuller, p. 66 に見られる。
(17) Mundy, *The Travels of Peter Mundy*, Vol. III, Part II, The Hakluyt Society, 1919 (reprinted in 1967) p. 353.
(18) Alfred North-Coombes, *The Vindication of François Leguat,* Organisation Normale des Entreprises Limitée, Port Louis, Mauritius, p. 8.
(19) *The Voyage of Francois Leguat of Bresse to Rodriguez, Mauritius, Java, and the Cape of Good Hope,* edited and annotated by Captain Pasfield Oliver, The Hakluyt Society, 1891, p. lxxxvi.
(20) Ibid., p. 78.
(21) North-Coombes, pp. 60-61 を参照。
(22) Ibid., p. 71.
(23) Leguat, p. 71.
(24) Ibid.
(25) D. R. Stoddart, J. F. Peake, C. Gordon, and R. Burleigh, "Historical Records of Indian Ocean Giant Tortoise Populations," Philosophical Transactions of the Royal Society of London. Series, B, Biological Sciences, Vol. 286, No. 1011, *The Terrestrial Ecology of Aldabra,* Vol. 3, 1979, p. 155 を参照。
(26) Herman Melville, "The Encantadas," in *Billy Budd, Sailor and Other Stories,* Viking Penguin, 1986, pp. 75-79.

第九章　胡椒の薬効

(1) Krishnapura Srinivasan, "Black Pepper and its Pungent Principle. Piperine: A review of Diverse Physiological Effects," *Critical Reviews in Food Science and Nutrition,* Volume 47, Issue 8, November 2007, p. 735-748.
(2) 胡椒の生理学的効果をめぐっては数え切れないほどの科学論文が書かれており、すべてを紹介することはできないが、興味のある読者は以下の論文を参考にされたい。皮膚のメラニン生成細胞の拡散を促進する働き、つまり白斑の治療に胡椒を利用する可能性については Faas L., Venkatasamy R., Hilder R.C., Young A.R., Soumyanath A., "In vivo evaluation of

piperine and synthetic analogues as potential treatments for vitiligo using a sparsely pigmented mouse model," *British Journal of Dermatology* 2008, May; 158(5):941-50 を参照。関節炎によるこわばり、痛み、炎症を軽減する働きをもつ可能性については J. S. Bang, et al., "Anti-ammatory and anti- arthritic ects of piperine in human interleukin-1-beta-stimulated fibroblast-like synoviocytes and in rat arthritis models." *Arthritis Research and Therapy* 11 R49 (2009). 鎮痛作用については McNamara, Fergal N., Randall, Andrew, Gunthorpe, Martin J., "Effects of piperine, the pungent component of black pepper, at the human vanilloid receptor," *British Journal of Pharmacology* 144 (6): 781. 790, March 2005; and Szallasi, Arpad, "Piperine: Researchers discover new flavor in an ancient spice," Trends in Pharmacological Sciences 26 (9): 437-439 September 2005 を参照。

(3) Ebihara, Takae, et al. "A randomized trial of olfactory stimulation using black pepper oil in older people with swallowing dysfunction," *Journal of the American Geriatric Society* 54 (9): 1401-1406, Sept. 2006.

(4) Krishnapura Srinivasan とのメール通信から。

(5) Bodeker, Gerard, "Evaluating Ayurveda," in *The Journal of Alternative and Complementary Medicine,* Volume 7, Number 5, 2001, p. 389 を参照。

(6) Sarah Khan and Michael J. Balick, "Therapeutic Plants of Ayurveda: A Review of Selected Clinical and Other Studies for 166 Species," ibid. pp. 405-515 を参照。

(7) Raghavan Uhl, *Handbook of Spices, Seasonings, and Flavorings*, Lancaster, PA.: Technomic Pub. Co., 2000, p. 154 を参照。

(8) Krishnapura Srinivasan, "Black Pepper (Piper nigrum) and its Bioactive Compound, Piperine," p. 56, in *Molecular Targets and Therapeutic Uses of Spice: Modern Uses for Ancient Medicine*, editors Bharat B. Aggarwal and Ajaikumar B. Kunnumakkara, World Scientific Publishing, 2009.

(9) Vladimir Kolenko との電話によるインタビューから。この研究の詳細については American Institute for Cancer Research のウェブサイトを参照。

(10) Karolyn A. Gazella, "Pioneering Biochemist Bharat B. Aggarwal, Ph.D., of the MD Anderson Cancer Center, on Discovering Novel and Effective Cancer Treatments," *Natural Medicine Journal* 1(4), December 2009.

(11) www.nf.kb.org を参照。これは核因子 NF-kB に関するウェブサイトで、運営者はボストン大学の生物学者 Thomas Gilmore。

(12) Anand P, Kunnumakkara AB, Newman RA, and Aggarawal BB, Bioavailability of curcumin: problems and promises," *Mol Pharm.* 2007 Nov. Dec; 4(6): 807-18 を参照。

(13) Kakarala, Madhuri, et al., "Targeting breast stem cells with the cancer preventive compounds curcumin and piperine," *Breast Cancer Research Treatment,* 07, November 2009.

(14) K. Srinivasan とのメール通信から。ピペリンの毒性についての問い合わせには「心配はまったくないと考えている。インド人が通常食事からとる量の 100 倍の黒胡椒をもし摂取したとしても、まったく安全である」と答えた。

(15) Krishnapura Srinivasan とのメール通信から。

(16) Katrizky, Alan R., "Synthesis and bioassay of improved mosquito repellents predicted from chemical structure," *Proceedings of the National Academy of Sciences,* May 27, 2008, Vol. 105, no. 21, 7359-7364, and press release from the American Chemical Society dated Aug. 16, 2009 を参照。

(17) Pragya Misra, et al. "Pro-apoptotic effect of the landrace Bangla Mahoba of Piper betle on Leishmania donovani may be due to the high content of eugenol," *Journal of Medical*

Microbiology (2009), 58, 1058-1066 を参照。

(18) Dan Levin, "Despite Risks, an Addictive Treat Fuels a Chinese City," *The New York Times*, August, 19, 2010.

(19) A. R. Fathilah, et al. "Bacteriostatic Effect of Piper betle and Psidium guajava Extracts on Dental Plaque Bacteria," *Pakistan Journal of Biological Sciences* 12 (6): 518-521, 2009.

(20) Kazyua Murata et al, "Hydroxychavicol: a potent xanthine oxidase inhibitor obtained from the leaves of betel, Piper betle," *Journal of Natural Medicine* (2009), 63: 355-359.

(21) Pragya Misra, et al, p. 1058 を参照。

エピローグ

(1) Karvy Comtrade Limited Special Reports, URL: http://www.karvycom trade.com を参照。

参考文献

Abdullah, Bin Abdul Kadir. *The Hikayat Abdullah,* an annotated translation by A. H. Hill. Oxford in Asia Historical Reprints, Oxford University Press, 1970.

Adams, Julia. "Principals and Agents, Colonialists and Company Men: The Decay of Colonial Control in the Dutch East Indies." *American Sociological Review,* Vol. 61, No. 1 (Feb. 1996) pp. 12-28.

Aggarwal, Bharat B., and Kunnumakkara, Ajaikumar B. editors. *Molecular Targets and Therapeutic Uses of Spice: Modern Uses for Ancient Medicine.* Singapore: World Scientific Publishing, 2009.

Alden, Dauril. *The Making of an Enterprise: The Society for Jesus in Portugal, Its Empire and Beyond, 1540-1750.* Stanford University Press, 1996.

Andaya, Barbara Watson, "Adapting to Politi cal and Economic Change: Palembang in the Late Eighteenth and Early Ninteenth Centuries," in *The Last Stand of Asian Autonomies,* edited by Anthony Reid. New York: St. Martin's Press, 1997.

———. *To Live as Brothers: Southeast Sumatra in the Seventeenth and Eighteenth Centuries.* University of Hawaii Press, 1993.

———. "Women and Economic Change: The Pepper Trade in Pre-Modern Southeast Asia." *Journal of Economic and Social History of the Orient,* Vol. 38, Number 2, Women's History (1995) 165-190 (published by Brill, the Netherlands). http://www.jstor.org/stable/3632514

Andaya, Leonard Y. "The Bugis-Makassar Diasporas." *The Journal of Malaysian Branch of the Royal Asiatic Society,* Vol. 68, Part 1 (1995).

———. *The Heritage of Arung Palakka: A History of South Sulawesi (Celebes) in the Seventeenth Century.* The Hague: Martinus Nijhoff, 1981.

Andrews, Kenneth R. *Trade, Plunder and Settlement: Maritime Enterprise and the Genesis of the British Empire, 1480-1630.* Cambridge University Press, 1984.

Barley, Nigel. *The Duke of Puddle Dock.* Henry Holt and Company, 1991.(ナイジェル・バーリー『スタンフォード・ラッフルズ——シンガポールを創った男』柴田裕之監訳、凱風社、1999年)

Bassett, D. K. "The 'Amboyna Massacre' of 1623." *Journal of Southeast Asian History,* Vol. 1, No. 2 (Sept. 1960) 1-19. http://www.jstor.org/stable/20067299

———. "European Influence in South-East Asia, c. 1500-1630." *Journal of Southeast Asian History,* Vol. 4, No. 2 (Sept. 1963) 134-165. http://www.jstor.org/stable/20067447

Bastin, John. *The Native Policies of Sir Stamford Raffles in Java and Sumatra; An Economic Interpretation.* Clarendon Press, London, 1957.

———. *Essays on Indonesian and Malayan History.* Singapore, 1961.

———. *The British in West Sumatra (1685-1825): A selection of documents, mainly from the East India Company records preserved in the India Office Library, Commonwealth Relations Office, London,* with an introduction and notes by John Bastin. University of Malaya Press, Kuala Lumpur, 1965.

Bastin, John and Winks, Robin W. *Malaysia Selected Historical Readings.* Oxford University Press, 1966.

Best, Thomas, *The Voyage Of Thomas Best to the East Indies, 1612-1614.* Edited by Sir Willam

Foster. London: The Hakluyt Society, 1934.

Blussé, Leonard. "Batavia, 1619-1740: The Rise and Fall of a Chinese Colonial Town." *Journal of Southeast Asian Studies,* Vol. 12, No. 1, Ethnic Chinese in Southeast Asia (March, 1981) 159-178 (Cambridge University Press). http:// www.jstor.org./stable/20070419

———. *Strange Company: Chinese Settlers, Mestizo Women and the Dutch in VOC Batavia,* Foris Publications, 1986.

———. "No Boats to China. The Dutch East India Company and the Changing Pattern of the China Sea Trade, 1635-1690." *Modern Asian Studies,* Vol. 30, No. 1 (Feb. 1996) 51-76 (Cambridge University Press). http://www.jstor.org/stable/312901

Bourn, David, Gibson, Charlie, Augeri, Dave, Wilson, Cathleen J., Church, Julia, Hay, Simon I. "The Rise and Fall of the Aldabran Giant Tortoise Population." *Proceedings: Biological Sciences,* Vol. 266, No. 1424 (June 7, 1999) 1091-1100. http://www.jstor.org/stable/51351

Bown, Stephen R. *Scurvy: How a Surgeon, a Mariner and a Gentleman Solved the Greatest Medical Mystery of the Age of Sail.* New York: Thomas Dunne Books, 2003.

———. *Merchant Kings.* New York: Thomas Dunne Books, 2009.

Boxer, C. R. *The Dutch Seaborne Empire, 1600-1800.* London: Hutchinson & Co., 1965.

———. *The Portuguese Seaborne Empire, 1425-1825.* New York: Alfred A. Knopf, 1969.

———. *Women in Iberian Expansion Overseas, 1415-1815.* New York: Oxford University Press, 1975.

———. *Jan Compagnie in War and Peace 1602-1799.* Heinemann Asia, 1979.

———. *Dutch Merchants and Mariners in Asia 1602-1795.* London: Variorum Reprints, 1988.

———. *The Tragic History of the Sea.* Edited and translated by C. R. Boxer, with foreword and additional translation by Josiah Blackmore. University of Minnesota Press, 2001.

Braudel, Fernand. *Capitalism and Material Life, 1400-1800.* New York: Harper & Row, 1973. (Originally published in 1967 by Librairie Armand Colin under the title *Civilisation Materielle et Capitalisme*).

———. *Civilization and Capitalism, 15th-18th Century,* in three volumes. (Originally published in France under the title *Les Temps du Monde* in 1979). (フェルナン・ブローデル『物質文明・経済・資本主義　15－18 世紀』村上光彦訳、みすず書房)

———. *The Structures of Everyday Life,* Vol. 1. London: Phoenix Press, 2002.

———. *The Wheels of Commerce,* Vol. II. London: Phoenix Press, 2002.

———. *The Perspective of the World,* Vol. III. London: Phoenix Press, 2002.

Bruijn, Jaap R., and Gaastra, Femme S. *Ships, Sailors and Spices: East India Companies and Their Shipping in the 16th, 17th and 18th Centuries.* Amsterdam: NEHA, 1993.

Calendar of State Papers, Domestic series, of the reigns of Edward VI, Mary, Elizabeth, 1547-1625, and Volume 1: 1625-1626, Volume 2: 1627-1628, and Volume 3:1628-1629, Great Britain-Public Record Office.

Carpenter, Kenneth, J. *The History of Scurvy and Vitamin C.* U.K.: Cambridge University Press, 1986. (ケニス・J・カーペンター『壊血病とビタミンCの歴史』北村二朗ほか訳、北海道大学図書刊行会、1998 年)

Castro, Filipe. "The Pepper Wreck, an early 17th- century Portuguese Indiaman at the mouth of the Tagus River, Portugal." *The International Journal of Nautical Archaeology* (2003) 32.1:6-23.

Cave, Jonathan. *Naning in Melaka.* Kuala Lumpur: Malaysian Branch of the Royal Asiatic Society, 1989.

Chaudhuri, K. N. *The English East India Company: The study of an early joint-stock company 1600-1640*. Originally published in 1965 and reprinted by Routledge/Thoemmes Press, 1999.

———. *The Trading World of Asia and the English East India Company 1660-1760*. Cambridge University Press, 1978.

Chaudhuri, K. N., and Israel, Jonathan I. "The En glish and East India Companies and the Glorious Revolution of 1688-9," in *The Anglo-Dutch Moment: Essays on the Glorious Revolution and its world impact*, edited by Jonathan I. Israel, 407-439. U.K.: Cambridge University Press, 1991.

Chaudhury, Sushil, and Morineau, Michael, editors. *Merchants, Companies and Trade: Europe and Asia in the Early Modern Era*. U.K.: Cambridge University Press, 1999.

Corn, Charles. *The Scents of Eden: A History of the Spice Trade*. Kodansha International, 1999.

Dampier, William, *A New Voyage Round the World*, (1685), Rare Books and Manuscripts Division, New York Public Library. (ダンピア『最新世界周航記（上・下）』平野敬一訳、岩波書店、2007 年)

Dampier, William et al. *A collection of voyages: in four volumes: containing I. Captain William Dampier's Voyages around the world . . . : II. The voyages of Lionel . . .* Volume 2. London, 1729 (Sabin Americana.

Gale, Gengate Learning. New York University. Gate Document Number cy103299575

Davis, John. *Voyages and Works of*. Hakluyt Society, 1880.

Delano, Amasa. *Narrative of Voyages and Travels in the Northern and Southern Hemispheres*. Upper Saddle River, New Jersey: The Gregg Press, 1970.

Disney, Anthony, and Booth, Emily, editors. *Vasco da Gama and the Linkingof Europe and Asia*. Oxford University Press, 2000.

Donkin, R. A. *Between East and West: The Moluccas and the Traffic in Spice*. Philadelphia: American Philosophical Society, 2003.

Emmer, Pieter, and Gaastra, Femme, editors. *The Organization of Interoceanic Trade in Europe an Expansion, 1450-1800*. Variorum, Ashgate Publishing Limited, 1996.

Farrington, Anthony. *Trading Places: the East India Co. and Asia, 1600-1834*. London: British Library, 2002.

———. "Bengkulu: An Anglo-Chinese Partnership." In *The Worlds of the East India Company*. Edited by H. V. Bowen, Margarette Lincoln, and Nigel Rigby. Boydell Press, 2002.

Foster, Sir William. *England's Quest for Eastern Trade*. London: A. & C. Black, Ltd., 1933.

Freedman, Paul. *Out of the East: Spices and the Medieval Imagination*. New Haven: Yale University Press, 2008.

Fuller, Errol. *Dodo: From Extinction to Icon*. New York: HarperCollins, 2002.

Furber, Holden. *Rival Empires of Trade in the Orient, 1600-1800*. University of Minnesota Press, 1976.

Gaastra, Femme S., "War, Competition and Collaboration: Relations between the English and Dutch East India Company in the Seventeenth and Eigh teen Centuries." In *The Worlds of the East India Company*,

edited by H. V. Bowen, Margarette Lincoln, and Nigel Rigby. Boydell Press, 2002.

———. *The Dutch East India Company: Expansion and Decline*, Walburg Pers, 2003.

Gallagher, Louis J., translator. *China in the Sixteenth Century: The Journals of Matteo Ricci, 1583-1610*. New York: Random House, 1953.

Gazella, Karolyn A. "Pioneering Biochemist Bharat B. Aggarwal, PhD, of the MD Anderson Cancer Center, on Discovering Novel and Effective Cancer Treatments." *Natural Medicine Journal* 1(4) (December 2009).

Gernet, Jacques. *A History of Chinese Civilization.* Cambridge University Press, 1982.

Glamann, Kristoff . *Dutch Asiatic Trade 1620-1740.* The Hague: Nijhoff, 1958.

Gould, James W. *Sumatra— America's Pepperpot 1784-1873.* Essex Institute Historical Collections, XCII (1956) 83-153, 203-251, 295-348.

Grove, Richard H. *Green Imperialism: Colonial Expansion, Tropical Island Edens, and the Origins of Environmentalism, 1600-1960.* Cambridge University Press, 1995.

Grainger, Sally. "The Myth of Apicius." *Gastronomica* (Spring 2007).

Hackel, Heidi Brayman, and Mancall, C. Peter. "Richard Hakluyt the Younger's Notes for the East India Company in 1601: A Transcription of Huntington Library Manuscript EL2360." *The Huntington Library Quarterly,* Vol. 67, No. 3 (2004) 423-436 (University of California Press). http:/www.jstor.org/stable/38180007

Hahn, Emily. *Raffles of Singapore.* New York: Doubleday, 1946.

Harfield, A. G. *Bencoolen: A History of the Honourable East India Company's Garrison on the West Coast of Sumatra, 1685-1825.* Hampshire: Barton-on-Sea, 1995.

Hochstrasser, Julie Berger. *Still Life and Trade in the Dutch Golden Age.* New Haven: Yale University Press, 2007.

Israel, Jonathan, I. *The Anglo-Dutch Moment: Essays on the Glorious Revolution and Its World Impact.* Cambridge University Press, 1991.

s'Jacob, Hugo K. *The Rajas of Cochin 1663-1720: Kings, Chiefs and The Dutch East India Company.* Munshiram Manoharlal Publishers Pvt. Ltd., 2000.

Jenson, John R. *Journal and Letter Book of Nicholas Bukeridge, 1651-1654.* University of Minnesota Press, 1973.

Kakarala, Madhuri, et al. "Targeting breast stem cells with the cancer preventive compounds curcumin and piperine." *Breast Cancer Research Treatment.* Springer Verlag, (November 7, 2009).

Keeling, William. *The East India Company Journals of Captain William Keeling and Master Thomas Bonner, 1615-1617.* Edited by Michael Strachan and Boies Penrose. University of Minnesota Press, 1971.

Keay, John. *The Honourable Company.* New York: Macmillan Publishing Co., 1994.

———. *The Spice Route.* London: John Murray Publishers, 2005.

Lach, Donald F. *Asia in the Making of Europe,* Volume I, Book One & Two, *The Century of Discovery.* The University of Chicago Press, 1965.

Lancaster, Sir James. *The Voyages of.* The Hakluyt Society, 1940.

Lancaster, Sir James. *The Voyages of Sir James Lancaster to the East Indies with Abstracts of Journals of Voyages to the East Indies During the Seventeenth Century.* Preserved in the India Office, edited by Clements R. Markham, The Hakluyt Society, 1877.

Lardicci, Francesca, editor. *A Synoptic Edition of the Log of Columbus's First Voyage.* Brepols, 1999.

Leguat, Francois. *The Voyage of Francois Leguat of Bresse to Rodriguez, Mauritius, Java, and the Cape of Good Hope.* Edited and Annotated by Captain Pasfield Oliver. The Hakluyt Society, 1891.

Levathes, Louise. *When China Ruled the Sea: The Trea sure Fleet of the Dragon Throne, 1405-*

1433. Oxford University Press, 1994.

Lindgren, James M. "That Every Mariner May Possess the History of the World: A Cabinet for the East India Marine Society of Salem." *The New England Quarterly*, Vol. 68, No. 2. (June, 1995) 179-205.

Long, David F. "Martial Thunder: The First Official American Armed Intervention in Asia," *The Pacific Historical Review*, Vol. 42. No. 2 (May, 1973) 143-162 (University of California Press). http://www.jstor/org/stable/3638464

Loth, Vincent C. "Armed Incidents and Unpaid Bills: Anglo- Dutch Rivalry in the Banda Islands in the Seventeenth Century." *Modern Asian Studies*, Vol. 29, No. 4 (Oct., 1995) 705-740. http://www.jstor.org/stable/312802

Low, Gorham, P. *The Sea Made Men: The Story of a Gloucester Lad*. Fleming H. Revell Company, 1937.

Ly-Tio-Fane, Madeleine. *Mauritius and the Spice Trade: The Odyssey of Pierre Poivre*. Port Louis, Mauritius: Esclapon, 1958.

Ma Huan. *The Overall Survey of the Ocean's Shores*. Published for the Hakluyt Society by Cambridge University Press, 1970.

Mancall, Peter C. *Fatal Journey: The Final Expedition of Henry Hudson*. New York: Perseus Books, 2009.

Meilink- Roelofsz, M. A. P., *Asian Trade and European Influence*. The Hague, Netherlands: Martinus Nijhoff , 1962.

Melville, Herman. *Billy Budd and Other Stories*, with an introduction by Frederick Busch. New York: Viking Penguin Inc., 1986.

Menzies, Gavin. *1421, The Year China Discovered America*. New York: HarperCollins Publishers, 2002.

Miller, J. Innes. *The Spice Trade of the Roman Empire*. Oxford University Press, 1969.

Middleton, Sir Henry. *The Voyages of Sir Henry Middleton to Bantam and the Maluco Islands*. Edited by Bolton Corney. London: The Haklyut Society, 1855.

———. *The Voyage of Sir Henry Middleton to the Moluccas, 1604-1606*. Edited by Sir William Foster. London: The Haklyut Society, 1944.

Miller, J. Innes. *The Spice Trade of the Roman Empire*. Oxford University Press, 1969.

Montanari, Massimo. *The Culture of Food*. Cambridge, MA: Blackwell, 1994.

Morton, Timothy. *The Poetics of Spice: Romantic Consumerism and the Exotic*. Cambridge University Press, 2000.

Moseley, C. W. R. D. translator. *The Travels of Sir John Mandeville*. New York: Penguin Books, 2005.（J・マンデヴィル『東方旅行記』大場正史訳、平凡社、1964年）

Mulherin, Jennifer. *The Macmillan Treasury of Spices and Natural Flavoring*. New York: Macmillan, 1988.

Mundy, Peter. *The Travels of*. Edited by Sir Richard Carnac Temple. The Hakluyt Society 1919; reprinted by Kraus Reprint Limited, Nendeln/Liechtenstein, 1967.

Mundy, Peter. *The Travels of Peter Mundy, 1597-1667*. Edited by John Keast. Redruth, Cornwall: Dyllansow Truran, 1984.

Nair, K. P. Prabhakaran. "The Agronomy and Economy of Black Pepper (*Piper Nigrum* L.) —'The King of Spices.' " *Advances in Agronomy*, Volume 82 (2004) 271-389.

Nightingale, Pamela. *A Medieval Mercantile Community—The Grocers Company*. New Haven: Yale University Press, 1995.

North-Coombes, Alfred. *The Vindication of Francois Leguat*. Port Louis, Mauritius: Organisation Normale des Entreprises Limitee, 1979.

Parsell, Diana. "Palm-Nut Problem: Asian chewing habit linked to oral cancer." *Science News* (Jan. 15, 2005) 43-44.

Pearson, M. N. editor. *Spices in the Indian Ocean World*. U.K.: Ashgate Publishing Co., 1996.

Phillips, James Duncan. *Salem and the Indies: The Story of the Great Commercial Era of the City*. Boston: Houghton Mifflin, 1947.

Phillips, William D., Jr., and Phillips, Carla Rahn. *The Worlds of Christopher Columbus*. Cambridge University Press, 1992.

Prakash, Om. *The Dutch East India Company and the Economy of Bengal 1630-1720*. Princeton University Press, 1985.

———. ed. *Europe an Commercial Expansion in Early Modern Asia*. Variorum, 1997.

———. "The Portuguese and the Dutch in Asian Maritime Trade: A Comparative Analysis." *Merchants, Companies and Trade: Europe and Asia in the Early Modern Era*. Edited by Sushil Chaudhury and Michel Morineau. Cambridge University Press, 1999: 175-188.

Prest, John. *The Garden of Eden: The Botanic Garden and the Re-Creation of Paradise*. New Haven: Yale University Press, 1982.

Preston, Diana, and Preston, Michael. *A Pirate of Exquisite Mind: Explorer, Naturalist and Buccaneer: The Life of William Dampier*. New York: Walker & Co, 2004.

Putnam, George G. *Salem Vessels and Their Voyages: A History of the Pepper Trade with the Island of Sumatra*. Salem, MA.: The Essex Institute, 1924.

Pyrard, Francois. *The Voyage of*. Translated by Albert Gray. The Hakluyt Society, 1887; reprinted in the U.S.A. by Burt Franklin, 1964.

Raffles, Lady Sophia. *Memoir of the Life and Public Service of Sir Thomas Stamford Raffles: F.R.S. &c*. London, 1830.

Ravindran, P. N., editor. *Black Pepper, Piper Nigrum*. Amsterdam: Harwood Academic Publishers, 2000.

Rees, Aubrey Joseph. *The Grocery Trade, Its History and Romance*. London: Duckworth and Co., 1910.

Reid, Anthony. *Heaven's Will and Man's Fault*. Bedford Park: Flinders University of South Australia, 1975.

———. *The Contest for North Sumatra: Atjeh, the Netherlands and Britain 1858-1898*. Oxford University Press, 1969.

———. *Southeast Asia in the Age of Commerce, 1450-1680*; Volume One, *The Lands Below the Winds*. New Haven: Yale University Press, 1988. Volume Two, *Expansion and Crisis*. Yale, 1993.（アンソニー・リード『大航海時代の東南アジア——1450-1680年』平野秀秋ほか訳、法政大学出版局、2002年）

———. "Economic and Social Change, c. 1500 to c. 1800" in *The Cambridge History of Southeast Asia*, Volume One. Edited by Nicholas Tarling. Cambridge University Press, 1992.

———. "A New Phase of Commercial Expansion in Southeast Asia, 1760-1850." *The Last Stand of Asian Autonomies: Responses to modernity in the Diverse States of Southeast Asia and Korea, 1750-1900*. Edited by Anthony Reid. New York: St. Martin's Press, 1997.

———. "Humans and Forests in Pre-colonial Southeast Asia" in *Nature and the Orient*. Edited by Richard H. Grove, Vinita Damodaran, and Satpal Sangwan. Oxford University Press, 1998.

———. *An Indonesian Frontier: Acehnese and Other Histories of Sumatra*. Oxford University

Press, 2005.

Reynolds, N. Jeremiah. *Voyage of the United State Frigate Potomac . . . in 1831, 1832, 1833, and 1834* (New York, 1835).

Rienstra, Howard, M. editor and translator. *Jesuit Letters from China 1583-1584,* University of Minnesota Press, 1986.

Ronan, Charles, E., and Oh, Bonnie, B. C., editors. *East Meets West: The Jesuits in China.* Chicago: Loyola Press, 1988.

Root, Waverley. *Food: An Authoritative and Visual History and Dictionary of the Foods of the World.* New York: Simon and Schuster, 1980.

Rosengarten, Frederic, *The Book of Spices.* New York: Pyramid Books, 1973.（フレデリック・ローゼンガーテン Jr.『スパイスの本』斎藤浩訳、柴田書店、1976 年）

Rowbotham, Arnold H. *Missionary and Mandarin: The Jesuits at the Court of China,* University of California Press, Berkeley, 1942.

Russell-Wood, A. J. R. *The Portuguese Empire, 1415-1808: A World on the Move.* Johns Hopkins University Press, 1998.

Sales, Kirkpatrick. *The Conquest of Paradise.* New York: Knopf, 1990.

Sandhu, Kernial Singh, and Wheatley, Paul, with contributions from Abdul Aziz bin mat Ton . . . et al. *Melaka: The Transformation of a Malay Capital, c. 1400-1980,* Volume 1. Kuala Lumpur; New York: Oxford University Press, 1983.

Sass, Lorna J. *To the King's Taste: Richard II's Book of Feasts and Recipes Adapted for Modern Cooking.* New York: St. Martin's/Marek, 1975.

Scammell, G. V. *Seafaring, Sailors and Trade, 1450-1750.* Burlington, Vermont: Ashgate/Variorum, 2003.

Schivelbusch, Wolfgang. *Tastes of Paradise: A Social History of Spices, Stimulants, and Intoxicants.* New York: Pantheon, 1992.

Shorto, Russell. *The Island at the Center of the World.* New York: Doubleday, 2004.

Stavorinus, J. S., *Voyages to the East Indies,* in three volumes. Translated by S. H. Wilcocke, 1798. Reprinted 1969, Dawsons of Pall Mall, London.

Stoddart, D. R., Peake, J. F., Gordon, C., Burleigh, R. "Historical Records of Indian Ocean Giant Tortoise Populations." Philosophical Transactions of the Royal Society of London. Series B, Biological Sciences, Vol. 286, No. 1011, *The Terrestrial Ecology of Aldabra* (Vol. 3, 1979) 147-161, http://www.jstor.org/stable/2418093

Subrahmanyam, Sanjay. *The Career and Legend of Vasco da Gama.* Cambridge University Press, 1997.

Tarling, Nicholas, editor. *The Cambridge History of Southeast Asia, Volume One, From Early Times to c. 1800,* and *Volume Two, The Nineteenth and Twentieth Centuries.* Cambridge University Press, 1992.

———. "The Establishment of the Colonial Regimes" in *The Cambridge History of Southeast Asia, Volume Two, The Nineteenth and Twentieth Centuries.* Cambridge University Press, 1992.

Taylor, Fitch W. *A Voyage Round the World . . . in the United States Frigate Columbia . . . New Haven and New York 1846.*

Turner, Jack. *Spice: The History of a Temptation.* New York: Knopf, 2004.

Uhl, Susheela Raghavan. *Handbook of Spices, Seasonings, and Flavorings.* Lancaster, PA: Technomic Pub. Co., 2000.

Wake, C. H. H. "The Changing Patterns of Eu rope's Pepper and Spice Imports, ca 1400-1700." *Journal of Europe an Economic History*, Vol. 8 (1979) 361-403.

Ward, Kerry. *Networks of Empire: Forced Migration in the Dutch East India Company*. Cambridge University Press, 2009.

Warriner, Francis. *Cruise of the U.S. Frigate Potomac Round the World, 1831-1834* (New York and Boston, 1835)

Weiss, E. A. *Spice Crops*. CAB International Publishers, 2002.

Winius, George D., and Vink, Marcus P. M. *The Merchant-Warrior Pacified*. Oxford University Press, 1991.

Young, John D. *East-West Synthesis: Matteo Ricci and Confucianism*. University of Hong Kong, 1980.